21世纪高等学校规划教材｜计算机科学与技术

Oracle数据库
与实践教程

方昕　吕方兴　主编

清华大学出版社

北京

内 容 简 介

  Oracle 数据库是世界范围内优异的数据库系统之一,也是当前应用最为广泛的数据库系统之一,处于数据库领域的领先地位。本书结合教改示范课、混合教学特点,遵循学习者的认知规律和技能的形成规律重构了知识体系,合理安排教学单元的顺序,按照"基础知识—编程设计—管理维护—应用开发"4 个层次分为 4 篇,每篇设置若干章。每章都以现实生活为导向,采用任务驱动、案例分析方式将理论与实践相结合,循序渐进地呈现知识内容。

  本书是作者多年从事数据库课程教学与科研实践的结晶,注重核心理论描述、理论与实践结合,不仅适用于高等院校计算机、信息管理与信息系统等相关专业的课程教学,也适用于其他读者自学。

图书在版编目(CIP)数据

Oracle 数据库与实践教程/方昕,吕方兴主编.—北京:清华大学出版社,2019
(21 世纪高等学校规划教材.计算机科学与技术)
ISBN 978-7-302-53435-8

Ⅰ.①O… Ⅱ.①方… ②吕… Ⅲ.①关系数据库系统-高等学校-教材 Ⅳ.①TP311.138

中国版本图书馆 CIP 数据核字(2019)第 179318 号

责任编辑:付弘宇 张爱华
封面设计:傅瑞学
责任校对:时翠兰
责任印制:李红英

出版发行:清华大学出版社
   网   址:http://www.tup.com.cn,http://www.wqbook.com
   地   址:北京清华大学学研大厦 A 座   邮   编:100084
   社 总 机:010-62770175   邮   购:010-62786544
   投稿与读者服务:010-62776969,c-service@tup.tsinghua.edu.cn
   质量反馈:010-62772015,zhiliang@tup.tsinghua.edu.cn
   课件下载:http://www.tup.com.cn,010-62795954
印 装 者:清华大学印刷厂
经 销:全国新华书店
开 本:185mm×260mm 印 张:20.75   字 数:493 千字
版 次:2019 年 11 月第 1 版   印 次:2019 年 11 月第 1 次印刷
印 数:1~1500
定 价:49.80 元

产品编号:079705-01

出 版 说 明

随着我国改革开放的进一步深化,高等教育也得到了快速发展,各地高校紧密结合地方经济建设发展需要,科学运用市场调节机制,加大了使用信息科学等现代科学技术提升、改造传统学科专业的投入力度,通过教育改革合理调整和配置了教育资源,优化了传统学科专业,积极为地方经济建设输送人才,为我国经济社会的快速、健康和可持续发展以及高等教育自身的改革发展做出了巨大贡献。但是,高等教育质量还需要进一步提高以适应经济社会发展的需要,不少高校的专业设置和结构不尽合理,教师队伍整体素质亟待提高,人才培养模式、教学内容和方法需要进一步转变,学生的实践能力和创新精神亟待加强。

教育部一直十分重视高等教育质量工作。2007年1月,教育部下发了《关于实施高等学校本科教学质量与教学改革工程的意见》,计划实施“高等学校本科教学质量与教学改革工程”(简称“质量工程”),通过专业结构调整、课程教材建设、实践教学改革、教学团队建设等多项内容,进一步深化高等学校教学改革,提高人才培养的能力和水平,更好地满足经济社会发展对高素质人才的需要。在贯彻和落实教育部“质量工程”的过程中,各地高校发挥师资力量强、办学经验丰富、教学资源充裕等优势,对其特色专业及特色课程(群)加以规划、整理和总结,更新教学内容、改革课程体系,建设了一大批内容新、体系新、方法新、手段新的特色课程。在此基础上,经教育部相关教学指导委员会专家的指导和建议,清华大学出版社在多个领域精选各高校的特色课程,分别规划出版系列教材,以配合“质量工程”的实施,满足各高校教学质量和教学改革的需要。

为了深入贯彻落实教育部《关于加强高等学校本科教学工作,提高教学质量的若干意见》精神,紧密配合教育部已经启动的“高等学校教学质量与教学改革工程精品课程建设工作”,在有关专家、教授的倡议和有关部门的大力支持下,我们组织并成立了“清华大学出版社教材编审委员会”(以下简称“编委会”),旨在配合教育部制定精品课程教材的出版规划,讨论并实施精品课程教材的编写与出版工作。“编委会”成员皆来自全国各类高等学校教学与科研第一线的骨干教师,其中许多教师为各校相关院、系主管教学的院长或系主任。

按照教育部的要求,“编委会”一致认为,精品课程的建设工作从开始就要坚持高标准、严要求,处于一个比较高的起点上。精品课程教材应该能够反映各高校教学改革与课程建设的需要,要有特色风格、有创新性(新体系、新内容、新手段、新思路,教材的内容体系有较高的科学创新、技术创新和理念创新的含量)、先进性(对原有的学科体系有实质性的改革和发展,顺应并符合21世纪教学发展的规律,代表并引领课程发展的趋势和方向)、示范性(教材所体现的课程体系具有较广泛的辐射性和示范性)和一定的前瞻性。教材由个人申报或各校推荐(通过所在高校的“编委会”成员推荐),经“编委会”认真评审,最后由清华大学出版社审定出版。

　　目前,针对计算机类和电子信息类相关专业成立了两个"编委会",即"清华大学出版社计算机教材编审委员会"和"清华大学出版社电子信息教材编审委员会"。推出的特色精品教材包括:

　　(1) 21 世纪高等学校规划教材·计算机应用——高等学校各类专业,特别是非计算机专业的计算机应用类教材。

　　(2) 21 世纪高等学校规划教材·计算机科学与技术——高等学校计算机相关专业的教材。

　　(3) 21 世纪高等学校规划教材·电子信息——高等学校电子信息相关专业的教材。

　　(4) 21 世纪高等学校规划教材·软件工程——高等学校软件工程相关专业的教材。

　　(5) 21 世纪高等学校规划教材·信息管理与信息系统。

　　(6) 21 世纪高等学校规划教材·财经管理与应用。

　　(7) 21 世纪高等学校规划教材·电子商务。

　　(8) 21 世纪高等学校规划教材·物联网。

　　清华大学出版社经过三十多年的努力,在教材尤其是计算机和电子信息类专业教材出版方面树立了权威品牌,为我国的高等教育事业做出了重要贡献。清华版教材形成了技术准确、内容严谨的独特风格,这种风格将延续并反映在特色精品教材的建设中。

清华大学出版社教材编审委员会
联系人: 魏江江
E-mail: weijj@tup. tsinghua. edu. cn

前　言

　　Oracle 数据库是世界范围内优异的数据库系统之一，也是当前应用最为广泛的数据库系统之一，处于数据库领域的领先地位。本书作为数据库理论及 Oracle 应用课程的实用教材，结合了教改示范课、混合教学特点，遵循学习者的认知规律和技能的形成规律重构了知识体系，合理安排教学单元的顺序，按照"基础知识—编程设计—管理维护—应用开发"4 个层次对知识内容进行重构、补充、设置，其内容共分为 4 篇，每篇设置若干章。每章都以现实生活为导向，采用任务驱动、案例分析方式将理论与实践相结合，循序渐进地呈现知识内容，主要内容包括：数据库基础知识、关系模型与关系理论、数据库设计方法、Oracle 数据库的安装、Oracle 体系结构、SQL 语句、网络管理、安全管理。其主要以数据库基本理论、关系数据库管理系统 Oracle 10g 为平台，通过详尽的理论介绍与同步实践来培养学生对 Oracle 数据库的基本操作、设计、开发及维护的能力。

　　本书内容分为基础知识篇、编程设计篇、管理维护篇、应用开发篇共 4 篇。基础知识篇包括第 1～3 章，主要介绍数据管理技术的发展历程、数据库与数据库管理系统的基本概念、数据模型与信息模型、数据库的体系结构、数据库系统、关系的数学定义、关系数据库、关系代数、数据库设计概述、数据库系统规划、需求分析、概念结构设计、逻辑结构设计、关系规范化、物理结构设计、数据库的实施和维护。编程设计篇包括第 4 章和第 5 章，主要介绍 Oracle 10g 数据库系统概述、Oracle 10g 数据库的体系结构、Oracle 10g 数据库的模式对象、Oracle 10g 数据库的安装、Oracle 10g 数据库目录结构和注册表信息、Oracle 10g 数据库字典、Oracle 10g 分布式数据库体系结构、Oracle 10g 数据库的启动和关闭、SQL 概述、SQL 的数据定义、SQL 的函数、SQL 的数据查询、SQL 的数据操纵、SQL 数据控制、嵌入式SQL。管理维护篇包括第 6～8 章，主要介绍数据库备份与恢复概述、数据库的物理备份与恢复、数据库的逻辑备份与恢复、恢复影响与恢复机制、数据泵的使用、网络服务结构、企业管理器、服务器端网络配置、客户端网络配置、错误异常处理、多线程服务器配置和网络安全、数据库安全性概述、用户管理、权限管理、角色管理以及其他安全保护。应用开发篇包括第 9 章和第 10 章，主要介绍 PL/SQL 简介、PL/SQL 控制结构、PL/SQL 出错处理、游标、存储过程函数、包、触发器以及 Oracle 数据库系统案例。方昕主要负责第 1 章、第 3 章、第 5～8 章的撰写工作，吕方兴主要负责第 2 章、第 4 章、第 9 章和第 10 章的撰写工作。

　　本书注重循序渐进、由浅入深，从细微的验证性实践入手，进行设计与开发数据库的综合实践，使读者不仅理解理论知识，而且能够熟练应用。通过学习本书，学生可以掌握数据库基础、Oracle 数据库开发与设计、管理与维护等技术，对于提升学生的专业素养和实践能力具有重要意义。本书具有以下特点。

　　（1）结合性。相对市面教材，更突显以学生为本，以任务驱动教学，易学乐学，将数据库理论与 Oracle 应用有效结合。

　　（2）针对性。更符合应用转型人才培养定位，更契合计算机相关专业核心能力要求，更适合师生教与学使用,通俗易懂,便于阅读。与单纯 Oracle 数据库课程有所区别,它是将数据库原理与 Oracle 数据库合二为一,其教学目标也有所不同,以培养学生的数据库设计与开发能力为主、管理能力为辅,同时理论部分为数据库原理重点知识与 Oracle 基础理论的结合。

(3)理念方法新。体现教学新方法,结合教学新理念,学习目标更明确,充分发挥学生的积极性、主动性。教材章节内容适合教师组织、设计教学,总结规划课程学习内容;案例、项目、问题适合任务驱动法、案例教学法、讨论等多种教学方法;教材编排避免单一依赖,确保知识系统性,便于教师采用课堂讲解、代码分析、演示、互相提问等方式,利用微课、优慕课、混合课等课程平台,展示组织各知识点内容;在教师启发和引导下开展分析和设计,营造一种开放式教学,鼓励学生主动学习,培养积极思考、创新思维的习惯和能力,从而调动学生的学习积极性。

(4)层次性。遵循学习者的认知规律和技能形成规律,本书内容分层次进行重构、补充、设置,循序渐进、由浅入深、由易到难展现理论知识及实践项目。

(5)实践性。实例引导,"做"字当头,激发读者兴趣,在做中教,在做中学,增强读者的自信心和成就感。本书重视实例编排,力求从内容和结构上突出案例教学的要求,以适应教师指导下学生自主学习的教学模式。编者精心设计近30道实践题与8个实践项目,所有实践项目均配套微课视频(总时长110分钟)。

本书也是教学成果奖培育项目的教研成果之一。课后习题参考答案及电子教案可以在清华大学出版社网站免费下载,以供读者学习和教师教学使用。读者扫描书中的二维码即可观看配套微课视频(请先刮开本书封底"文泉云盘防盗码"涂层,扫描该二维码,绑定微信)。

同时,希望读者在使用本书过程中,能够帮助我们不断地发现问题,及时提出宝贵意见或建议,我们将及时改正和更新,使本书成为对教师授课、学生的学习和就业非常有实用价值的优秀教材。在此特别感谢清华大学出版社的支持和安康学院教材建设基金的资助,杨小艳等老师和李晓璐、周婉欣、张旭、汪钊4位学生在本书编写过程中对书稿内容做了校对并提供了较好的建议,在此表示感谢!

编　者

2019 年 4 月

目 录

第二篇 编程设计篇

第三篇　管理维护篇

第四篇　应用开发篇

第 **一** 篇

基础知识篇

本篇包括第1~3章，主要介绍数据管理技术的发展历程、数据库与数据库管理系统的基本概念、数据模型与信息模型、数据库的体系结构、数据库系统、关系的数学定义、关系数据库、关系代数、数据库设计概述、数据库系统规划、需求分析、概念结构设计、逻辑结构设计、关系规范化、物理结构设计、数据库的实施和维护。

第 1 章

数据库系统概述

学习目标

➤ 了解数据管理技术的发展历程

➤ 掌握、理解数据库与数据库管理系统的基本概念

➤ 理解数据模型及其相关概念

➤ 理解数据库的体系结构并掌握数据库系统组成

➤ 了解数据库的发展方向

 ## 1.1 数据管理技术的发展历程

数据管理技术是研究、辅助管理和应用数据库的一门软件科学,是现代信息科学与技术的重要组成部分,是计算机数据处理与信息管理系统的核心技术。数据是描述数字、文字、图像、声音等事物的符号。

通常数据被记录下来之后,会利用数据管理技术来研究如何组织和存储数据,高效地获取和处理数据。数据管理技术解决了大量数据的组织和存储问题,在数据库系统中实现了数据共享、减少数据存储冗余、保障数据安全等众多重要功能。

1.1.1 人工管理阶段

20 世纪 50 年代中期,计算机的主要作用是科学计算。硬件存储设备只有卡片、纸带、磁带,没有磁盘等直接存取的外部设备。软件方面没有操作系统,也没有相应的软件对数据进行处理,此时不仅要规定数据的逻辑结构,还要设计物理结构、存储方式等,一旦物理组织或者存储设备改变时就要重新编制。这样针对不同的问题往往要编制不同的应用程序和整理各自的数据,不仅增加了存储空间,而且工作效率低下,不同的计算机间还不能做到数据共享。

人工管理阶段有以下特点。

1. 数据和应用程序不具有独立性

在人工管理阶段,数据集和应用程序之间一一对应。数据由应用程序自行携带,使得应用程序严重依赖于数据,如果数据的类型、格式或者数据量、存取方法、输入输出方式等改变,应用程序则必须做出相应的修改。

2．数据不能共享

不同应用程序都有自己的数据和特定的处理方式，即使是同一组数据也无法做到数据共享，应用程序与应用程序之间存在大量的重复数据，即数据冗余。

3．数据不被保存

数据和应用程序两者结合使用才有价值，是一个不可分割的整体，数据只能被本应用程序使用，否则毫无意义，也就是说数据不能被独立保存。

4．系统没有专门管理数据的软件和功能

针对特定问题，应用程序设计人员必须自行设计数据的逻辑结构和物理结构，如存储结构、存取方法、输入输出方法等，这就加大了程序员的负担。

在人工管理阶段，应用程序与数据集间的对应关系如图 1-1 所示。

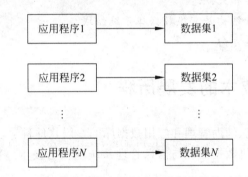

图 1-1　人工管理阶段应用程序与数据集间的对应关系

1.1.2　文件管理阶段

到 20 世纪 60 年代中期，计算机技术有了很大的提高，应用范围也不断扩大。硬件方面，随着磁盘等外部存储设备的出现，数据可以长期保存在外存储器上，数据的处理也得到了很大的改善；软件方面，出现了操作系统和高级语言，还出现了专门用于数据管理的文件系统，不仅能自动处理数据的逻辑结构和物理结构，还使数据与应用程序之间具有了一定的独立性，应用程序只需用文件名访问数据即可，不必关心数据的物理位置。本阶段处理方式有批处理和联机实时处理，较人工处理更加高效和便捷，程序员的负担也随之减小。

文件管理阶段有以下特点。

1．数据可长期保存

磁盘的出现可以使用户反复对文件进行修改、查询、删除、插入等操作。

2．有专门的系统管理数据

应用程序和应用程序之间有一定的独立性，文件系统可利用"按文件名访问，按记录进行存取"的技术对文件进行修改、插入、删除等操作。

3．文件间缺乏联系

文件系统中的数据文件是为某一特定应用而设计的，是一个无结构的数据集合，文件间仍然相互孤立，不能反映现实世界中事物间的联系。

4．数据冗余度大，重复性高

一个文件对应一个应用程序，不同的应用程序都有自己特定的数据，应用程序与应用程序之间难以出现数据共享，这样的情况下必然会出现大量的重复数据，产生冗余，进而浪费了存储空间。由于文件间的孤立性，各组数据需各自管理，这样会造成同样的数据难以批量修改和维护，数据处理效率不高。

在文件管理阶段，应用程序与数据集间的对应关系如图 1-2 所示。

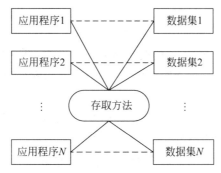

图 1-2　文件管理阶段应用程序与数据集间的对应关系

1.1.3　数据库管理阶段

20 世纪 60 年代末以来，计算机应用更加广泛，数据量的几何式增长使得数据管理的规模也越来越大。为了提高工作效率，人们研究开发了大容量存储磁盘来满足存储需求，同时数据库技术也越来越成熟，数据库技术快速发展，已经在计算机科学技术领域独树一帜。

数据库管理阶段有如下特点。

1．数据整体结构化，可统一管理

数据库中数据的结构，使数据内部之间、文件之间的关系更加清晰，极大方便了数据管理，使得数据管理更趋于规范化。

例如，表 1-1 是一个学生的信息登记记录。

表 1-1　学生信息登记记录

姓名	学号	年龄	院系	专业	班级	性别	籍贯	电话
李兰	20130504009	18	电信学院	计算机	13 级 1 班	女	浙江	13209152826
张倩	20130504011	19	电信学院	计算机	13 级 1 班	女	陕西	15029513647

2．减少数据冗余，实现数据共享

数据库中存放的数据都是面向整个系统而不是某一具体应用。每一个独立的数据都是总体数据集的子集。同一条数据可以被多个用户和应用共享使用，从而减少了数据的冗余，避免了数据的重复性，节约了存储空间。例如火车售票系统，在利用数据库网上订票时，某一车次的未售出的车票均会共享给所有用户供选择购买，因此用户可以在任意的售票处买到所需车票。

3．数据独立性高

在数据库系统中，数据和应用程序是相互独立的，在数据进行修改时，应用程序是不受影响的，即数据的逻辑结构改变时，应用程序不会随之改变。

4．数据统一管理和控制

数据库为用户提供数据支持，对数据的存取是并发的，即多用户共享数据库数据资源。数据库管理系统必须提供并发控制数据库，保障数据库的安全、数据的完整性和数据库恢复的功能。

并发控制：多用户同时存取、修改数据库数据时，数据库系统必须协调数据间的关系，以免相互干扰和破坏数据的完整性。

数据库安全：主要功能是保护数据的安全性，防止非法操作造成的数据破坏和泄露。每个用户都必须按照规定用某一合法的操作对数据进行使用和处理。例如可以对用户授予不同的使用权限，限制其操作。

数据的完整性：系统必须保障数据的正确性、有效性和相容性，保证数据在有效的范围内满足一定的关系。

数据库恢复：人为操作失误或者软硬件故障造成的部分数据丢失或者破坏的情况下，系统可以将数据库恢复至正确状态，从而恢复完整数据。

数据库是大量共享数据资源的集合，可以给用户提供各种数据。数据库系统的规范化和标准化使得数据库数据与应用程序更加容易集中管理，利于应用程序的维护，提高了工作效率。

数据库管理阶段，应用程序与数据库间的对应关系如图 1-3 所示。

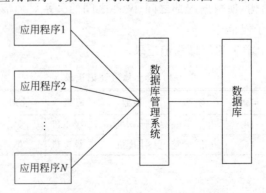

图 1-3　数据库管理阶段应用程序与数据库间的对应关系

1.2 数据库与数据库管理系统的基本概念

1.2.1 数据库的基本概念

1. 数据

数据(Data)是指用符号记录下来的可以区别的信息,如文字、图像、声音、图形等。这些都是计算机中的数据表示形式。

2. 数据处理

数据处理是通过对各种数据进行收集、分析、存储、加工等步骤转换成人们可识别的信息的过程。例如,人们将原始数据进行分析和处理,从中得到对人们有用的数据,最终转换成有价值的信息。

3. 数据管理

对数据进行处理的收集、分析、加工等各个环节都是数据管理。

4. 数据库

数据库(Database)是按照数据结构来组织、存储和管理数据的仓库。数据必须按照一定的格式进行存储,还应便于查找。例如,火车售票系统就是一个数据库,车次和时间对应索引,座位号对应原始数据,系统如果收到查询或者购票信息,会对信息进行分析处理,为用户提供需要的信息。

1.2.2 数据库管理系统

数据库管理系统(Database Management System,DBMS)是数据库中操纵和管理数据库的软件系统,用于建立、使用和维护数据库。它对数据库进行统一的管理和控制,可使多个应用程序和用户用不同的方法在任何时候对数据进行修改、查询、插入、删除等操作。数据库管理系统是数据库系统的核心。有了数据库管理系统,用户就可以放心处理数据,而不必顾及这些数据在计算机中的布局和物理位置。

数据库管理系统的功能如下。

1. 数据定义

DBMS 提供数据定义语言(Data Definition Language,DDL),供用户定义数据库的三级模式结构、两级映像以及完整性约束和保密限制等。

2. 数据操纵

DBMS 提供数据操纵语言(Data Manipulation Language,DML),供用户实现对数据的插入、删除、修改、查询等操作。

3．数据库运行控制

数据库的运行管理功能是 DBMS 的核心功能,包括多用户环境下的并发控制、安全性检查、完整性控制、数据库的恢复等数据控制功能,这些功能保证了数据库系统的正常运行。所有数据库的操作都要在数据库管理系统统一管理和控制下进行。

4．数据库的管理和维护

DBMS 中数据库的管理和维护尤其重要。数据库初始数据的输入、转换、存储、恢复功能,数据库的重组和性能监测、分析功能等通常由一些实用应用程序完成。它们共同保证了数据库的稳定运行。

5．数据库的存储

DBMS 存储管理把各种 DML 语句转换成文件系统命令,方便用户对数据存储、检索和更新。

6．数据字典

数据字典(Data Dictionary,DD)是对于数据模型中的数据对象或者项目的描述的集合,DD 提供了数据库数据的管理功能,使用户更加便捷地操作数据库。

7．数据通信

数据通信的功能就是提供各种通信接口,如联机处理、分时处理等相应接口,这一功能的出现使得分布式数据库系统更加重要。

1.2.3　数据库语言

数据库语言是数据库管理系统为用户维护和操作数据库中的数据提供的工具。根据结构形式,数据库语言分为交互式命令语言和宿主型语言两种。

1．交互式命令语言

交互式命令语言(也称为自含型或自主型语言)是指用于完成用户与系统之间交互操作的命令语言。它采用解释执行方式,所有的命令可以通过有关操作来实现,也就是通常所说的人机交互,主要是为用户提供查询功能。实现这一功能的是交互系统,通过获取命令、分析命令和执行命令功能来解决用户的问题,从而使用户通过输入命令的方式来控制和操作计算机系统运行。

2．宿主型语言

宿主型语言的特点是嵌入到某种应用程序设计语言(C/C++、Java、Pascal、汇编等)中,被嵌入的语言称为宿主型语言,嵌入的语言称为子语言,数据库应用程序用宿主语言和子语言书写而成。宿主型语言提供两种基本的方法,即预编译方法和增强编译方法。

预编译方法:DBMS 提供预处理应用程序扫描并识别数据库语言,转换成为宿主型语言编译应用程序可执行的调用语句。预编译方法处理过程如图 1-4 所示。

图 1-4　预编译方法处理过程

增强编译方法：将数据库语言与通用的应用程序设计语言相结合，不仅能对数据库提供访问，也能支持面向对象的应用程序设计方法。

另外，数据库语言根据类型可分为以下五种。

（1）数据定义语言（Data Definition Language，DDL）：负责创建、修改、删除、索引和视图等对象。例如 CREATE、DROP、ALTER 等语句。

（2）数据操纵语言（Data Manipulation Language，DML）：负责数据库中数据的插入、查询、删除等操作。例如 INSERT、UPDATE、DELETE 语句。

（3）数据查询语言（Data Query Language，DQL）：负责数据库中数据的查询。例如 SELECT 语句。一般不会单独归于一类，因为只有一个语句。

（4）数据控制语言（Data Control Language，DCL）：用来授予和撤销用户权限。例如 GRANT、REVOKE 等语句。

（5）事务控制语言（Transaction Control Language，TCL）：用来对用户及其权限进行管理。例如 COMMIT、ROLLBACK 等语句。

1.3　数据模型与信息模型

模型是人们对现实世界中客观存在的事物的模拟和刻画，例如地图、船模，也是人们通过主观意识借助实体或者虚拟来表现实物的一种形式。

数据库中的模型是描述在数据库中结构化和操纵数据的方法。

1.3.1　数据模型的基本概念

了解数据模型的基本概念是学习数据库的基础。数据库是存储数据本身和数据间联系的仓库，数据模型是用来表示和处理数据库中所存的数据与信息。数据库系统是基于数据模型而建立。

在数据处理过程中要满足：现实世界的信息获取，要真实模拟现实世界；信息世界的信息反映，要容易被人理解和接受；机器世界的信息存储和操作便于在计算机上实现，如图 1-5 所示。

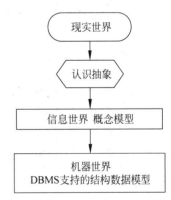

图 1-5　现实世界中客观对象的
抽象过程

1.3.2　信息模型

信息模型（也称概念模型）是现实世界中事物内部及事物之间的联系；在信息世界中反映为同一实体集中各个实体内部的联系和不同实体集的各个实体之间的联系。

实体：现实世界中客观存在的事物。如：汽车、面包。

实体集：具有相同性质的同类实体的集合为实体集。如：所有的汽车是实体集。

属性是实体的特性，每个实体会有多个属性。如：学生实体有姓名、学号、性别、年龄、所在班级等属性。

实体标识符（也称键）：能唯一表示该实体属性的或者属性集称为实体标识符。如：学生实体中的学号就是实体标识符。

联系：实体集间的对应关系。

关键码：用来区分不同实体的关键属性。如：学号是学生的关键属性。

1．实体联系

在现实世界中，事物之间是相互联系的，即实体间的联系。实体间的联系分为两类：一类是同一实体集中各个实体间的联系；另一类是不同实体集中各个实体间的联系。而不同实体集中各个实体间的联系又分为以下三类。

1）一对一联系（1∶1）

如果实体集 A 中的每一个值，实体集 B 中至多有一个值与之联系，反之亦然，则称实体 A 与实体 B 之间是一对一的联系。

如：班级是一个实体集，正班长也是一个实体集。每个班级有且只能有一个正班长，而一个正班长只能在一个班级任职，这样班级和正班长是一一对应关系。

2）一对多联系（1∶n）

如果实体集 A 中的每一个值，实体 B 中有 $n(n \geqslant 1)$ 个值与之联系；反之，若实体集 B 中的每一个值，实体 A 中至多有一个值与之联系，则称实体 A 与实体 B 之间是一对多的联系。

如：一个班级有若干名学生，一个学生只属于一个班级。

3）多对多联系（$m∶n$）

如果实体集 A 中的每一个值，实体集 B 中有 $n(n \geqslant 1)$ 个值与之联系；反之，若实体集 B 中的每一个值，实体 A 中可以有 $m(m \geqslant 1)$ 个值与之联系，则称实体 A 与实体 B 之间是多对多的联系。

如：学生与课程之间就是多对多的联系，如图 1-6 所示。

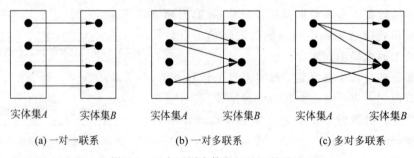

（a）一对一联系　　　　　（b）一对多联系　　　　　（c）多对多联系

图 1-6　两个不同实体集间的三种联系

2．实体-联系图

实体-联系（Entity-Relationship）图，也称 E-R 图，用来描述实体本身的特征及实体间的联系,是一种描述现实世界的概念模型,是一个非常重要的模型。

E-R图的四个基本构成如下。

实体:用矩形框表示实体,实体名一般为名词。

属性:用椭圆形表示属性,属性名一般为名词。

联系:用菱形框表示实体间的联系,联系名一般为动词。

直线:用于连接实体类型与连接类型,也可用于表示实体与属性的联系可注明种类;对关键码的属性,在属性名下画一条横线(即在属性名下加下画线)。

3. 建立 E-R 图的过程

首先确定实体及实体的属性,然后确定联系,再将实体和联系起来形成 E-R 图,最后确定实体类型的关键码,在属性名下画一条横线。

例如,学生与院系、课程、教师、班级、专业之间的关系如图 1-7 所示(属性略);学生实体图如图 1-8 所示。

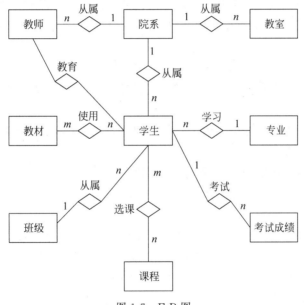

图 1-7 E-R 图

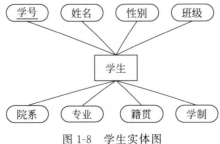

图 1-8 学生实体图

注:由于 E-R 图中实体属性多,因此分为 2 个图举例呈现。

1.3.3　基本数据模型

1. 数据模型的组成要素

数据模型从抽象层次上描述了系统的静态特征、动态行为和约束条件,可定义为一组概念的集合。数据模型所描述的内容有三部分:数据结构、数据操作和数据约束。

1)数据结构

数据结构是描述数据类型、内容、性质及数据间的联系,是对象类型的集合。这些对象是数据库的组成部分。一般可分为两类:数据类型、数据类型间的联系。数据类型如网状模型中的记录型、数据项,关系模型中的关系、属性等。数据类型间的联系主要是实体间的联系,即与数据之间联系有关的对象。

2)数据操作

数据操作主要描述在相应的数据结构上的操作类型和操作方式,它是所有操作的集合。数据库中主要有两大类操作:检索和更新(插入、删除、修改)。数据模型要定义若干操作和推理规则,用以对目标类型的有效实例所组成的数据库进行操作。

3)数据约束

数据约束也称数据的完整性约束。数据的完整性约束主要描述数据结构内数据间的语法、联系约束、制约和依存规则,用以限定符合数据模型的数据库状态及变化,以保证数据的正确、有效和相容。

约束按不同的原则分为数据值约束和数据间联系约束;静态约束和动态约束;实体约束和实体间的参照约束等。

基本数据模型指层次模型、网状模型和关系模型。

2. 层次数据模型

层次数据模型是用树状结构来表示实体及实体间的关系。它将数据组织成一对多关系的结构,采用关键字来访问其中每一层次的每一部分。满足层次数据模型的条件:
➢ 有且仅有一个根结点,树中的结点是记录类型。
➢ 其他结点有且只有一个双亲。
➢ 上下两层记录类型间的联系为一对多。

层次数据模型的优点是存取方便且速度快;结构清晰,容易理解;数据修改和数据库扩展容易实现;检索关键属性十分方便。其缺点是无法描述事物间复杂的联系,结构缺乏灵活性,数据冗余大。层次数据模型如图1-9所示。

3. 网状数据模型

网状数据模型是用有向图结构来表示实体及实体间的联系。它用连接指令或者指针来确定连接关系,是具有多对多类型的数据组织方式。满足网状数据模型的条件:
➢ 有向图中的结点是记录类型,有向边是一条箭尾到箭头的记录类型间的一对多类型。
➢ 允许有一个以上的结点无双亲结点。

➢ 一个结点可以有多个双亲结点,也可以有多个子结点。

网状数据模型如图 1-10 所示。

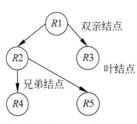

图 1-9 层次数据模型

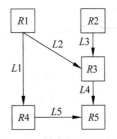

图 1-10 网状数据模型

4. 关系数据模型

关系数据模型(也称关系模型)的主要特征是用二维表结构表达实体,用外键表示实体间的联系。一个关系就是一张二维表,以学生信息登记为例,如表 1-2 所示。

表 1-2 学生信息登记表

学 号	姓 名	性 别	年 龄	所 在 学 院
201601	李明	男	20	电信学院
201602	张武	男	21	农生学院
201603	何佳	女	20	化工学院

1) 关系模型基本术语

属性和值域:在二维表中,列名为属性名;列值为属性值;属性值的取值范围称为值域。

元组:在二维表中,元组就是行,一个元组就是一行数据。元组的集合就是关系。

主关键字或主键(也称主码):表中的一个或多个字段的值用于唯一标识表中的记录。如,学生的学号就可作为学生信息的主关键字,而姓名则不能,因为可能有重名。

非主属性:关系中不能组成主键的属性。

外键或外部关键字:关系中的某个属性不是本关系中的主键,但却是另一个关系中的主键或主关键字。

主表与从表:以外键相关联的两个关系。以外键作为主键的关系表称为主表,外键所在的关系表称为从表。

2) 关系模型的优点

用二维表表示的关系模型具有更高的数据独立性和安全保密性,具有很严格的数学基础。

5. 面向对象的数据模型

面向对象的数据模型中,最基本的概念是对象和类。

(1) 对象(Object)。对象是现实世界中实体的模型化,而每一个对象有唯一的标识符,把状态和行为封装,把属性值的集合称为状态,对象的操作方法集称为行为。

（2）类（Class）。将具有相同属性集和方法集的所有对象的集合称为类。类的属性值域可以为基本数据类型、记录类型或集合类型。

1.4　数据库的体系结构

数据库的体系结构总体可分为数据库系统的内部结构和外部结构。内部结构由数据库系统的三级模式组成，从外到内分别为外模式、概念模式（简称模式）、内模式，其有效地组织、管理数据，提高了数据库的逻辑独立性和物理独立性。用户级对应外模式，概念级对应概念模式，物理级对应内模式，不同级别的用户对数据库形成不同的视图或表。而外部结构可分为集中式结构、分布式结构、客户服务器结构、并行结构、浏览器服务器结构。

1.4.1　数据库系统的三级模式结构

1. 外模式

外模式也称子模式或用户模式，对应于用户级。它是用户所看到的数据库的数据视图，是数据的局部逻辑表示。外模式是从模式导出的一个子集，包含模式中允许特定用户使用的那部分数据。用户可以通过外模式描述语言来描述、定义对应于用户的数据记录（外模式），也可以利用数据操纵语言对这些数据记录进行操作。每个用户只能看到其外模式中的数据。一个数据库可以有多个子模式；每个用户至少使用一个子模式。

2. 概念模式

概念模式也称模式或逻辑模式，对应于概念级。它是由数据库设计者综合所有用户的数据，不仅要按照统一的观点构造全局逻辑结构，还要定义与数据有关的数据安全性、完整性要求。它是对数据库中全部数据的逻辑结构和特征的总体描述，是所有用户的公共数据视图（全局视图）。它是由数据库管理系统提供的数据定义语言来描述、定义、体现，反映了数据库系统的整体观。它不受硬件环境、应用程序、开发工具等影响。一个数据库只有一个模式。

3. 内模式

内模式也称存储模式，对应于物理级。它是数据库中全体数据的内部表示或底层描述，是数据库最低一级的逻辑描述，它描述了数据在存储介质上的存储方式和物理结构，对应实际存储在外存储介质上的数据库。内模式由内模式描述语言来描述、定义。一个数据库只有一个内模式。内模式对用户透明。

数据库系统的内部结构如图 1-11 所示。

1.4.2　数据库系统的两级映像

1. 外模式/模式映像

模式对应的是数据的全局逻辑结构，外模式对应的是数据的局部逻辑结构。外模式/模

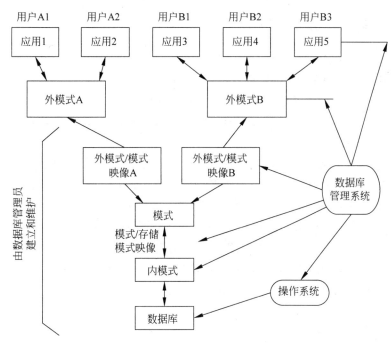

图 1-11 数据库系统的内部结构

式映像定义描述了外模式与模式之间的关系,即每一个外模式对应一个外模式/模式映像。

2．模式/内模式映像

内模式描述的是数据的物理结构和存储方式。数据库中只有一个模式和一个内模式,所以模式/内模式映像也是唯一的,它定义了全局逻辑结构与存储结构之间的对应关系。

1.4.3 两级数据独立性

数据独立性是数据库系统最基本的特征。数据独立性是指数据独立于应用程序,互不影响。数据与应用程序间的互不依赖性,把数据的定义从应用程序中分离出去,从而简化了应用程序的编写,大大减少了应用程序的维护和修改。数据独立性包括数据逻辑独立性和数据物理独立性。

1．数据逻辑独立性

数据库系统中的外模式/模式映像用来实现数据的逻辑独立性,如果增加新属性或者修改属性类型时,外模式/模式映像做出相应改变,可使外模式保持不变,那么依据外模式编写的应用程序也不受影响,应用程序也不必修改,保证了数据与应用程序间的逻辑独立性。

2．数据物理独立性

数据库系统中的模式/内模式映像用来实现数据的物理独立性。当数据库的存储结构发生改变时,只需修改模式/内模式映像,可以使模式保持不变。此时根据外模式编写的应用程序不会受到影响,也就保证了数据和应用程序的物理独立性。

1.4.4　数据库操作过程

图 1-12 表示了数据库的操作过程。其中：

"1"代表应用程序 A 向 DBMS 发出读取数据请求。

"2"代表 DBMS 接到请求后，利用应用程序 A 用的外模式来分析请求。

"3"代表 DBMS 调用模式，进一步分析请求，根据外模式/模式映像转换相应的定义，决定读入哪些模式记录。

"4"代表 DBMS 通过内模式，将数据的逻辑记录转换为实际的物理记录。

"5"代表 DBMS 向操作系统发出读所需物理记录的请求。

"6"代表操作系统对实际的物理存储设备启动读操作。

"7"代表读出的记录从保存数据的物理设备送到系统缓冲区。

"8"代表 DBMS 将记录转换为应用程序所需的基本形式。

"9"代表 DBMS 把数据从系统缓冲区传送到应用程序 B 的工作区。

"10"代表 DBMS 向应用程序 B 发出请求执行信息。

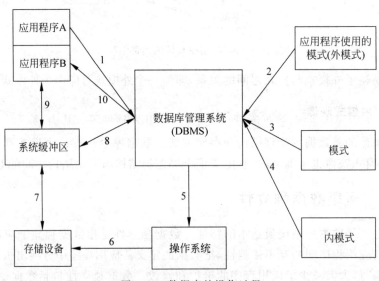

图 1-12　数据库的操作过程

1.5　数据库系统

数据库系统（Database System，DBS）由软件系统（应用系统、应用开发软件、数据库管理系统、操作系统等）、数据库、硬件平台及各类人员组成，主要功能是管理和控制数据库。数据库系统是实现动态存储大量数据、提供多用户访问的计算机系统。数据库系统的核心组成如图 1-13 所示。

1. 硬件平台

硬件是构成计算机系统的各种物理设备和外部存储设备。由于数据库系统存储的数据

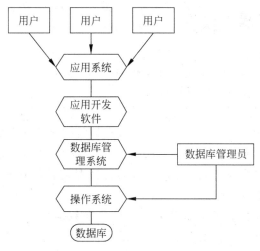

图 1-13　数据库系统的核心组成

量很大,因此硬件配置应满足系统需要。要求如下:

> 有足够大的内存存放数据缓冲区、应用程序、DBMS 的核心模块、操作系统等。
> 有足够大的存储设备存储和备份数据。
> 计算机有较高的数据传输能力。

2. 软件系统

软件系统是指操作系统、数据库管理系统、应用开发软件等。其中,数据库管理系统是数据库系统的核心,在操作系统支持下工作,可实现数据库的建立、使用和维护。

为特定应用开发的数据库应用软件,面向特定应用,是对数据库中的数据进行加工和处理的软件,如基于数据库的各种管理软件、信息管理系统等。数据库软件为数据的定义、存储、查询和修改提供了环境支持。

3. 数据库

数据库由两部分组成:一部分是应用数据的集合;另一部分是描述各级数据信息的集合。数据是数据库用户操作的对象,是数据库基本组成内容。由于数据类型的多样性,数据的收集和存储方法也不尽相同。数据是数据库系统最稳定的部分。

4. 人员

数据库系统的建设、使用与维护可以看作一个系统工程,需要各类人员配合来完成。数据库系统中的人员如下。

1) 数据库管理员

数据库管理员(Database Administrator,DBA)是数据库系统中的一个重要角色,主要负责设计、建立、管理和维护数据库,协调各用户对数据库的要求等。具体职责如下:

> 决定数据库中的信息内容和结构(概念模式),根据系统需求决定存放数据的种类。
  DBA 应全面了解数据库设计的全过程,并与各类人员协同做好数据库设计。

> 决定数据库中的存储结构和存储策略(内模式)。DBA 和数据库设计人员根据用户需求共同决定数据库的存储结构和存储策略,以获得较高的存储效率和存储空间利用率。

> 定义数据的完整性要求和完整性约束条件,负责确定各个用户对数据库的存取权限、数据的保密级别和完整性约束条件。

> 监控数据库的使用和运行,即确定备份和恢复策略。DBA 负责监视和处理运行过程中的问题。当系统发生故障时,必须在最短的时间内使其恢复至某一种状态。

> 数据库性能的监视和优化,即性能调优。在系统运行期间,DBA 负责监视系统的存储空间利用率、处理率等性能指标,对运行情况进行记录和分析,根据实际应用环境,不断改进数据库设计。

> 数据库的改进和重组,即概念模式的重组。在数据库运行过程中,大量数据不断插入、删除、修改,在一定程度上会影响系统的性能,因此,要定期对数据库进行重新组织,以提高系统的性能。当用户的需求增加或改变时,还要对数据库进行改造,如修改部分设计、修改数据库结构,实现对数据库中数据的重新组织和加工。

> 及时备份和恢复数据库。

2) 系统分析员

系统分析员负责应用系统的需求分析和规范说明;要与用户及数据库管理员一起,确定系统的基本功能、参与数据库结构和应用程序的设计,以及软硬件配置,并组织整个系统的开发。

3) 应用程序员

应用程序员根据系统的功能需求负责设计和编写使用数据库的应用程序。

4) 用户(终端用户)

数据库系统的用户根据需求不同可分为操作层用户、管理层用户和专家层用户,通过应用系统的用户接口或查询语言访问数据库。

> 操作层用户通过应用程序的设计界面查询、修改数据,经常使用数据库系统。

> 管理层用户不常访问数据库,但每次访问数据库时往往需要不同的数据库信息,便于做决策。

> 专家层用户熟悉数据库管理系统的各种功能,能够直接使用数据库语言访问数据库,可以自己编写应用程序。

1.6　本章小结

数据库技术是研究数据库的结构、存储、设计、管理和使用的一门软件学科。它已成为计算机应用及信息系统的基石。

本章介绍了数据管理技术的发展历程,数据库与数据库管理系统的基本概念、数据模型与信息模型、数据库的体系结构、数据库系统。

在数据模型中重点介绍了信息模型(概念模型)和基本数据模型,以及如何用 E-R 图来描述概念模型,介绍了层次数据模型、网状数据模型、关系数据模型各自的特点。

在数据库的体系结构中重点介绍了数据库系统的三级模式、两级映像,数据库系统具有较高的逻辑独立性和物理独立性。

在数据库系统中重点介绍了数据库系统的组成,应该理解数据库系统不仅是一个包含数据库和数据库管理系统的计算机系统,还是人机交互的综合系统。

 习题

一、简答题

1. 简述数据模型的概念、作用、组成要素。
2. 简述数据库系统的三级模式和两级映像。
3. 简述什么是关系、属性、主键、关系模式。
4. 简述数据的逻辑独立性和物理独立性。
5. 简述数据库系统由几部分组成。
6. 简述 E-R 图的概念及其组成部分。
7. 简述数据、数据库、数据库系统、数据库管理系统的区别。

二、实践题

1. 有一个记录球队、队员和球迷信息的数据库,包括如下内容。

(1) 对于每个球队,有球队的名字、队员、队长(队员之一)及队服颜色。

(2) 对于每个队员,有其姓名和所属球队。

(3) 对于每个球迷,有其姓名、最喜爱的球队、最喜爱的队员及最喜爱的颜色。

用 E-R 图画出该数据库的信息模型。

2. 根据下列叙述,设计数据库的信息模型(E-R 图)并书写关系模式。扫描下方二维码可观看 E-R 图绘制过程。

需求描述:(学校)有若干个系,每个系有若干个班和教研室,每个教研室有若干个老师,每个老师带若干个教学班。每个班有若干个学生,每个学生选修若干门课程,每门课程可有若干个学生选修。

系:系号、系名、人数;

教研室:教研室号、教研室名;

教师:工号、姓名、性别;

班:班号、人数;

学生:学号、姓名、性别;

课程:课程号、课程名、学分。

第1章实践题第 2 题

第 2 章　关系运算理论

学习目标
- ➤ 掌握关系的基本概念
- ➤ 掌握关系数据库
- ➤ 理解关系的实体完整性、参照完整性及用户自定义完整性的含义
- ➤ 掌握关系代数中的集合运算和关系运算

1970 年，IBM 公司的研究员 E. F. Codd 博士在《大型共享数据银行的关系模型》一文中提出了关系模型的概念，其中定义了某些关系代数运算，研究了数据的函数相关，定义了关系的第三范式，从而开创了数据库的关系方法和数据规范化理论的研究。1981 年的图灵奖上授予 E. F. Codd 为"关系数据库之父"。经过 40 多年的发展，在关系模型基础上发展的关系数据库系统已取得了显著发展。

关系数据语言的核心是查询，而查询要表示成为一个关系运算，关系运算是设计数据库语言的基础。关系数据库采用关系模式作为数据的组织形式。关系模型是用二维表表示实体与实体间联系的一种数据模型。与层次模型和网状模型相比，关系模型的数据结构更加简单，具有坚实的关系运算理论基础。关系运算基本理论的内容包括关系代数的运算和演算，主要是把数理逻辑的谓词演算应用到关系运算中，包括以元组为变量的元组关系演算和以域为变量的域关系演算。

2.1　关系的数学定义

2.1.1　基本术语

1. 二维表

在关系模型中，数据结构或者一个关系就可以表示为一张二维表，即用二维表表示一个实体集。二维表名就是关系名，表中的第一行通常为属性名，每行数据为一个元组，表中的每一个元组和属性都是不可再分的，且元组的次序是随意的，可以按照个人习惯来自行设定。但不是任意一个二维表都能表示一个关系。例如，两个元组的候选键相同即表中的任意两行相同时，就不能表示一个关系。

图 2-1 所示是一个表示学生关系的二维表。

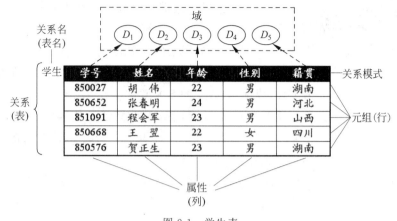

图 2-1　学生表

注：二维表中数据为虚拟信息，如果类似纯属巧合。

二维表中的术语如下。

➢ 关系：一个关系通常对应一张二维表，关系名即表名。

➢ 属性：表示关系的特征、字段或者数据项称为属性，也称为列。如在图 2-1 中的学号、姓名、年龄等均为学生的属性。

➢ 属性值：字段值为属性值。如学号中的 850027 为属性值。

➢ 关系模式：表结构或记录类型称为关系模式，是对关系的描述，一个关系模式对应一个关系的结构。一般表示为：关系名(属性 1,属性 2,…,属性 n)。

例如图 2-1 的关系可描述为：学生(姓名,学号,专业,院系,职务,联系电话)。

在关系模型中，实体以及实体间的联系都是用关系来表示。如学生、课程、选课之间的多对多联系在关系模型中可以表示如下。

学生(学号,姓名,年龄,性别,专业)

课程(课号,课程名,课时数)

选修(学号,课号,成绩)

➢ 元组：二维表中的一行即为一个元组，一个元组对应一个记录，记录中包括若干个属性值。如图 2-1 中每一行都是一个记录。

➢ 值域：属性的取值范围，每个属性可对应一个值域，不同的属性可对应同一个值域。例如：职称={教授,副教授,讲师,助教}。

➢ 基数：元组的个数，即记录数或行数。

➢ 元数：属性的个数，即列数。

➢ 分量：元组中的一个属性值。

2. 关键字

在关系中有一个或几个属性，它们的值可以唯一地标识一条记录，称为关键字（Key）。

键是由一个或者多个属性组成,在实际使用中,主要有以下几种键。

> 主键(主关键字,也称主码):在众多候选关键字中选出来作为表行的唯一标识符的键称为主键。如在图 2-1 中学生的学号就是主键。
> 主属性:把包含在任何一个候选键中的属性称为主属性。
> 非主属性:把不包含在任何一个候选键中的属性称为非主属性。如学生选课关系 SC(学号 S♯,课程号 C♯,成绩 G)表中的 S♯、C♯。
> 超键:在关系中能唯一标识一个元组的属性组称为超键。如(学号,姓名)。
> 候选键:若关系中的某属性组的值能唯一的标识一个元组且不含多余的属性,则称该属性为候选键。候选键也称候选码。如学号。
> 全码:关系模型的所有属性组成该关系模式的候选码。若关系中只有一个候选码,且这个候选码中包含全部属性,则该候选码为全码。

主键、超键、候选键举例如下。

【例 2-1】　工厂数据库有两个关系式。

```
DEPT(D♯,DN)
EMP(E♯,EN,SAL,D♯)
```

车间关系 DEPT 的属性为车间编号、车间名;职工关系 EMP 的属性为工号、姓名、工资、所在车间的编号。

(E♯,EN)是关系 EMP 的一个超键,但不是候选键,因为有多余的属性 EN;而 E♯是候选键。在实际使用中,如果选择工号 E♯作为删除或者查找的标志,那么 E♯就是主键。关系 EMP 中的属性车间编号 D♯在关系 DEPT 中可以作为主键,所以 D♯在关系 EMP 中称为外键。

【例 2-2】　在学生表中,如果有“姓名”“学号”“出生年月”等字段,其中“学号”是唯一的,那么“学号”就属于超键,(学号,姓名)的组合键也是超键。同时,“学号”是候选键,而(学号,姓名)由于含有多余属性,所以不是候选键。在这三个概念中,主键最为重要,它是用户选作元组唯一标识符的一个关键字,如果关系中有两个或者两个以上的候选键,用户就选作其中之一作为主键。

3. 关系类型

根据关系类型主要分为以下三种关系表。

基本表:在数据库系统中实际存在的实表,它是实际存储数据的逻辑表示。

查询表:系统查询到的结果所对应的表。

视图:由基本表或其他视图表导出的表,它不能存储实际数据,是一张虚表。

4. 关系的性质

在数据库中,关系是一种规范化的二维表,一个属性数目相同元组的集合。关系应具备下列性质。

(1)列同类。每一列中的属性值均是同一类型的数据,即列同类。

(2)列名唯一。不同的列要有不同的属性名,可以是不同类型的数据,也可以是同类型的数据,即列名唯一。

(3) 元组不重复。关系中任意两个元组不能完全相同,至少主键值不同。

(4) 行列无序。行的次序可以任意互换(无序性),列的次序可以任意互换(无序性)。

(5) 分量原子性。每个分量都必须是不可分的数据项。

关系模型要求关系必须规范,最基本的条件是关系的每一个分量必须是一个不可分的数据项,即不允许表中出现表达式或一个分量多值,不允许表嵌套。

2.1.2 笛卡儿积

1. 域

一组具有相同数据类型的值的集合,称为域(Domain,用大写字母 D 表示)。在关系中用域来表示属性的取值范围。如:姓名集 $D=\{张三,李四,王五,\cdots\}$。

域中所包含值的个数称为域的基数(用 M 表示)。

笛卡儿积是法国数学家笛卡儿提出的在域上的一种运算。其中,两个集合 X 和 Y 的笛卡儿积,又称为直积,表示为 $X \times Y$;其可以理解为一个域中的任意一个元素和其他多个域中的任意一个元素进行连接所得的排列和组合的域,可用关系代数来直观表示。

给定一组域 $D_1,D_2,\cdots,D_n$(可以有相同的域)。$D_1,D_2,\cdots,D_n$ 的笛卡儿积为 $D_1 \times D_2 \times \cdots \times D_n = \{(d_1,d_2,\cdots,d_n) \mid d_i \in D_i, i=1,2,\cdots,n\}$,表示在域 $D_1,D_2,\cdots,D_n$ 中,同时各取任意一个元素进行排列组合,得到一个包含若干个以 $(d_1,d_2,\cdots,d_n)$ 形式表示的元素集合,其中每一个元素 $(d_1,d_2,\cdots,d_n)$ 叫作一个 n 元组,简称元组。元素中的每一个值 D_i 称为一个分量,笛卡儿积可以表示一个二维表。

假设有姓名集 $D=\{张三,李四\}$,年龄集 $C=\{21,22\}$,则 D、C 的笛卡儿积为:

$D \times C = \{(张三,21),(张三,22),(李四,22),(李四,21),\cdots\}$

如表 2-1 所示。

表 2-1 D 和 C 的笛卡儿积

姓名	张三	张三	李四	李四	…
年龄	21	22	22	21	…

2. 笛卡儿积的基数

若 $D_i(i=1,2,3,\cdots,n)$ 为有限集,其基数为 M_i,则笛卡儿积的基数 $M=M_1 \times M_2 \times \cdots \times M_n$。如表 2-1 中,笛卡儿积的基数是 $M=2 \times 2=4$。

3. 笛卡儿积的元数

$D_1 \times D_2 \times \cdots \times D_n$ 的子集叫作域 $D_1,D_2,\cdots,D_n$ 上的关系。用 $R(D_1,D_2,\cdots,D_n)$ 表示。n 是笛卡儿积的元数。

如关系 R 是 n 目关系,关系 S 是 m 目关系,则 $R \times S$ 是一个 $(n+m)$ 列的元组的集合。若 R 有 k_1 个元组,S 有 k_2 个元组,则 $R \times S$ 有 $k_1 \times k_2$ 个元组,如图 2-2 所示。

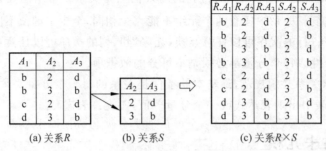

图 2-2　关系 $R \times S$ 的笛卡儿积运算

2.2　关系数据库

关系数据库是建立在关系模型之上的关系集合。它是基于关系模型的数据库,各实体及实体间的联系均用关系来表示,并借助于关系的方法来处理数据库中的数据。一个具体的关系数据库是对应一个全部关系的集合。关系、关系模型、关系模式、关系数据库间具有紧密联系:

(1) 一个关系只能对应一个关系模式,但一个关系模式可对应多个关系。

(2) 关系模式是关系的型,按其型装入数据值后即形成关系。

(3) 关系模式是相对静态的、稳定的,而关系是动态的。

(4) 一个关系数据库是相关关系的集合,而关系模型的结构是相关关系模式的集合。

2.2.1　关系模型

关系实际上就是关系模式在某一时刻的状态或内容。关系操作在不断地更新着数据库中的数据。关系数据模型的发展基础是集合论中的关系概念。关系模型中无论是实体还是实体间的联系均由单一的结构类型——关系来表示。在实际的关系数据库中的关系也称表。一个关系数据库就是由若干个表组成。关系模型是指用二维表的形式表示实体和实体间联系的数据模型。

关系模型的三要素:关系数据结构、关系数据操作、关系完整性约束。

1. 关系数据结构

在关系模型中,实体及实体间的各种联系均由关系来表示。从用户角度来看,关系模型中的数据的逻辑结构是一张二维表,而二维表中数据结构依靠关系模式来定义,2.1 节已详述。

2. 关系数据操作

早期的关系数据操作用代数方式和逻辑方式来表示,分别称为关系代数和关系演算。关系代数是用对关系的代数运算来表达查询要求的方式;关系演算是用谓词来表达查询要求的方式。另外还有一种介于关系代数和关系演算的语言,称为结构化查询语言(SQL)。

关系的操作对象是关系,操作后得到的结果仍然是关系。常用的关系数据操作主要分为查询操作和更新操作两种。

(1) 查询操作包括选择、投影、连接、除、并、交和差。

(2) 更新操作包括插入、删除、修改。

3. 关系完整性约束

关系完整性是对关系的约束条件,是维护现实数据和数据库中数据一致性所必须遵守的规则。关系完整性约束主要分为三类:实体完整性、参照完整性、用户自定义完整性。

1) 实体完整性

实体完整性规则:若属性 A 是基本关系 R 主键上的属性,则属性 A 不能取空值或重复。

解释:每一个表中的主键值不能为空值或重复。在数据库中,一个关系就是一个二维表,实体完整性就是表中行的完整性,即在实际存储数据的表中主属性不能为空值。该规则是对基本关系的约束和限定。在关系模型中,只有主键是唯一性标识,就像在现实生活中,每一个实体都具有唯一性标识。如果主键值为空,说明这个实体无意义,无法起到唯一标识元组的作用。

【例 2-3】 设在学生关系数据库中有 3 个关系,其关系模式分别为:

学生(<u>学号</u>,姓名,借书卡号,年龄,所在院系)

课程(<u>课程号</u>,课程名,学分)

选修(<u>学号</u>,<u>课程号</u>,成绩)

其中,带下画线的属性为对应关系的主键。在学生关系中,"学号"为主键,不能取空值或重复。若为空值,说明缺少元组的关键部分,则实体不完整;若值重复,说明属性不能唯一标识,则实体不完整。构成主键的属性可以是单个属性,也可以是多个属性的组合,具体情况根据关系而定。

2) 参照完整性(引用完整性)

参照完整性规则:若属性或属性组 F 是基本关系 R 的外键,它与基本关系 S 的主键 K 相对应,则对于 R 中的每个元组在 F 上的值:或取空值,即 F 的属性均为空值;或等于 S 中某个元组的主键值(主码值)。

解释:参照关系中的属性值必须能够在被参照关系找到或取空值,否则不符合数据库的语义要求。在实际操作时,如在一个表中更新、删除、插入数据时,通过参照引用相互关联的另一个表中的数据,来检查对表的数据操作是否正确。关系 R 和 S 可能是相同的关系,也可能是不同的关系。在参照完整性规则里,参照关系中的属性值必须能在被参照关系中找到或者为空。参照完整性规则考虑的是不同关系之间或者同一关系的不同元组之间的约束。这条规则的实质是不允许引用不存在的实体。

【例 2-4】 职工关系(<u>职工名</u>,职工号,工资,部门号),部门(<u>部门号</u>,部门名,部门地址,部门电话)中,"职工号"是职工关系的主键,"部门号"是职工关系的外键,这里引用部门关系中的"部门号"主键到职工关系中。按照参照完整性规则,"部门号"属性可以取两类值:

一是空值,表示该职工还未被分配到任何一个部门工作。

二是非空值,表示该职工已经被分配到某一部门工作。

如果职工被分配到工作单位中一个不存在的部门去工作,那么所在职工部门编号与实际情况不符,这显而易见是错误的。

实体完整性和参照完整性是由系统自动支持的,在建立关系时,只要说明"主键"和"参照者"分别是谁,系统就会自动进行此类完整性检查。其实,在使用参照完整性规则时是可以变通的:一是外键和相应的键可以不同名,只要定义在相同的值域上即可;二是关系 R 和 S 可以是同一个关系模式,此时表示了同一个关系中不同元组之间的联系;三是外键值是否允许为空,应该具体问题具体对待。

参照完整性还体现在对主表中的删除和更新操作。例如,如果删除主表中的一条记录,则表中凡是外键的值与主表的主键值相同的记录也会被同时删除,将此称为级联删除;如果修改主表中主关键字的值,则表中相应记录的外键值也随之被修改,将此称为级联更新。

3) 用户自定义完整性

任何一个关系数据库系统都应该支持实体完整性和参照完整性。不同的关系数据库系统根据其应用环境的不同,往往需要一些特殊的约束条件,用户自定义完整性就是针对某一具体关系数据库的唯一约束条件,它反映了某一具体应用所涉及的数据必须满足的语义要求。例如,学生关系中的年龄为 15~45,选修关系中的成绩为 0~100。

对于用户自定义完整性,关系模型提供了定义和检验这类完整性的机制,以满足用户需求。用户自定义完整性实际上是指关系中属性的取值范围,也就是属性域。

在实际情况下,用户自定义完整性规则在创建表的同时对其进行定义和检验这些完整性的机制,可降低应用程序的复杂度。如果没有定义某些约束条件,编程人员应在具体编程中通过应用程序进行检查。

实体完整性将行定义为特定表的唯一实体。实体完整性通过 UNIQUE 索引、UNIQUE 约束或 PRIMARY KEY 约束,强制表的标识符列或主键的完整性。

【例 2-5】　在定义的实体"学生"中,规定学生的年龄小于 45 岁,则必须使用用户自定义完整性约束。以下是建立"学生"表的语句。

```
CREATE TABLE student
(sno number PRIMARY KEY,
sname varchar2(10),
sex varchar2(2),
age number CHECK(age > 15 and age < 45));
```

上述语句中,PRIMARY KEY 表示 sno(学生编号)为该表的主键,该值不能为空。CHECK (age > 15and age < 45)是检查约束属于用户自定义完整性,规定学生年龄必须为 15~45 岁,如果输入的年龄不在该范围内,则不允许。

注意:实体完整性和参照完整性其必须满足的完整性约束条件由关系系统自动支持;而用户自定义完整性则是可选项,根据应用领域需要遵循的约束而定。

2.2.2　关系模式

关系模式是关系数据结构的描述和定义,即对二维表结构的定义。具体定义可见第 1 章详述。如,学生关系模型的关系模式可表示为:学生(学号,姓名,年龄,性别,籍贯)。

关系数据库的三级模式同数据库三级模式一样也分为模式(概念级)、内模式(物理级)

和外模式(用户级)。关系数据库的两级映像同数据库一样也分为模式/内模式映像、外模式/模式映像。具体描述可见第1章详述。

【例2-6】 在Oracle中,用下列语句建立一个可以查看某一学生某一课程的成绩视图。

```
CREATE VIEW grade
AS SELECT sname,cname,score
FROM student s,course c,studentcourse sc
WHERE s.sno = sc.sno and c.cno = sc.cno;
```

该视图grade与基本关系student、course、studentcourse之间通过主键和外键的对应关系建立连接,该视图的数据来自于三张基本表。

两级数据独立性:数据库的三级模式是数据库在三个级别(层次)上的抽象,使用户能够逻辑地、抽象地处理数据而不必关心数据在计算机中的物理表示和存储。实际上,对于一个数据库系统而言,物理级数据库是客观存在的,是进行数据库操作的基础;概念级数据库不过是物理数据库的一种逻辑的、抽象的描述(即模式);用户级数据库则是用户与数据库的接口,是概念级数据库的一个子集(外模式)。

数据独立性分为数据物理独立性和数据逻辑独立性。

(1)数据物理独立性。

如果数据库的内模式要修改,即数据库的物理结构要改变,那么只要对模式/内模式的映像做相应的修改,可以使概念模式尽可能保持不变,也就是对内模式的修改尽量不影响概念模式。即数据库达到了数据物理独立性。

(2)数据逻辑独立性。

如果要修改数据库的模式,如增加记录或者数据项,那么只需对外模式/模式映像做相应的修改,可以使外模式和应用程序尽可能保持不变,即数据库达到了数据逻辑独立性。

2.2.3 数据语言

关系数据库的数据语言按照功能可分为三类:数据定义语言(DDL)、数据操纵语言(DML)、数据控制语言(DCL)。

数据定义语言:用于描述数据库中要存储的实体语言,即描述数据库的特征和数据的逻辑结构,主要功能是创建、更新、撤销各种数据库的对象。DDL是SQL语言(结构化查询语言)的组成部分。

数据操纵语言:在SQL中负责数据库的操作,包括数据查询和数据的更新。其中查询功能(访问数据)是其DML中的主要功能,其语法都是以读取与写入数据库为主,除了插入数据以外,其他指令都可能需搭配条件指令(WHERE语句)来过滤数据范围,或是不加条件指令来访问全部数据。例如,SELECT语句是SQL中用于查询表格内字段数据的指令,可搭配条件限制的子句(如WHERE语句)或排列顺序的子句(如ORDER语句)来获取查询结果。

数据控制语言:主要功能是用来设置或者更改数据库用户角色权限的语句,负责控制数据库的完整性和安全性,并控制数据库操纵事务发生的时间及效果,对数据库实行监控等。如GRANT、DENY、REVOKE等语句。

关系数据库的数据语言按照查询方式的不同又分为两大类:关系代数语言和关系演算

语言。关系代数语言主要是用关系的集合运算来表达查询方式；关系演算语言用谓词演算来表达查询方式。两者都是抽象的查询语言。还有一种语言是结构化查询语言(SQL)，它具有强大的、丰富的查询功能，而且是具有数据定义和数据控制功能，集 DDL、DML、DCL 于一体的数据库语言。

因此，关系数据库的数据语言可以分为如下三类。

(1) 关系代数语言。

(2) 关系演算语言：元组关系演算语言和域关系演算语言。

(3) SQL：具有关系代数和关系演算双重特点的语言。

关系数据库的数据语言的主要特点：具有完备的表达能力，是高度非过程化的集合操作语言，功能强，能够嵌入高级语言中使用，一切存储路径均由数据库管理系统自动完成。

2.3　关系代数

关系代数是关系数据操纵语言的一种表示方式，是以关系为运算对象的一组高级运算的集合，是一种抽象的查询语言。通过对关系进行"组合"或"分割"，得到所需的数据集合，作为研究关系数据语言的数学工具。关系代数的运算对象是关系，运算结果也是关系。

关系代数可分为：

(1) 传统的集合运算(并、交、差、笛卡儿积)。

(2) 专门的关系运算(投影、选择、连接和除运算)。

(3) 扩展的关系运算。

关系代数用到的运算符如表 2-2 所示，这里不包括扩展的关系运算符。

表 2-2　关系代数的运算符

集合运算符	$\cup$(并)、$-$(差)、$\cap$(交)
专门的关系运算符	$\times$(广义笛卡儿积)、σ(选择)、Π(投影)、θ(连接)、$\div$(除)
比较运算符	$>$、$<$、$\geqslant$、$\leqslant$、$\neq$、$=$
逻辑运算符	$\wedge$(与)、$\vee$(或)、$\neg$(非)

运算符的不同，导致关系代数的结果也有差异。按照运算符的不同，将关系代数运算分为传统的集合运算和专门的关系运算两类，还有扩充的关系代数运算。传统的集合运算是指基于传统的数学的集合运算方法，把若干个元组的集合看作一个关系，其运算过程是从关系的记录行(水平方向)开始的；专门的关系运算是指数据库在传统的数学集合运算方法基础上对关系的行或列进行的一种特殊运算。

2.3.1　传统的集合运算

在关系中属性的个数称为关系的目数。传统的集合运算是二目运算，包括并、交、差、广义笛卡儿积四种运算。设关系 R 和关系 S 具有相同的元数 n(即列数或者属性个数)，且相应的属性值取自同一个域。

（1）并（Union）：关系 R 和关系 S 的并运算记为 $R \cup S$，由属于 R 或属于 S 的元组组成，结果仍然为 n 元关系。

形式定义为：$R \cup S = \{t \mid t \in R \vee t \in S\}$

其中，t 表示关系中的元组。由于关系中的元组是集合运算，所有相同的元组不能在关系中重复出现。

（2）交（Intersection）：关系 R 和关系 S 的交运算记为 $R \cap S$，由既属于 R 又属于 S 的元组组成，结果仍然为 n 元关系。

形式定义为：$R \cap S = \{t \mid t \in R \wedge t \in S\}$

其中，t 表示关系中的元组。

（3）差（Difference）：关系 R 和关系 S 的差运算记为 $R - S$，由属于 R 但不属于 S 的所有元组组成，结果仍然为 n 元关系。

形式定义为：$R - S = \{t \mid t \in R \wedge \mathrm{not}(t \in S)\}$

其中，t 表示关系中的元组。R 和 S 必须是同类型（属性集相同，但属性名可以不同）。

（4）广义笛卡儿积（Extended Cartesian Product）：两个分别为 n 元和 m 元的关系 R 和 S 的广义笛卡儿积是一个 $(n+m)$ 列的元组的集合。若 R 有 K_1 个元组，S 有 K_2 个元组，则关系 R 和关系 S 的广义笛卡儿积为 $K_1 \times K_2$ 个元组。若 R、S 为不同类关系，则结果为不同类关系。

形式定义为：$R \times S = \{t \mid t = (t^{k_1}, t^{k_2}) \wedge t^{k_1} \in R \wedge t^{k_2} \in S\}$

$R \times S$ 的元数为 R 与 S 的元数之和（$m+n$）；$R \times S$ 的基数为 R 与 S 的基数的乘积（$m \times n$）。

【例 2-7】 假设关系 R 和 S 的结构和内容分别如表 2-3 和表 2-4 所示。

表 2-3 关系 R 的结构和内容

学号	姓名	性别
001	李云	男
002	张佳	女

表 2-4 关系 S 的结构和内容

排名	数学	化学
23	98	88
34	90	60

关系 R 和 S 的广义笛卡儿积是一个 2×2 元组的集合，组合情况如表 2-5 所示。

表 2-5 R 和 S 的广义笛卡儿积

学号	姓名	性别	排名	数学	化学
001	李云	男	23	98	88
001	李云	男	34	88	98
002	张佳	女	34	90	60
002	张佳	女	23	60	90

在关系数据库中，每一个记录行的插入和添加操作都可以用关系的"并"运算实现，每一个记录行的删除操作可通过关系的"差"运算实现。

【例 2-8】 已知关系 R、S，如图 2-3(a) 和图 2-3(b) 所示，其运算 $R \cup S$、$R \cap S$、$R - S$ 如图 2-3(c) ~ 图 2-3(e) 所示。

A_1	A_2	A_3
b	2	d
b	3	b
c	2	d
d	3	b

（a）关系 R

A_1	A_2	A_3
a	3	c
b	2	d
c	2	d
e	5	f
g	6	f

（b）关系 S

A_1	A_2	A_3
b	2	d
b	3	b
c	2	d
d	3	b
a	3	c
e	5	f
g	6	f

（c）关系 $R\cup S$

A_1	A_2	A_3
b	2	d
c	2	d

（d）关系 $R\cap S$

A_1	A_2	A_3
b	3	b
d	3	b

（e）关系 $R-S$

图 2-3　关系 R 与关系 S 集合运算

【例 2-9】 已知关系 R、S，如图 2-4(a)、图 2-4(b)所示，运算 $R\cup S$、$R\cap S$、$R-S$、$R\times S$ 如图 2-4(c)～图 2-4(f)所示。

A	B	C
a_1	b_1	c_1
a_1	b_2	c_2
a_2	b_2	c_1

（a）关系 R

A	B	C
a_1	b_2	c_2
a_1	b_3	c_2
a_2	b_2	c_1

（b）关系 S

A	B	C
a_1	b_1	c_1
a_1	b_2	c_2
a_2	b_2	c_1
a_1	b_3	c_2

（c）关系 $R\cup S$

$R.A$	$R.B$	$R.C$	$S.A$	$S.B$	$S.C$
a_1	b_1	c_1	a_1	b_2	c_2
a_1	b_1	c_1	a_1	b_3	c_2
a_1	b_1	c_1	a_2	b_2	c_1
a_1	b_2	c_2	a_1	b_2	c_2
a_1	b_2	c_2	a_1	b_3	c_2
a_1	b_2	c_2	a_2	b_2	c_1
a_2	b_2	c_1	a_1	b_2	c_2
a_2	b_2	c_1	a_1	b_3	c_2
a_2	b_2	c_1	a_2	b_2	c_1

A	B	C
a_1	b_2	c_2
a_2	b_2	c_1

（d）关系 $R\cap S$

A	B	C
a_1	b_1	c_1

（e）关系 $R-S$

（f）关系 $R\times S$

图 2-4　关系 R 与关系 S 集合运算

2.3.2　专门的关系运算

专门的关系运算是指为数据库在传统的数学集合运算的基础上对关系的一种特殊运算，对记录行和字段列均进行操作，可以实现关系数据库的多样查询操作。专门的关系运算包括选择、投影、连接、除等运算。

在专门的关系运算中需要注意以下几个记号。

分量:设关系模式为 $R(A_1, A_2, \cdots, A_n)$,R 为关系。$t \in R$ 表示 t 是 R 的一个元组。$t[A_i]$ 表示元组 t 中属性 A_i 的一个分量。

属性列或域列:若 $A = \{A_{i1}, A_{i2}, \cdots, A_{ik}\}$,其中 $A_{i1}, A_{i2}, \cdots, A_{ik}$ 是 $A_1, A_2, \cdots, A_n$ 中的一部分,A 称为属性列或域列。$t[A] = (t[A_{i1}], t[A_{i2}], \cdots, t[A_{ik}])$ 表示元组 t 在属性列 A 上各个分量上的集合。$\bar{A}$ 则表示 $\{A_1, A_2, \cdots, A_n\}$ 中去掉 $\{A_{i1}, A_{i2}, \cdots, A_{ik}\}$ 后剩余的元组。

元组的连接:R 为 n 目关系,S 为 m 目关系。$t_r \in R$,$t_s \in S$,$t_r \frown t_s$ 称为元组的连接(Concatenation)。它是一个 $(n+m)$ 列的元组,前 n 个分量为 R 中的一个 n 元组,后 m 个分量为 S 中的一个 m 元组。

像集(Images Set):给定关系 $R(X, Z)$,X 和 Z 为属性组。当 $t[X] = x$ 时,x 在 R 中的像集为:$Z = \{t[Z] | t \in R, t[X] = x\}$,它表示 R 中属性组 X 上值为 x 的各个元组在 Z 上的分量的集合。

1. 选择运算

选择运算(Selection)也称限制运算,是根据一定的选取条件从给定关系中选取某些满足条件的属性形成一个新关系。它是通过单目运算符"σ"来实现专门的关系运算。

形式定义为:$\sigma_F(R) = \{t | t \in R \wedge F(t) = \text{true}\}$。

含义:R 是关系名;σ 是选择运算符;F 表示选择条件,是一个逻辑表达式,由逻辑运算符连接算术表达式而成,取逻辑值"真"或"假"。$\sigma_F(R)$ 表示由从关系 R 中选出满足条件表达式 F 的那些元组所构成的关系。其中,F 由属性名(值)、比较符、逻辑运算符组成。

例如,假设学生信息表的数据和结构如表 2-6 所示。

表 2-6　学生信息表 S

学号 SS	姓名 SN	系名 SD	年龄 SA	成绩 SC
001	李军	化工	22	A
002	周慧	中文	19	B
...	...	...	...	...

【例 2-10】 查询中文系全体学生信息,关系代数表示如下:

$$\sigma_{SD = \text{'中文'}}(S)$$

【例 2-11】 查询化工系年龄大于 20 岁的学生信息,关系代数表示如下:

$$\sigma_{SD = \text{'化工' and } sa > 20}(S)$$

解析:选择运算实际上是从关系 R 中选取使逻辑表达式 F 为真的元组,这是从行的角度进行运算。关系的选择操作对应的关系记录的选取操作(横向选择),是关系查询操作的重要组成部分,也是关系代数的基本操作。

2. 投影运算

投影运算(Projection)在关系二维表中投影,是针对二维表中的属性列的一种垂直操作。它从给定的关系中选出满足条件或保留若干属性并删除其余属性或重复行,并按照指定顺序重新组合成新的关系,它是通过单目运算符"∏"来实现专门的关系运算。但是这个新关系不是原关系的子集。

形式定义为:$\Pi_A(R)=\{t[A]\,|\,t\in R\}$

含义:关系模式中$R(A_1,A_2,\cdots,A_n)$,$t\in R$表示t是R的一个元组,其中A为R中的属性列;$t[A]$表示元组t在相应A属性中的分量。在R中取属性名表A中指定的列,消除重复元组。

【例 2-12】　在表 2-6 中查询显示所有学生的姓名和所在系的信息。关系代数表示如下:

$$\Pi_{SN,SD}(S)$$

【例 2-13】　已知关系T如图 2-5(a)所示,则选择、投影运算的结果如图 2-5(b)、图 2-5(c)所示。

A_1	A_2	A_3
a	3	f
b	2	d
c	2	d
e	6	f
g	6	f

(a) 关系 T

A_1	A_2	A_3
b	2	d
c	2	d
e	6	f
g	6	f

(b) $\sigma_{A_2>5\vee A_3\neq 'f'}(T)$

A_3	A_2
f	3
d	2
f	6

(c) $\Pi_{A_3,A_2}(T)$

图 2-5　关系 T 的选择、投影运算

解析:选择和投影组合运算能完成对单一关系的任意信息的查询操作。

3. 连接运算

连接运算(Join)也称为 θ 连接,是指从两个关系的笛卡儿积中选取满足一定条件的元组,组成一个新关系。它是通过双目运算符"∞"来实现专门的关系运算,也可以用"⋈"来表示。

形式定义为:$R\underset{A\theta B}{\infty}S=\{t_r\frown t_s\,|\,t_r\in R\wedge t_s\in S\wedge t_r[A]\theta t_s[B]\}$。

含义:A 和 B 分别为 R 和 S 上度数相等并可比的属性组;θ 为比较运算符,具体可为 >、<、=、⩾、⩽、≠等运算符。

对应的 SQL 语句:Select * from R,S where R.A＝S.B;其中,where 表示限制条件。常用的连接运算可以分为两类:等值连接和自然连接。

(1) 等值连接:即当 θ 取"＝"时,表示关系 R 和关系 S 的广义笛卡儿积中选取 A、B 属性值对应相等的元组组成一个新关系。记为:

$$R\underset{A=B}{\infty}S=\{t_r\frown t_s\,|\,t_r\in R\wedge t_s\in S\wedge t_r[A]=t_s[B]\}$$

(2) 自然连接:一种特殊的等值连接,要求在关系 R 和关系 S 中进行比较的分量必须在同一个属性组中,即连接属性 A、B 具有相同的属性组,在结果中要去掉重复的属性列。自然连接操作须取消重复列,同时从行和列的角度进行计算。如果 R 和 S 具有相同的属性组 A,则自然连接可以记为:

$$R\infty S=\{t_r\frown t_s \mid t_r\in R \land t_s\in S \land t_r[A]=t_s[A]\}$$

注意：自然连接一般在关系中有公共属性的情况下使用,如果两者没有公共属性,那么自然连接会转化为笛卡儿积运算。

解析：关系的各种连接,实际上是在关系的广义笛卡儿积的基础上再由选择或投影操作结合而生成的一种查询操作,尽管基于多表的查询操作中等值连接或自然连接应用最广泛,但是连接操作不是关系代数的基本操作。简单来说,连接就是把两个表做成一个表。

【例 2-14】 计算 $R\times S$。设 R 和 S 的公共属性是 $A_1,A_2,\cdots,A_K$,挑选满足 $R.A_1=S.A_1,R.A_2=S.A_2,\cdots,R.A_K=S.A_K$ 的那些元组。再从 $R\times S$ 的结果中去掉 $S.A_1$,$S.A_2,\cdots,S.A_K$ 列。连接运算示例如图 2-6 所示。

A	B	C
a_1	b_1	5
a_1	b_2	6
a_2	b_3	8
a_2	b_4	12

（a）关系 R

B	E
b_1	3
b_2	7
b_3	10
b_5	2

（b）关系 S

A	$R.B$	C	$S.B$	E
a_1	b_1	5	b_1	3
a_1	b_2	6	b_2	7
a_2	b_3	8	b_3	10
a_2	b_3	8	b_3	2

（c）R 与 S 等值连接

A	$R.B$	C	E
a_1	b_1	5	3
a_1	b_2	6	7
a_2	b_3	8	10
a_2	b_3	8	2

（d）R 与 S 自然连接

图 2-6 连接运算示例

4. 除运算

除运算(Division)也称除法运算,通过双目运算符"÷"来实现专门的关系运算。除运算从行和列的角度进行运算。设关系 $R(X,Y)$ 和关系 $S(Y,Z)$,X,Y,Z 为属性组。X 属性上的值为 x_i。

形式定义为：$R\div S=\{t[X] \mid t\in R \land \Pi_Y(S)\leqslant Y_x\}$。

含义：R 和 S 中的元组可以有不同的属性名,但必须要出自相同的域,R 与 S 的除运算得到一个新的关系 $P(X)$,P 是 R 中满足规定条件的元组在 X 属性列上的投影。设关系 R 和 S 的元数分别为 m 和 n(设 $m>n>0$),那么 $R\div S$ 就是一个 $(m-n)$ 元的元组集合。把 S 看作一个块,如果 R 中相同属性集中的元组有相同的块,且除去此块后留下的相应元组均相同,那么可以得到一个元组,所有元组的集合就是结果。

关系 R 和关系 S 进行除操作$(R\div S)$,要满足以下两个条件。

（1）关系 R 包含关系 S 中的所有属性。

（2）关系 R 中必须有一些属性不出现在关系 S 中。

则 $R\div S$ 后形成的新关系的属性由 R 中那些不出现在 S 中的属性所组成,其元组则由 S 中出现的所有在 R 中对应的相同的值组成。

【例 2-15】 关系 $R \div S$ 的运算示例如图 2-7 所示。

A	B	C
a_1	b_1	c_2
a_2	b_3	c_7
a_3	b_4	c_6
a_1	b_2	c_3
a_4	b_6	c_6
a_2	b_2	c_3
a_1	b_2	c_1

（a）关系 R

B	C	D
b_1	c_2	d_1
b_2	c_1	d_1
b_2	c_3	d_2
a_1	b_2	c_3

（b）关系 S

A
a_1

（c）关系 $R \div S$

图 2-7　关系 $R \div S$ 运算示例 1

解析：

（1）在关系 R 中，A 可以取 4 个值：$\{a_1, a_2, a_3, a_4\}$。

（2）求各取值的像集。

a_1 的像集为 $\{(b_1, c_2)(b_2, c_3)(b_2, c_1)\}$。．

a_2 的像集为 $\{(b_3, c_7)(b_2, c_3)\}$。

a_3 的像集为 $\{(b_4, c_6)\}$。

a_4 的像集为 $\{(b_6, c_6)\}$。

（3）求 S 在 (B, C) 上的投影。

S 在 (B, C) 上的投影为 $\{(b_1, c_2)(b_2, c_1)(b_2, c_3)\}$。只有 a_1 的像集包含了 S 在 (B, C) 属性上的投影，所以 $R \div S = \{a_1\}$。

【例 2-16】 关系 $R \div S$ 的运算示例如图 2-8 所示。

A	B	C	D
a	b	c	d
a	b	e	f
a	b	d	e
b	c	e	f
e	d	c	d
e	d	e	f

（a）关系 R

C	D
c	d
e	f

（b）关系 S

A	B
a	b
c	d

（c）关系 $R \div S$

图 2-8　关系 $R \div S$ 运算示例 2

5．改名运算

在关系代数运算中，有时为了改变由运算构成的关系名和属性名，可以使用改名运算符，形式定义为：

$$\rho_{S(A_1, A_2, \cdots, A_n)}(R)$$

含义：表示把关系 R 改名，在改名运算的结果中，新关系名为 S，S 中的元组和关系 R 中的元组是一样的，S 中的属性从左到右依次命名为 $A_1, A_2, \cdots, A_n$。如果只是把关系改名

为 S,属性名称仍然不变,那么可以使用改名运算符 $\rho_S(R)$。

2.3.3 扩充的关系代数运算

关系代数运算的发展,让许多研究人员不断地对其进行扩展,如把算术运算作为投影的一部分的广义投影运算,允许聚集运算、允许空值等。

1. 广义投影运算

广义投影操作允许在投影列表中使用算术函数来对投影进行扩展,形式定义为:

$$\Pi_{F_1, F_2, \cdots, F_n}(R)$$

含义: R 表示任意的关系模式, $F_1, F_2, \cdots, F_n$ 是该模式中常量和属性的算术表达式。通常这种广义投影运算是对投影进行扩展。

例如:在学生表(学号,姓名,专业,院系,成绩)关系中,将学号为 31 的学生成绩等级记为 A,可以用以下的表达式:

$$\Pi_{(学号,姓名,专业,院系,成绩)}(\sigma_{学号='31'}(学生表))$$

2. 外连接

外连接(Outer Join)是连接运算的拓展,可以处理很多缺失的信息。如果关系 R 和 S 自然连接时,把原关系中本应该舍弃的元组重新保留并添加在新关系中,同时使这些元组的属性值为空(null),这种操作称为外连接操作。对于外连接,用符号" $\bowtie$ "表示,也可以使用" + "来表示。使用" + "的一些注意事项如下。

➤ " + "操作符只能出现在 WHERE 子句中,并且不能与 OUTER JOIN 语法同时使用。

➤ 当使用" + "操作符执行外连接时,如果在 WHERE 子句中包含有多个条件,则必须在所有条件中都包含" + "操作符。

➤ " + "操作符只适用于列,而不能用在表达式上。

➤ " + "操作符不能与 OR 和 IN 操作符一起使用。

➤ " + "操作符只能用于实现左外连接和右外连接,而不能用于实现完全外连接。

外连接一般分为左外连接、右外连接、全外连接。

1) 左外连接

如果关系 R 和 S 做自然连接时,只把 R 中本应该舍弃的元组重新保留并添加在新关系中,那么这种操作称为左外连接(Left Join)操作。左外连接用" + "来实现,这个" + "表示补充,即哪个表有加号,这个表就是匹配表。如果" + "写在右表,左表就是全部显示,所以是左连接。

2) 右外连接

如果关系 R 和 S 做自然连接时,只把 S 中本应该舍弃的元组重新保留并添加在新关系中,那么这种操作称为右外连接(Right Join)操作。同理,如果" + "写在左表,右表就是全部显示,所以是右连接。

3) 全外连接

两个关系并操作时,要求 R 和 S 具有相同的关系模式。如果关系模式不同,那么 R 和

S 的所有属性构成新关系的属性,新关系的元组由属于 R 或 S 的元组构成,同时元组在新增加的属性上填上空值,这种操作称为全外连接。

3. 聚集运算

聚集运算是指根据关系中的一组值,经统计、计算得到一个值作为结果。常用的聚集函数有最大 max、最小值 min、平均值 avg、总和值 sum、计数值 count。

例如,在职工表(工号,姓名,部门编号,性别,工资)关系中,求女员工的平均工资的表达式为 $sal(\sigma_{性别='女'}(职工表))$。

2.3.4 综合应用举例

【例 2-17】 已知学生关系 S、课程关系 C、选课关系 SC,如图 2-9 所示,请按下述具体要求求解。

snum（学号）	sname（姓名）	sage（年龄）	sdept（系名）
J0301	zjt	18	Jsj
J0302	wmh	19	Jsj
D0301	lhy	20	Dz
D0302	wjm	19	Dz
X0301	xps	19	Xx

(a) 学生关系 S

cnum（课程号）	cname（课程名）	ccred（课程学分）
001	Comp	4
002	Prog	3
003	Math	6

(b) 学生关系 C

snum（学号）	cnum（课程号）	grade（成绩）
J0301	001	78
D0301	001	82
D0301	002	73
D0302	003	90
X0301	001	65
X0301	002	77
X0301	003	82

(c) 选课关系 SC

图 2-9 学生、课程和选课构成的关系数据库

(1) 在所示的学生、课程和选课构成的关系数据库中,请查询出姓名(sname)为 lhy 的学生的学生号、所选课程的每门课程号及相应成绩。

解:由内向外求解,先求解括号内的。

$$(\Pi_{snum}(\sigma_{sname='lhy'}(S))) \infty SC$$

(2) 请查询出学生号为 k(变量 k 中保存着一个给定的学生号,为了使属性名和变量名相区别,假定在变量名前用"@"字符做标记)的学生的学生号、姓名、所选每门课的课程名及成绩。

解:

① 选择学生号为 k 的元组:$\sigma_{snum=@k}(S)$。

② 投影出学生号和姓名属性:$\Pi_{snum,sname}(S1)$。

注:S1 代表①中的运算表达式。

③ 投影出课程号和课程名属性:$\Pi_{cnum,cname}(C)$。

④ S2 和 SC 按学生号做自然连接,再将结果与 C1 做自然连接,S2 ∞ SC ∞ C1:$(\Pi_{snum,sname}(\sigma_{snum=@k}(S))) \infty SC \infty (\Pi_{cnum,cname}(C))$。

注:S2 代表②中的运算表达式,C1 代表③中的运算表达式。

(3) 请查询出同时选修了"001"和"002"这两门课程的学生的学生号。

解：

① 选择出课程号为"001"的所有元组：$\sigma_{cnum='001'}(SC)$。

② 投影出学生号属性：$\Pi_{snum}(SC1)$。

注：SC1 代表①中的运算表达式。

③ 选择出课程号为"002"的所有元组：$\sigma_{cnum='002'}(SC)$。

④ 投影出学生号属性：$\Pi_{snum}(SC3)$。

注：SC3 代表③中的运算表达式。

⑤ 将投影出的结果进行自然连接 SC2∞SC4：

注：SC2 代表②中的运算表达式，SC4 代表④中的运算表达式。

$$(\Pi_{snum}(\sigma_{cnum='001'}(SC)))\infty(\Pi_{snum}(\sigma_{cnum='002'}(SC)))$$

（4）请查询出没有选修任何课程的全部学生。

解：

① 投影全部学生学生号：$\Pi_{snum}(S)$。

② 投影所有选修课程的学生的学生号：$\Pi_{snum}(SC)$。

③ 两者做减法得到没有选修的全部学生号。

④ 连接得到学生的所有信息：$S\infty(\Pi_{snum}(S)-\Pi_{snum}(SC))$。

注意：连接、选择和投影是关系中的常用运算，具有很强的查询能力，选择和投影运算需要扫描一个关系中的每个元组，其时间复杂度为 n，连接运算需要双重循环扫描，其时间复杂度为 $n\times m$。为了在关系运算中使连接元组的个数尽量少，从而减少运算的时间复杂度，通常最有效的方法是让选择运算尽量先做，接着做投影运算，最后再做连接运算，得到连接的元组都是有用的数据。

【例 2-18】 在数据库存在以下三个关系：学生关系 S(学号 S#，姓名 SNAME，性别 SEX，年龄 AGE)；课程关系 C(课程号 C#，课程名 CN，代课教师姓名 CT)；学生选课关系 SC(学号 S#，课程号 C#，成绩 G)，如图 2-10 所示。

S#	SNAME	SEX	AGE
S1	何佳	女	19
S2	周颖	女	18
S3	王文	男	20

（a）学生关系 S

C#	CN	CT
C1	美术鉴赏	LIU
C2	绘画	LI
C3	网络视频	FANG

（b）课程关系 C

S#	C#	G
S1	C1	85
S2	C2	80
S3	C3	90

（c）学生选课关系 SC

图 2-10　三个关系数据表

（1）查询学习课程号为 C2 的学生号和成绩。

解：查询结果是学生号和成绩，从 SC 关系中投影 C# 和 G 两列。另外，查询学习课程号为 C2 的学生，需要做选择运算。综合以上需要对关系先做选择操作，再做投影操作。关系运算表达式如下：

$$\Pi_{S\#,G}(\sigma_{C\#='C2'}(SC))$$

（2）查询 LIU 老师所教授的课程号和课程名。

解：因为课程号、教师和课程名是 C 关系中的属性，所以只需要从 C 关系中选择和投影即可实现。关系运算表达式如下：

$$\Pi_{C\#,CN}(\sigma_{CT='LIU'}(C))$$

(3) 查询年龄大于 19 岁的男学生的学号和姓名。

解：因为学号、姓名、性别和年龄都是 S 关系中的属性，所以只需要从 S 关系中进行选择和投影即可。关系运算表达式如下：

$$\Pi_{S\#,SN}(\sigma_{AGE>'19'\wedge SEX='M'}(S))$$

(4) 查询选修课程号为 C2 或者 C3 的学生学号。

解：因为查询的内容是学生号，并且选修课程号为 C2 或者 C3 的学生，所以只涉及 SC 关系，只需要对 SC 关系进行投影和选择操作。关系运算表达式如下：

$$\Pi_{S\#}(\sigma_{C\#='C2'\vee C\#='C3'}(SC))$$

(5) 查询学号为 S3 学生所学课程的课程名和任课教师名。

解：因为任课教师名在 C 关系中，学生选修信息在 SC 关系中，所以必须对 C 和 SC 关系进行自然连接，再对连接结果按学号 S3 进行选择，对选择后的结果按课程名和教师名进行投影。关系运算表达式如下：

$$\Pi_{CN,CT}(\sigma_{S\#='S3'\wedge SC.C\#=C.C\#}(SC\times C))$$

或者

$$\Pi_{CN,CT}(\sigma_{S\#='S3'}(SC\bowtie C))$$

(6) 查询出同时选修 S1 和 S2 的课程的学生的学生号。

解：分别选出课程号为 S1 和 S2 的所有元组并投影出学生号属性，然后将投影出的结果进行自然连接。关系运算表达式如下：

① $\sigma_{C\#='S1'}(SC),\Pi_{S\#}(SC1)$。

② $\sigma_{C\#='S2'}(SC),\Pi_{S\#}(SC2)$。

③ $(\Pi_{S\#}(\sigma_{C\#='S1'}(SC)))\bowtie(\Pi_{S\#}(\sigma_{C\#='S2'}(SC)))$。

(7) 查询出没有选修任何课程的学生。

解：投影出所有学生的选修课，再投影出已经选择选修课的学生的学生号，两者相减可得到结果，再连接到学生的所有信息。

① $\Pi_{S\#}(S)$。

② $\Pi_{S\#}(SC)$。

③ $S\bowtie(\Pi_{S\#}(S)-\Pi_{S\#}(SC))$。

(8) 查询出姓名为"何佳"的学生的学生号、所选课程的每门课程号及成绩。

解：选出姓名为"何佳"的学生的学生号，再投影出该学号所对应的课程号及课程，最后连接所对应的成绩。

① $\sigma_{S\#='何佳'}(S)$。

② $\Pi_{S\#}(\sigma_{S\#='何佳'}(S))$。

③ $\Pi_{S\#}(\sigma_{S\#='何佳'}(S))\bowtie SC$。

(9) 查询 LIU 老师所教的所有课程的学生号。

解：首先用投影从 SC 关系中选取所有学生选修的所有课程号，然后用选择和投影从 C 关系中选取 LIU 老师所讲的所有课程号。

① $\Pi_{S\#,C\#}(SC)$。

② $\Pi_{C\#}(\sigma_{CT='LIU'}(C))$。

③ $\Pi_{S\#,C\#}(SC) \div \Pi_{C\#}(\sigma_{CT='LIU'}(C))$。

注意：当查询涉及否定或全部时，要用到差操作或除法操作。

（10）查询选修课程名为"绘画"的学生号和姓名。

解：课程名中只有 C 关系中存在，学生姓名在 S 中存在，选修课"绘画"在 SC 中存在，所以要对这三个关系进行自然连接运算，然后对运算结果进行选择操作，选择课程名为"绘画"的信息，最后对结果进行投影，取学号和姓名这两列；或者对三个关系做笛卡儿积运算，再对笛卡儿积的结果进行选择，最后对结果进行投影操作。关系运算表达式如下：

$$\Pi_{S\#,SN}(\sigma_{CN='DB'}(S \bowtie SC \bowtie C))$$

或者

$$\Pi_{S.S\#,SN}(\sigma_{CN='DB' \wedge S.S\#=SC.S\# \wedge SC.C\#=C.C\#}(SC \times S \times C))$$

（11）查询"何佳"同学未选学的课程号。

解：首先用投影操作从 C 关系中选取所有的课程号，然后求出"何佳"同学所学的所有课程号，最后对这两个结果进行集合差操作，就可以得到"何佳"同学未选学的课程号。求该同学的"课程号"时，因为只有 S 中才有学生姓名，SC 中才有选修课程信息，必须要对 S 和 SC 关系进行自然连接，然后对连接结果按照姓名"何佳"进行选择，最后按照课程号进行投影。关系运算表达式如下：

$$\Pi_{C\#}(C) - \Pi_{C\#}(\sigma_{SN='何佳' \wedge S.S\#=SC.S\#}(SC \times S))$$

或者

$$\Pi_{C\#}(C) - \Pi_{C\#}(\sigma_{SN='何佳'}(S \bowtie SC))$$

（12）查询至少选修 FANG 老师所授课程中一门课程的女学生的姓名。

解：因为要检索学生姓名，所以需要从 S 关系中获取相关信息。同时涉及老师所授的课程，需要从 C 关系中获取信息；还涉及 FANG 老师的课程，需要从 SC 关系中获取信息。所以检索这三个关系，先要对这三个关系进行自然连接，然后对连接的结果进行选择，选择条件是学生性别为"女"且老师名字为 FANG，最后进行投影操作，显示学生的姓名。关系运算表达式如下：

$$\Pi_{SN}(\sigma_{SEX='F' \wedge CT='FANG'}(S \bowtie SC \bowtie C))$$

或者

$$\Pi_{SN}(\sigma_{SEX='F' \wedge CT='FANG' \wedge S.S\#=SC.S\# \wedge SC.C\#=C.C\#}(SC \times S \times C))$$

2.3.5 关系运算的安全性和等价性

1. 关系运算的安全性

在数据库中，不产生无限关系和无穷验证的运算称为安全运算，相应的表达式称为安全表达式，所采取的措施称为安全约束。并、差、笛卡儿积、投影和选择是关系代数最基本的操作，并构成了关系代数运算的最小完备集。

元组表达式 $\{t | \neg R(t)\}$ 是一个无限关系。验证公式 $(\exists S)(P1(S))$ 为假时，需要对所有可能的元组 S 进行验证，当所有的 S 都使 $P1(S)$ 为假时，才能断定公式 $(\exists S)(P1(S))$ 为假。同理，验证公式 $(\forall S)(P1(S))$ 时，当所有的 S 都使 $P1(S)$ 为真时，才能断定公式 $(\forall S)(P1(S))$ 为真。这在实际中是行不通的，必须采取措施，防止无限关系和无穷验证的

出现。

对于元组表达式 $\{t\,|\,P(t)\}$，将公式 $P(t)$ 的"域"定义为出现在公式 $P(t)$ 中的常量和关系的属性值组成的集合，记为 $\mathrm{DOM}(P(t))$。由于所有关系都是有限的，因此 $\mathrm{DOM}(P)$ 也是有限的。

2．关系运算的等价性

关系代数语言：与关系代数非常接近，是用对关系的运算来表达查询要求。

关系演算语言：是一种基于元组演算的数据语言，即用谓词来表达查询要求元组关系演算的语言。

域关系演算语言：一种特殊的屏幕编译语言（实例查询语言），是一种域演算语言，也是一种基于图形的单击式查询数据库的方法。

结构化查询语言：是介于关系代数和元组演算之间的一种关系查询语言，现在已成为关系数据库的标准语言。

域关系演算语言与结构化查询语言的最大区别是域关系演算语言具有图形用户界面，允许用户通过在屏幕上创建示例表来编写查询。域关系演算语言特别适合于不太复杂、可用几个表描述的查询。

如果两个关系代数表达式用同一个关系代入后得到的结果相同，则称这两个关系代数表达式是等价的。在这里，结果相同指的是两个相应的关系表具有相同的属性集合和相同的元素集合，但是元组中属性顺序可以不一致。

下面给出关系代数中常用的等价变换规则。

设 $E1$、$E2$、$E3$ 是关系代数表达式，F 是连接运算条件，则以下等价公式成立。

1）结合律公式

笛卡儿积结合律：$(E1 \times E2) \times E3 \equiv E1 \times (E2 \times E3)$

条件连接的结合律：$(E1 \bowtie FE2) \bowtie FE3 \equiv E1 \bowtie F(E2 \bowtie E3)$

自然连接的结合律：$(E1 \bowtie E2) \bowtie E3 \equiv E1 \bowtie (E2 \bowtie E3)$

2）交换律公式

笛卡儿积交换律：$E1 \times E2 \equiv E2 \times E1$

条件连接交换律：$E1 \bowtie FE2 \equiv E2 \bowtie FE1$

自然连接的交换律：$E1 \bowtie E2 \equiv E2 \bowtie E1$

3）串接运算公式

选择运算串接公式：设 E 是一个关系代数表达式，$F1$ 和 $F2$ 是选择运算的条件，则以下等价公式成立。

选择运算顺序可交换公式：$\sigma F1(\sigma F2(E)) \equiv \sigma F2(\sigma F1(E))$

合取条件的分解公式：$\sigma F1 \wedge F2 \equiv \sigma F1(\sigma F2(E))$

投影运算连接公式：设 E 是一个关系代数表达式，$B_1, B_2, \cdots, B_m$ 是 E 中的属性名，而 $\{A_1, A_2, \cdots, A_n\}$ 是 $\{B_1, B_2, \cdots, B_m\}$ 的子集，则以下等价公式成立。

$$\Pi A_1, A_2, \cdots, A_n(\Pi B_1, B_2, \cdots, B_m(E)) \equiv \Pi B_1, B_2, \cdots, B_m(E)$$

4）运算间交换公式

设 E 是一个关系代数表达式，F 是选择条件，$A_1, A_2, \cdots, A_n$ 是 E 的属性变元，并且 F

只涉及属性 $A_1, A_2, \cdots, A_n$，则以下选择与投影的交换公式成立。

$$\sigma F(\Pi A_1, A_2, \cdots, A_n(E)) \equiv \Pi A_1, A_2, \cdots, A_n(\sigma F(E))$$

5）运算间分配公式

选择运算关于并的分配方式：设 $E1$ 和 $E2$ 是两个关系代数表达式，并且 $E1$ 和 $E2$ 具有相同的属性名，则有

$$\sigma F(E1 \cup E2) \equiv \sigma F(E1) \cup \sigma F(E2)$$

选择关于差的分配公式：设 $E1$ 和 $E2$ 是两个关系代数表达式，并且 $E1$ 和 $E2$ 具有相同的属性名，则有

$$\sigma F(E1 - E2) \equiv \sigma F(E1) - \sigma F(E2)$$

选择关于笛卡儿积的分配公式：设 F 中涉及的属性都是 $E1$ 的属性，则有以下等价公式成立。

$$\sigma F(E1 \times E2) \equiv \sigma F(E1) \times (E2)$$

如果 $F = F1 \wedge F2$，且 $F1$ 和 $F2$ 只分别涉及 $E1$、$E2$ 的属性，则下列等价公式成立。

$$\sigma F(E1 \times E2) \equiv \sigma F1(E1) \times \sigma F2(E2)$$

如果 $F = F1 \wedge F2$，且 $F1$ 只涉及 $E1$ 的属性，$F2$ 只涉及 $E1$ 和 $E2$ 两者的属性，则以下等价公式成立。

$$\sigma F(E1 \times E2) \equiv \sigma F2(\sigma F1(E1) \times E2)$$

6）笛卡儿积与连接之间的转换公式

$A_1, A_2, \cdots, A_n$ 是 $E1$ 的属性变元，$B_1, B_2, \cdots, B_m$ 是 $E2$ 中的属性变元，F 为形如 $E1 A_i E2 B_j$ 所组成的合取式，则以下等价公式成立。

$$\sigma F(E1 \times E2) \equiv E1 \bowtie_F E2$$

2.3.6　关系运算表达式的优化

1. 优化目的

优化的关键在于选择合理的等价表达式，在关系代数中找到一种既省空间、查询效率又高的操作步骤。在关系代数中，连接运算和笛卡儿积是最费时间和空间的，在关系量大的时候，必须要合理安排，做到省时省力。

【例 2-19】 设关系 R 和 S 都是二元关系，属性名分别是 A、B 和 C、D。以下查询：

$$F1 = \Pi_A(\sigma_{B=C \wedge D='10'}(R \times S))$$
$$F2 = \Pi_A(\sigma_{B=C}(R \times \sigma_{D='10'}(S)))$$
$$F3 = \Pi_A(R \times \sigma_{D='10'}(S))$$

是等价的，但是执行效率完全不一样。

2. 优化算法和一般策略

优化算法：对一个关系代数表达式进行语法分析可以得到语法树，叶子是关系，非叶子结点是关系代数操作。

算法：输入一个关系代数表达式的语法树，输出计算表达式的一个优化应用程序。

步骤如下：

　　① 使用等价变换规则将每个形状为 $\sigma F1 \wedge \cdots \wedge Fn(E)$ 的子表达式转换成串接形式。

　　② 对每个选择操作,尽可能把选择操作移到树的叶端。

　　③ 对每个投影操作,尽可能把投影操作移到树的叶端。

　　④ 把选择和投影合并成单个选择、单个投影或一个选择和一个投影。

　　⑤ 将上述步骤得到的内结点进行分组。分组原则如下:每个二元运算结点与其直接祖先的一元运算结点 σ 或 Π 分为一组;如果二元运算是笛卡儿积,而且后面不是与它组合成等值连接的选择时,则不能将选择与这个二元运算组成同一组。

　　⑥ 生成一个序列,每一组结点的计算是序列中的一步。

　　一般策略规则如下。

➢ 选择运算要尽早执行。

➢ 在查询频繁的属性上建立索引。

➢ 同时进行选择、投影运算。

➢ 把选择运算与前面的笛卡儿积运算结合成连接运算。

➢ 把投影运算与后面的双目运算结合一起运算。

➢ 把公共子表达式的运算结果存放在外存,作为中间结果,使用时读入主存。

2.4　本章小结

　　关系运算理论是关系数据库查询语言的理论基础,只有掌握了关系运算理论,才能深刻理解查询语言的概念及本质,并熟练运用查询语言进行操作。在学习过程中一定要深刻理解相关的基本术语和相关概念,并结合术语联想它们之间的联系。学习本章内容,最重要的就是要理解基本术语和一些概念。在这给大家提供一种实用且效率高的方法,用来加深理解。例如在学习和理解二维表及其关系的时候,可以在纸张上设计一张表(或按照例子),把属性、元组、关键字等内容在这张表上标记出来,并结合术语联想它们之间的联系,然后再去记忆,事半功倍。

　　本章首先介绍了关系模型的数学定义和一些基本概念,如关系、二维表、元组、属性、关键字等。关系的定义及关系必须满足的一些规范化标准。然后介绍了关系模型的三个组成部分(关系数据结构、关系数据操作、关系完整性约束),同时关系模型必须遵循的三个规则:实体完整性规则、参照完整性规则、用户自定义完整性规则。接着介绍了关系代数的几种常见运算,并且举例说明如何根据查询语言写出关系代数表达式,及求出表达式的结果。最后介绍了关系运算的安全性和等价性,关系运算表达式的优化。

　　本章重点是关系代数的传统集合运算、专门关系运算。并、差、选择、投影、笛卡儿积是最基本的运算,其余三种运算(交、连接、除)均可用这五种基本运算组合而成,其他运算均为了解内容。要能够区分投影和选择。了解关系运算的安全性和等价性,以及关系运算表达式的等价变换规则和优化。

　　学习本章内容后应具备以下基本能力:一是掌握关系的基本理论;二是可以根据查询语言写出关系运算表达式;三是可以根据关系和关系表达式求出结果。

2.5　习题

一、简答题

1. 简述关系模型的完整性规则,并举例说明参照完整性的含义。
2. 简述关系的类型。
3. 简述数据语言的分类。
4. 简述如何计算笛卡儿积。
5. 简述关系、关系模型、关系模式、关系数据库之间的区别。

二、判断题

1. 关系模型指关系数据库的结构。　　　　　　　　　　　　　　　　　　　（　　）
2. 等值连接是自然连接的一种特殊连接。　　　　　　　　　　　　　　　　（　　）
3. 关系代数是一种抽象语言,通过对关系的运算表达查询。　　　　　　　　（　　）

三、应用实践

1. 设存在下列三种关系: 学生关系 S(学号 S♯,姓名 SNAME,性别 SEX,年龄 AGE),课程关系 C(课程号 C♯,课程名 CN,任课教师姓名 CT),学生选课关系 SC(学号 S♯,课程号 C♯,成绩 G)。
   (1) 查询 LIU 老师所教的所有课程的学生号。
   (2) 查询学习课程号为 C3 的学生的学号和成绩。
   (3) 查询学号为 S3 的学生所学课程的课程名和任课教师姓名。
2. 现有以下关系。
   职工: E(职工号,姓名,性别,职务,家庭地址,部门号)
   部门: D(部门号,部门名称,地址,电话)
   保健: B(保健号,职工号,检查日期,健康状况)
   用关系代数完成下列功能。
   (1) 查询所有男科长的姓名和家庭地址。
   (2) 查询部门名称为"办公室"的科长姓名和家庭地址。
   (3) 查询部门名为"财务处"的职工姓名和家庭地址。
   (4) 查询没有参加保健检查的职工信息。

第3章 数据库设计和规范化

学习目标

➢ 理解数据库设计的基本概念

➢ 掌握数据库设计方法和数据库设计步骤

➢ 理解函数依赖的基本概念

➢ 理解范式和规范化

➢ 掌握关系的分解

3.1 数据库设计概述

3.1.1 数据库设计

在数据库中,数据库应用系统(DBAS)是指能够在数据库管理系统(DBMS)支持下建立的计算机应用系统。从实现技术角度而言,以数据库为基础的图书管理系统、人事管理系统、图书馆管理系统、电子商务系统等都是计算机应用系统。

数据库设计是指对于一个给定的应用环境,构造(设计)优化的数据库逻辑结构和物理结构,并据此建立数据库及其应用系统,使之能够有效地存储和管理数据,满足各种用户的应用需求,包括信息管理要求和数据操作要求。通常把在数据库中需要存储和管理的数据对象称为信息管理要求,数据操作是指数据对象需要进行的增、删、改、查等操作。

早期的软件工程疏漏了在应用中数据语义的分析和抽象,传统的数据库设计比较重视研究数据模型及建模方法,往往忽视了数据库设计中结构特性设计与行为特性设计相结合。其中,结构特性设计是指数据库的总体框架设计,行为特性设计是指实现用户事务处理操作的应用程序设计。用户一般通过应用程序来访问数据库并运行数据库操作。

数据库设计的目标是为用户提供高效的信息管理系统,为应用系统提供一个良好的运行环境。一个优良的数据库设计是应用系统的基础,是信息系统开发和建设的重要组成部分,在实际的系统开发中,数据库结构与应用系统密不可分、相辅相成。

优良的数据库设计与糟糕的数据库设计对比如表3-1所示。

表 3-1　数据库设计对比

优良的设计	糟糕的设计
数据的访问效率高	数据的访问效率低
减少数据维护异常	存在数据增、删、改、查、统计等异常
存储空间利用率高	浪费大量存储空间
数据冗余少	存在大量数据冗余

数据库建设是硬件、软件和干件(即技术与管理)的结合。一个好的数据库建设体现在"三分技术,十分管理,十二分基础数据"。即数据库设计要以开发技术为基础,同时重视数据库建设项目、企业、应用部门业务的管理,数据的收集、整理、结合和不断更新是数据库设计中的重要环节。

3.1.2　数据库设计方法和技巧

之前数据库主要采用手工试凑法,但其设计过程缺乏科学理论依据和工程原则方法的支持,这与工程质量和设计人员的经验和水平有直接关系,导致数据库的正式运行阶段经常出现各种问题,增加了维护代价。经过人们的努力探索,如今主要采用以下几种规范设计法设计数据库。

➢ 基于 3NF(第三范式)的设计方法。
➢ 新奥尔良(New Orleans)设计方法。
➢ 基于 E-R 模型的数据库设计方法。
➢ 计算机辅助数据库设计方法。
➢ 视图模型化及视图汇总设计方法。
➢ 关系模式的设计方法。
➢ 基于抽象语法的设计方法。

以上数据库设计法中较著名的是新奥尔良设计方法,它将数据库设计分为四个阶段,即需求分析、概念设计、逻辑设计和物理设计。S. B. Yao 等又将数据库设计分为五个步骤,后又有 I. R. Palmer 把数据库设计作为若干步骤的过程,并采用一些辅助设计实现每一步过程。

其中,基于 E-R 模型数据库设计方法是逻辑阶段考虑采用的有效方法,基于 3NF 的设计方法在概念设计阶段广泛采用。以下各设计方法都是数据库设计的不同阶段支持实现的具体技术和方法。规范设计法的基本思想是"过程迭代,逐步求精"的过程。

3.1.3　数据库设计步骤

数据库设计方法在设计步骤上难免存在差别,通过分析、对比和整合各种常见的数据库规范设计方法,数据库设计可分为以下六个阶段。

1. 需求分析阶段

需求分析阶段要求设计者对用户需求进行了解和分析,双方密切合作,明确系统总体设计方案,包括确定和分配数据与处理由人工完成、确定人机接口界面。需求分析是整个设计过程的基础,此阶段的设计结果将直接影响后面各个阶段的实施效率。

2. 概念结构设计阶段

概念结构是对现实世界的抽象。概念结构设计是将需求分析得到的用户需求建立抽象的信息模型(即概念模型),它是现实世界的模型,易与不熟悉计算机的用户交流,是整个数据库设计的关键,可用 E-R 图完成概念设计。

3. 逻辑结构设计阶段

逻辑结构设计阶段能用某个具体的 DBMS 实现用户需要,将概念结构转换相应的数据模型,并根据用户处理要求、安全性考虑,在基本表的基础上建立必要的视图,并对数据模型进行优化。

4. 数据库物理设计阶段

数据库物理设计阶段对于给定的逻辑数据模型选择一个高效的、最适合的物理结构(数据库的物理结构主要指数据库的存储结构和存储方法),对物理结构进行评价,评价的重点为时间和空间效率。

5. 数据库实施阶段

数据库实施阶段使用 DBMS 提供的数据语言、工具及宿主语言,结合以上阶段的设计结果建立相应的用户数据库结构,编制、调试应用程序,组织数据入库,并进行数据库测试运行。

6. 数据库运行和维护阶段

数据库进入运行阶段,标志着设计的基本完成和维护工作的开始,对系统的性能指标进行评价、测试、调整等维护工作是一项长期的任务,是设计工作的延续和改进。

设计一个完善、优良的数据库应用系统需要对以上六个阶段进行不断重复。

3.2　数据库系统规划

3.2.1　系统规划的任务

系统规划的任务包括确定明确的功能和性能,要求设计者和用户密切合作、充分沟通,共同分析和收集数据管理信息;不仅要满足用户当前和近期需求,还要对长期发展可能存在的问题有相应的处理方案;要明确系统的名称和范围,确定系统边界;明确数据库所管理系统所需的数据将覆盖哪些部门、岗位,数据来自何处,信息处理完毕后输出何种信息到何处等;明确资源的分配,包括人员、资金、设施等的分配;明确预算系统所需资源和资金;明确系统实施计划和实施进度;分析设计数据库的必要性和可行性,预估系统能实现的经济效益和社会效益等。

3.2.2　系统规划的成果

系统规划的成果是系统的规划报告,主要内容如下。

(1) 系统简述:包括系统名称、系统任务、系统范围等,要求语言精练。

(2) 系统功能说明:设计系统的主要功能、各个分功能模块,并逐层分解,以求功能明确具体。

(3) 所需资源:对所需人员、资金、设施的现实情况、需求情况和落实情况进行说明。

(4) 成本预算:对估算的总成本分配到各个资源、工作细目中,从而建立预算、标准和检测系统的过程。通过此过程可对系统的成本进行衡量和管理,以事先弄清问题,及时采取纠正措施。其内容涉及各个阶段所需的人力资源,包括各个人员所花费的时间及费用和必要的物质资源消耗。

(5) 效益评估:预估系统能实现的经济效益和社会效益等。

(6) 可行性分析:包括技术可行性、系统开发可行性和运行环境可行性等分析。

3.3　需求分析

3.3.1　需求分析的主要任务

(1) 详细调查数据库系统的现实对象(如用户、组织、部门、企业等,是利用数据库进行管理信息的单位)的工作概况、业务流程,每个岗位的职责、每个环节的步骤及各种人员在整个系统活动过程中的作用。

(2) 充分了解原手工系统或计算机系统,以明确用户的各种需求,并确定新系统的功能。

(3) 掌握系统中所要存储的数据信息的产生、存档或消亡的过程,并了解其存储特点及生命周期,充分考虑今后可能的扩充和改变。

(4) 主要目标是编写需求说明书,包括数据流图、建立的数据字典等。

数据流图(Data Flow Diagram,DFD)是描述实际业务流程及业务与数据联系的一种图形表示法。数据流图表示了数据与处理关系及其数据流动方向,如图 3-1 和图 3-2(以办理取款手续为例)所示。

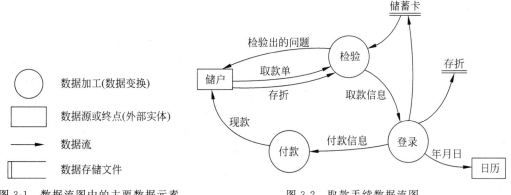

图 3-1　数据流图中的主要数据元素　　　　　　图 3-2　取款手续数据流图

3.3.2　需求分析的工作和方法

需求分析可使系统开发人员根据实际情况制订和调整方案。下面对需求分析的具体工作进行描述。

1. 制订需求分析计划

需求分析人员首先要制订工作计划，如工作时间、工作地点，需要哪些用户协助，需要哪些开发人员一同工作等。不断反思、总结工作进度和工作成果，并根据实际情况做出相应的调整。

2. 选择适当的需求分析方法和需求分析工具

选择最合适的数据库需求分析方法，如原型化分析方法、结构化分析方法等。同时，为提高系统需求分析效率，需求分析人员应尽量使用系统需求分析工具。

3. 调查现存系统

需求分析人员应认真收集、分析现存系统中的数据，避免有遗漏或错误。

4. 充分与用户沟通，理解用户的数据管理内容及目标

需求分析人员应充分了解用户需求，充分尊重用户意见，通过及时沟通了解用户的想法，即用户希望系统实现哪些功能模块，尽可能满足用户需求，并提出自己的建议，说明哪些要求可以实现，解释一些要求为什么不能实现。理解用户的数据管理内容及目标，可以帮助设计人员设计出用户满意的目标系统。

5. 分析并确认系统需求，需要变更立即联系

消除现存系统中的数据中错误、冗余、不完整、不准确等现象，可通过修改数据结构、合并或分解数据等方式，获得准确需求，减少甚至消除需求变更。

6. 撰写数据库需求说明书

需求说明书是需求分析的目标，它完整、清晰、准确地描述了系统的各种需求。用户可同需求分析人员一起反复修改，不断完善需求说明书。

7. 评审需求说明书

评审的主要内容包括系统需求是否与用户需求一致、内容是否齐全、所有图表是否合理、解释是否充分等。为保证评审质量，应由需求分析人员、用户、系统设计和测试人员一同评定。根据评定结果修改、完善需求说明书，最终获得共同批准的系统需求说明书。

如果用户缺少计算机知识，在表述需求时不能明确计算机能达到自己的哪些需求，在需求分析过程中需要不断确定用户需求，解释哪些需求可以被计算机实现，哪些需求不能或不应该被实现。而如果设计人员缺少用户的专业知识，则容易误解用户需求，所以需求分析人员必须耐心、细致地与用户沟通，同时根据不同的现状使用不同的调查方法。在需求分析阶

段常用的调查方法有以下六种。

> 跟班作业。通过亲自参与企业业务工作来了解业务活动情况。此种方法可帮助需求分析人员准确了解用户需求,但耗时耗力。

> 调查会。通过与用户开调查会来了解用户活动和用户需求。

> 专人介绍。通过专业人士的介绍来了解业务流程等。

> 询问。对某些调查中不确定、不理解的问题可以找专人询问。

> 设计调查表请用户填写。若调查表设计合理,站在设计者的专业角度对用户需求进行剖析,易于被用户接受。

> 查阅记录。通过查阅原计算机或手工系统查有关的数据记录。

3.3.3 数据字典

数据字典(Data Dictionary,DD)是进行数据收集和分析后所获得的成果;是对数据项、数据结构、数据流、数据存储、处理逻辑、外部实体等进行定义和描述,而不是数据本身,其目的是对数据流程图中的各个元素做出详细说明。简言之,数据字典是描述数据的信息集合,在需求分析阶段建立数据字典,在数据库设计过程中不断完善。数据字典由数据项、数据结构、数据流、数据存储和处理过程五部分组成。

1. 数据项

数据项是不可再分的数据单位,数据项描述包括数据项名、数据项含义说明、别名、数据类型、长度、取值范围、取值含义,与其他数据项的逻辑关系,数据库之间的联系。其中,取值范围、与其他数据项的逻辑关系(如该数据项等于其他几个数据项的平均值、该数据项只等于某两数据项的和等)定义了数据的完整性约束条件,可作为设计数据检验功能的依据。

可根据关系规范化理论,把数据项之间的联系用数据依赖的概念分析表示。即按照实际语义写出各个数据项之间的数据依赖,可作为数据库逻辑设计阶段中数据模型优化的依据。

2. 数据结构

数据结构反映了数据之间的组合关系。一个数据结构可以由若干个数据项组成,也可以由若干个数据结构组成,或由若干个数据项和数据结构混合组成。数据结构描述包括数据结构名、含义、组成成分(数据项或数据结构)等。

3. 数据流

数据流是数据结构在系统内传输的路径。数据流描述包括数据流名、说明、数据流来源,数据流去向、组成成分(数据结构)、平均流量、高峰期流量等。其中,数据流来源是要说明该数据流来自哪个过程;数据流去向是要说明该数据流要到哪个过程;平均流量是要说明在单位时间(每天、每周、每月等)内的传输次数;高峰期流量是指在高峰时期的数据流量。

4. 数据存储

数据存储是数据结构停留或保存的地方,也是数据流的来源和去向之一。它不仅可以是计算机文档,还可以是手工文档或凭单。数据存储描述包括数据存储名、说明、编号、输入的数据流、输出的数据流、组成成分(数据结构)、数据量、存取频度、存取方式等。其中,输入的数据流要说明其来源;输出的数据流要说明其去向;存取频度指单位时间(每时、每天或每周等)存取次数及每次存取的数据量等信息;存取方式中要指明是顺序检索还是随机检索,是批处理还是联机处理,是检索还是更新等。

5. 处理过程

数据字典中只需要描述处理过程的说明性信息,处理过程描述包括处理过程名、说明、输入的数据流、输出的数据流、处理(简要说明)等。其中,简要说明指应该说明该处理过程的功能及相应处理要求。功能是指该处理过程的目的。处理要求是指处理读要求,如单位时间内处理多少事物、通过多少数据量、对响应时间的要求等。这些处理要求可作为数据库物理设计的输入及性能评价的依据。

3.4 概念结构设计

3.4.1 概念模型

概念模型设计即完成概念结构的设计。概念模型是对现实世界的一种抽象,即对实际的人、物、事和概念进行人为处理,抽取人们关心的共同特性,忽略非本质的细节,并把这些特性用各种概念精确地加以描述。概念模型是面向用户和现实世界的数据模型,是独立于支持数据库的 DBMS,它比数据模型更独立于计算机、更抽象,从而更加稳定,它主要用来描述一个单位的概念化结构。采用概念模型,数据库设计人员可在设计的概念结构设计阶段,将主要精力放在分析和描述现实世界上,而将涉及 DBMS 的一些技术性问题推迟到后面的设计阶段去考虑。

概念模型的特点如下。

(1) 现实世界的一个真实模型,能准确描述事物与事物之间的联系,表达用户对数据处理的需求,能真实、充分地反映现实世界。

(2) 易于理解。数据库设计成功的关键是用户的积极参与,可以用概念模型在数据库管理员、系统开发人员和不熟悉计算机的用户之间交换意见。

(3) 易于更改,容易对概念模型更新和修改,以适应用户需求和环境的变化。

(4) 易于转换为各种数据模型,如关系模型、网状模型、层次模型等。

3.4.1.1 数据抽象

常用数据抽象分为如下三类。

(1) 分类:定义了某一类概念作为现实世界中一组对象的类型,抽象了对象值与型之间的联系,可用 is member of 判定。如张三、李四都是学生,其与"学生"构成分类关系。

（2）聚集：定义了某一类型的组成成分，具有 is part of 的联系。如学生与学号、姓名、年龄等是聚集的联系。

（3）概括：定义了类型间的一种子集联系，具有 is subset of 的联系，具有继承性。如专科生和本科生都是学生，且都是集合，因此它们之间是概括的联系。

例如，狗和动物之间是概括的联系，张三家中那只名叫旺财的狗与狗之间是分类的联系，旺财的品种和旺财之间是聚集的联系。

3.4.1.2 概念结构设计方法

概念结构的设计方法有以下四种。

➢ 自顶向下：首先定义全局概念结构的框架，然后逐步细化，得到全局概念结构。

➢ 自底向上：首先定义各局部应用的概念结构，然后将它们集成起来，得到全局概念结构。

➢ 逐步扩张：首先定义最重要的核心概念结构，然后向外扩充，以滚雪球的方式逐步生成其他概念结构，直至总体概念结构。

➢ 混合策略：将自顶向下方法和自底向上方法相结合，用自顶向下策略设计一个全局概念结构的框架，以它为骨架集成由自底向上策略中设计的各全局概念结构。

常用策略是运用自顶向下方法进行需求分析，运用自底向上方法设计概念结构。

自底向上设计概念结构的步骤如图 3-3 所示，先进行抽象数据并设计局部视图，再集成局部视图，得到全局概念结构。

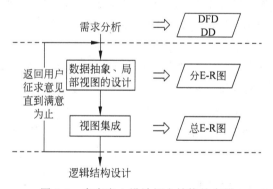

图 3-3　自底向上设计概念结构的步骤

3.4.1.3 概念设计方法（E-R 模型）

E-R（Entity-Relationship）模型即实体-联系图（Entity Relationship Diagram），提供了表示实体、属性和联系的设计方法，是一种用于描述现实世界的信息模型，实体、属性和联系是它的三个基本元素。具体内容已在第1章的1.3节详述。在 E-R 模型中，用菱形表示联系，内部写明联系的名称（用动词表示），并分别将有联系的实体用无向线段连接起来，同时在无向线段的旁边标明联系的类型（$1:1$、$1:n$ 或 $m:n$）。产品销售 E-R 图的设计如图 3-4 所示。

E-R 图的作图步骤：先确定所有的实体、实体包含的属性以及实体之间的联系；再确定实体的关键字，并用下画线在属性上标明主码；最后确定联系类型并标注。

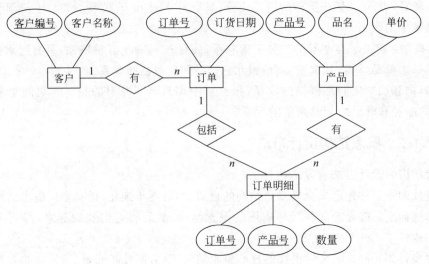

图 3-4　产品销售 E-R 图的设计

3.4.2　E-R 模型设计过程

根据需求分析的结果找出所有数据实体是采用 E-R 方法的数据库概念设计的主要任务和目标。数据实体包括一般实体和联系实体。设计出对应的 E-R 模型,要求首先设计出局部 E-R 模型,然后将各个局部 E-R 图合并起来形成全局 E-R 模型,最后将全局 E-R 模型进行优化,评审后得到最终的 E-R 模型,即概念模型。

注意:

(1) 为简化 E-R 图的处理,尽量减少实体(集)数量,能作为属性时不要作为实体(集)。

(2) 属性不能具有需要描述的性质,必须是不可分割的数据项。属性也不能与其他实体有联系,实体之间才有联系。

(3) 由局部 E-R 图到整体 E-R 图不是简单的叠加。在此过程中,同名实体只能出现一次,并去掉不必要的联系,以便消除冗余。

3.4.2.1　局部 E-R 模型设计

设计局部 E-R 模型步骤如下。

1. 选择局部应用

根据需求分析说明书中描述的整个系统,主要以多层数据流图和数据字典为依据,选择多层数据流图中一个适当层次的数据流图,使这组图中每个部分对应一个局部应用,并以这一层次的数据流图为出发点,设计局部 E-R 图。高层数据流图只能反映系统的概貌,低层数据流图过细,中层数据流图能较客观地反映系统中各局部应用的子系统组成。

2. 逐一设计局部 E-R 图

以数据字典为出发点定义 E-R 图,定义实体和属性,确定实体之间的联系,并对属性进行分配。

【例 3-1】　以学籍管理中的班级管理为例,描述设计 E-R 图的步骤。

步骤一:确定涉及的实体。学籍管理主要涉及的实体有学生、班级、班主任。

步骤二:确定实体间的联系。班级和学生之间是 1∶n 的关系,即一个班级有若干名学生,而一名学生只能属于某个班;班主任和学生之间是 1∶n 的关系,即班主任可以管理多名学生,一名学生只对应一位班主任;班主任与班级之间是 1∶1 的关系,即班主任只对应一个班,一个班只有一位班主任。

步骤三:确定实体的属性。

学生实体的属性:(学号,姓名,所在专业,性别,出生日期)。其中,学号为该实体的主键。

班级实体的属性:(班级号,学生人数)。其中,班级号为该实体的主键。

班主任实体的属性:(职工号,姓名,所在班级,联系电话)。其中,职工号为该实体的主键。

步骤四:确定联系类型的属性。

学生与班级之间的联系包含属性:(学生号,班级号)。

学生和班主任之间的联系包含属性:(学号,职工号)。

班主任与班级之间的联系包含属性:(班级号,职工号)。

步骤五:根据实体和联系类型画出局部 E-R 图,如图 3-5 所示。

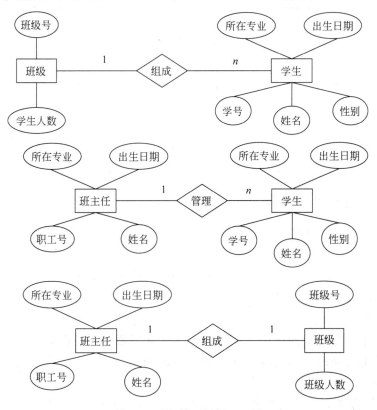

图 3-5　班级管理局部 E-R 图

【**例 3-2**】　以学籍管理中的课程管理为例,描述设计 E-R 图的步骤。

步骤一:确定涉及的实体。学籍管理主要涉及的实体有学生、教师、课程。

步骤二:确定实体间的联系。教师和学生之间是 $1:n$ 的关系,即一个教师可以教授若干名学生,而某门课程学生只能被一名老师教授;教师和课程之间是 $1:n$ 的关系,即一名教师可以讲授多门课程,一门课程只能由一名教师讲授;学生与课程之间是 $m:n$ 的关系,即一名学生可以学习多门课程,一门课程可以由若干名学生学习。

步骤三:确定实体的属性。

学生(学号,姓名,所在专业,年龄,出生日期)。

教师(职工号,姓名,职称)。

课程(课程号,课程名,成绩)。

其中,下画线标注的为该实体的主键。

步骤四:确定联系类型的属性。

学生与教师之间的联系包含属性:(学号,职工号)。

教师与课程之间的联系包含属性:(职工号,课程号)。

课程与学生之间的联系包含属性:(课程号,学号,成绩)。

步骤五:根据实体和联系类型画出局部 E-R 图,为节省篇幅,省略了实体的属性描述后如图 3-6 所示。

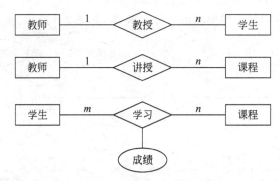

图 3-6　课程管理局部 E-R 图

3.4.2.2　整体 E-R 模型设计

本阶段是将各个局部 E-R 图合并为整体 E-R 图。设计整体 E-R 模型的具体步骤如下。

步骤一:合并。

确定各个局部 E-R 图的公共实体类型,以公共实体类型为单位合并,直到所有相同的实体类型都被合并,得到全局 E-R 图。

步骤二:消除冲突。

各个局部 E-R 图所面向的问题不同,通常由不同的设计人员进行局部 E-R 图设计,因此合并为整体 E-R 图时,可能会存在若干不同之处,称为冲突。

冲突的种类包括属性冲突、结构冲突、命名冲突。

属性冲突包括属性域冲突和属性取值单位冲突。其中属性值的类型不同、取值范围不同和取值集合不同会造成属性域冲突。

结构冲突分为以下三类。

➤ 同一对象在不同应用中具有不同的抽象。如某事物在某一局部 E-R 图中被当作实体,而在另一局部 E-R 图中被当作属性。

➤ 同一实体在不同局部 E-R 图中所包含的属性个数或属性排列次序不完全相同。

➤ 实体之间的联系在局部 E-R 图中呈现不同的联系类型。

命名冲突分为同名异义和异名同义(一义多名)。同名异义指不同意义的对象在不同布局 E-R 图中具有相同的名称。异名同义指同一意义的对象在不同的局部 E-R 图中具有不同的名称。

步骤三:消除冗余。

冗余分为冗余属性和冗余联系。冗余属性是指可由基本数据导出的数据。冗余联系是指可由其他联系导出的联系。因冗余数据和冗余联系容易破坏数据库的完整性,增加数据库维护成本,所以在合并局部 E-R 图时,要根据数据字典和数据流图,参考数据字典中关于数据项之间的逻辑关系,消除不必要的冗余。

【例 3-3】 将某工厂的物资管理、销售管理和劳动人事管理的局部 E-R 图集成为整体 E-R 图,如图 3-7~图 3-10 所示。

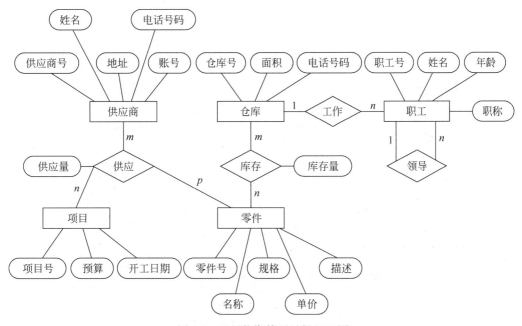

图 3-7 工厂物资管理局部 E-R 图

注:图中省略了实体的属性。

在合并过程中,解决了以下问题。

(1)异名同义问题,项目和产品含义相同。

(2)取消了库存管理中职工与仓库的工作联系,因为其已经包含在劳动人事管理的部门与职工之间的联系之中。

(3)取消了职工之间领导与被领导关系,因为其可由部门与职工(经理)之间的领导关系,以及部门与职工之间的从属关系之中导出。

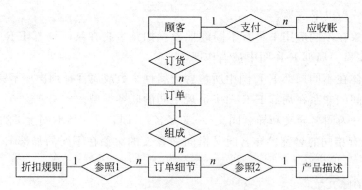

图 3-8   工厂销售管理局部 E-R 图

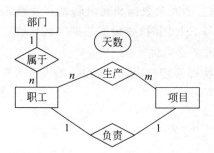

图 3-9   工厂劳动人事管理局部 E-R 图

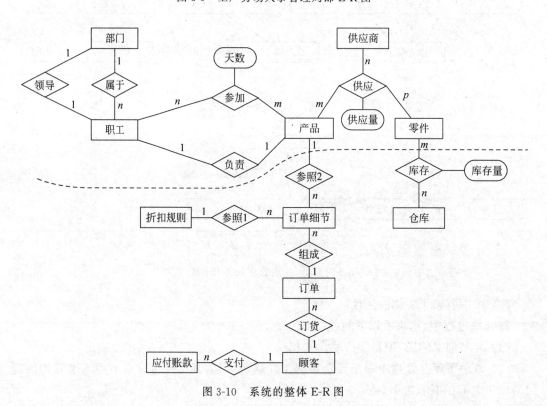

图 3-10   系统的整体 E-R 图

3.4.2.3　验证整体 E-R 模型

整体 E-R 模型设计完成后,应对其进行进一步验证,确保它能够满足下列条件。

(1) 整体概念模型内部必须具有完整性和一致性,不存在互相矛盾的描述。

(2) 整体 E-R 图能够准确反映原来的每个局部 E-R 图结构,包括属性、实体及实体间的联系。

(3) 整体概念模型能够满足需求分析阶段所确定的所有要求。

整体概念模型最终应该提交给用户确认,充分询问和征求用户、有关设计和开发人员的意见,进行评审、修改和调整优化,最终把它确定下来,作为该数据库系统的概念结构,作为进一步设计数据库系统的依据。

3.5　逻辑结构设计

3.5.1　逻辑结构设计的步骤

逻辑结构设计的任务就是把概念结构设计阶段完成的整体 E-R 模型转换为与选用的 DBMS 产品所支持的数据模型相符合的逻辑结构。

通常情况下,逻辑结构的设计应选取最适合相应概念结构的数据模型,然后对所有支持这种数据模型的 DBMS 进行对比,从中选出最合适的 DBMS。目前 DBMS 产品支持的三种模型为关系模型、网状模型、层次模型。而对某一种数据模型,计算机系统有若干不同的限制,提供不同的环境和工具。所以设计逻辑结构时要分三步进行。

(1) 根据需要,将概念模型转换为一般的关系模型、网状模型或层次模型。

(2) 将转换好的三种模型向特定的 DBMS 所支持的数据模型转换。

(3) 对完成的数据模型进行优化。

在数据库的逻辑结构设计完成之后,为进一步提高数据库应用系统的性能,还应该根据实际应用适当地修改、调整数据模型的结构,这就是数据模型的优化。关系数据模型的优化通常以规范化理论为指导,即消除冗余和异常、改善存储效率等,优化时可采用关系模式规范。若优化过程中发现该数据库的逻辑结构有诸多问题,需要返回上一阶段修改或重新设计数据库的逻辑结构。

3.5.2　E-R 模型转换为关系模型

进行数据库的逻辑设计,要将 E-R 模型向关系模型转换。实际上就是将属性、实体及实体之间的联系转换为关系模式。其中,关系都可以用实体和实体之间的联系表示,E-R 图中的属性可以转换为关系的属性。

3.5.2.1　实体的转换

一个实体型向一个关系模式转换,则实体的属性就可作为关系的属性,实体的主码就可作为关系的主码。实体的转换方法为:首先找出主码,主码的表示方法为属性名加下画线;然后再找出属性间的依赖关系,函数依赖关系用箭头线表示;最后将其表示为关系模式。

【例 3-4】 将图 3-11 中的实体转换为关系模式。

司机(司机编号,姓名,电话),司机编号为关系的主码。

车辆(车牌照号,厂家,出厂日期),车牌照号为关系的主码。

车队(车队号,车队名),车队号为关系的主码。

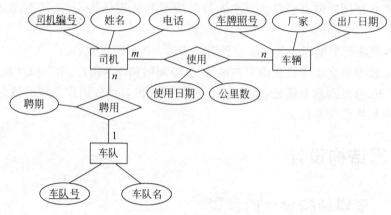

图 3-11　车辆管理 E-R 图

3.5.2.2　实体之间联系的转换

（1）一个 1∶1 联系可以向一个独立的关系模式转换,也可以与任意一端实体所对应的关系模式合并。如果转换为一个独立的关系模式,则关系的属性由该联系相连的各实体的主码以及联系本身的属性转换而来,关系的主码就是每个实体的主码。如果是与联系的任意一端实体所对应的关系模式合并,则需要加入另一个实体的主码和联系本身的属性到关系模式的属性中。

对于图 3-12 所示的 E-R 图,如果将联系与班长一端对应的关系模式合并,则转换为以下两个关系模式。

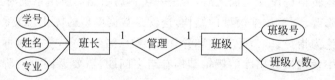

图 3-12　1∶1 联系实例

班长(学号,姓名,专业,班级号),其中学号为主码,班级号为引用班级的外键。

班级(班级号,班级人数),其中班级号为主码。

如果将联系与班长一端所对应的关系模式合并,则转换为以下两个关系模式。

班长(学号,姓名,专业),其中学号为主码。

班级(班级号,班级人数,学号),其中班级号为主码,学号为引用班长的外键。

如果将联系向一个独立的关系模式转换,则转换为以下关系模式。

班长(学号,姓名,专业),其中学号为主码。

班级(班级号,班级人数),其中班级号为主码。

管理(学号,班级号),其中学号为主码,学号和班级号为外键。

或：管理(<u>班级号</u>,学号),其中班级号为主码,班级号和学号为外键。

(2) 一个$1:n$联系可以向一个独立的关系模式转换,也可以与n端实体所对应的关系模式合并。如果向一个独立的关系模式转换,则关系的属性由与该联系相连的各实体的主码以及联系本身转换而来,主码是n端实体的主码。如果与n端实体所对应的关系模式合并,将联系本身的属性和1端实体的主码加入n端对应关系模式中。

例如,对于图 3-11 所示的 E-R 图中车队和司机的$1:n$联系,如果与n端实体司机所对应的关系模式合并,则转换为以下两个关系模式。

司机(<u>司机编号</u>,姓名,电话),其中司机编号为主码。

车队(<u>车队号</u>,车队名,司机编号),其中车队号为主码,司机编号为引用车队的外键。

如果将联系向一个独立的关系模式转换,则转换为以下关系模式。

司机(<u>司机编号</u>,姓名,电话),其中司机编号为主码。

车队(<u>车队号</u>,车队名),其中车队号为主码。

聘用(<u>司机编号</u>,车队号,聘期),其中司机编号为主码,司机编号和车队号均为外键。

(3) 一个$m:n$联系可以向一个独立的关系模式转换,关系的属性由与该联系相连的各实体的主码以及联系本身的属性转换而来,各实体主码的组合是该关系的主码或关系主码的一部分。

例如,对于图 3-11 所示的 E-R 图中司机和车辆的$m:n$联系,将其向一个独立的关系模式转换,则转换为如下的关系模式。

使用(<u>司机编号</u>,<u>车牌照号</u>,使用日期,公里数),其中(司机编号,车牌照号)为主码,同时也均为外键。

(4) 三个或三个以上的实体间的一个多元联系可以向一个关系模式转换,关系的属性均由与该多元联系相连的各实体的主码以及联系本身的属性转换而来,各实体主码的组合是关系的主码或关系主码的一部分。

(5) 具有相同主码的关系模式可合并。

例如,对于图 3-10 虚线上方的 E-R 图转换为关系模型,关系的主码用下画线表示。

部门实体对应的关系模式：部门(<u>部门号</u>,部门名,部门领导的职工号,…)。

其中,部门关系模式已经包括领导联系所对应的关系模式,部门领导的职工号是关系的候选码。

职工实体对应的关系模式：职工(<u>职工号</u>,部门号,姓名,职务)。

其中,职工关系模式已经包括属于联系所对应的关系模式。

产品实体对应的关系模式：产品(<u>产品号</u>,产品名,产品组长的职工号,…)。

供应商实体对应的关系模式：供应商(<u>供应商号</u>,姓名,地址,电话号码,账号)。

产品实体对应的关系模式：零件(<u>零件号</u>,名称,规格,单价,描述)。

参加联系对应的关系模式：参加(<u>职工号</u>,<u>产品号</u>,天数)。

供应联系对应的关系模式：供应(<u>产品号</u>,<u>供应商号</u>,<u>零件号</u>,供应量)。

3.6　关系规范化

在以上数据库逻辑结构设计中,已经把 E-R 图向初始的关系模式转换,设计者必须思考应构造几个关系模式,以及每个关系由哪些属性组成,以构造一个好的、合适的数据库模式,这就是关系数据库逻辑设计问题。

在设计过程中,把现实世界表示为关系模式的问题十分值得重视。而对于如何构造合适的数据模式(逻辑结构)这一问题,通常以关系模型为背景,使用关系规范化理论来指导关系模式的结构,对其进行修改、调整和规范,所以说关系数据库的规范化理论是数据库逻辑设计的一个有力工具。关系数据库设计理论主要包括三个方面,即数据依赖、范式和模式设计方法。

在关系中,属性相当于数学上的变量,属性在一个元组上的取值相当于属性变量的当前值。元组中一个属性或一些属性值对另一个属性值的影响相当于自变量值对函数值的影响。数据依赖研究数据之间的关系,强调一个关系内部属性与属性之间的一种制约关系,是一种语义体现,也是现实世界属性间相互联系的抽象。数据依赖分为函数依赖及多值依赖,本节重点介绍函数依赖。

3.6.1　函数依赖

数据依赖有诸多类型,其中最重要的是函数依赖,它是进行关系分解的依据,已经普遍存在于现实生活中。

例如,在设计职工表时,职工有职工号、姓名、部门、年龄等属性。职工号在此公司是标识职工的唯一属性,因此职工号能决定职工的姓名,可称为姓名依赖于职工号。对于现实来说,如果知道一名职工的职工号,就一定能知道职工的姓名、部门、年龄等其他属性信息,这就是姓名(或部门、年龄)依赖于职工号,是函数依赖。

1．一般函数依赖

函数依赖的定义:设一个关系为 $R(U)$,X 和 Y 为属性集 U 上的子集,若对于元组中 X 上的每个值都有 Y 上的一个唯一值相对应,则 X 和 Y 之间存在着函数依赖,并称 X 函数决定 Y,又称 Y 函数依赖于 X,记作 $X \rightarrow Y$,称 X 为决定因素。

例如,职工名→部门这个函数依赖只有在该公司没有同名同姓职工的条件下才能成立。如果允许同名同姓的职工存在,则部门就不再依赖于职工名了。如果做出不允许同名同姓的人出现这类对现实世界的强制性规定,则职工名→部门这个函数依赖成立。如此一来,当插入某个元组时,这个元组上的属性值必须满足规定的函数依赖,若发现有同名同姓的人存在,则拒绝插入该元组。

例如:设一个职工关系为(职工号,姓名,性别,年龄,职务)。

解析:职工号函数决定姓名,或姓名函数依赖于职工号,记作"职工号→姓名",职工号为该函数依赖的决定因素。

➢ 若姓名和职工号一一对应,它们就相互成为决定因素,记作"职工号↔姓名"。
➢ 若在一个关系中,X 不能函数决定另一个属性子集 Y,则记作 $X \nrightarrow Y$(X 不能函数决定 Y)。

注意,函数依赖不是指关系模式 R 的某个或某些关系满足的约束条件,而是指 R 的一切关系均要满足的约束条件。

2．函数依赖的分类

1）平凡函数依赖

定义：设一个关系为 $R(U)$，X 和 Y 为属性集 U 上的子集，若 $X \supseteq Y$ 则称 $X \rightarrow Y$ 为平凡函数依赖。对于任一关系模式，平凡函数依赖必然成立，不反映新的语义。若无特别说明，讨论非平凡函数依赖即可。平凡函数依赖称为函数依赖的自反性规则。

2）非平凡函数依赖

定义：设一个关系为 $R(U)$，X 和 Y 为属性集 U 上的子集，若 $X \rightarrow Y$ 且 $X \not\supseteq Y$，则称 $X \rightarrow Y$ 为非平凡函数依赖。

例如：设职工关系（职工号，姓名，性别，年龄，职务）。

解析：（职工号，性别）→职工号和（职工号，性别）→性别，都为平凡函数依赖。

（职工号，姓名）→性别和（职工号，姓名）→（年龄，职务），都为非平凡函数依赖。

3）完全函数依赖

定义：设一个关系模式为 $R(U)$，X 和 Y 为属性集 U 上的子集，若 $X \rightarrow Y$，不存在一个真子集 X'，使得 X' 也能够函数决定 Y，则称 X 完全函数决定 Y，或 Y 完全函数依赖于 X。

4）部分函数依赖

定义：设一个关系模式为 $R(U)$，X 和 Y 为属性集 U 上的子集，若 $X \rightarrow Y$，同时 X 的一个真子集 X' 也能够函数决定 Y，即存在 $X \rightarrow Y$，则称 X 部分函数决定 Y，或 Y 部分函数依赖于 X。X 到 Y 的部分函数依赖也称为局部函数依赖。

例如：设一个教师任课关系为（教工号，姓名，职称，课程号，课程名，课时数，课时费）。

解析：

（职称，课程号）完全函数决定课时费。

（教工号，课程号）部分函数决定姓名。

（教工号，课程号）部分函数决定课时数。

注：在关系中，通常只存储基本数据，而不存储能计算出来的数据，如课时数×课时费就是总酬金。

5）传递函数依赖

定义：设一个关系为 $R(U)$，X、Y 和 Z 为属性集 U 上的子集，其中存在 $X \rightarrow Y$、$Y \rightarrow Z$，但 $Y \not\rightarrow X$、$Y \not\supseteq Z$，则存在 $X \rightarrow Z$，称此为传递函数依赖，即 X 传递函数决定 Z，Z 传递函数依赖于 X。

例如：设一个学生关系为（学号，姓名，性别，系号，系名，系主任名），一个学生只属于一个系，每个系对应一个系号。

解析：学号函数决定系号，系号函数决定系名和系主任名，在学生关系中还存在学号→系名和学号→系主任名这两个函数依赖，由于它们都是通过从学号开始的间接函数依赖得到的，所以系名和系主任名是传递依赖于学号。

3．函数依赖的规则

下面介绍函数依赖的一些常用规则。设一个关系为 $R(U)$，X、Y、Z、W 是 U 上的子集，则：

> 自反性：若 $X \supseteq Y$，则存在 $X \rightarrow Y$。
> 增广性：若 $X \rightarrow Y$，则存在 $XZ \rightarrow YZ$。
> 传递性：若 $X \rightarrow Y$ 和 $Y \rightarrow Z$，则存在 $X \rightarrow Z$。
> 合并性：若 $X \rightarrow Y$ 和 $X \rightarrow Z$，则存在 $X \rightarrow YZ$。
> 分解性：若 $X \rightarrow Y$，且 $Y \supseteq Z$，则存在 $X \rightarrow Z$。
> 伪传递性：若 $X \rightarrow Y$ 和 $WY \rightarrow Z$，则存在 $WX \rightarrow Z$。
> 复合性：若 $X \rightarrow Y$ 和 $Z \rightarrow W$，则存在 $XZ \rightarrow YW$。
> 自增性：若 $X \rightarrow Y$，则存在 $WX \rightarrow Y$。

例如：学生关系(学号,姓名,性别,年龄,所在专业)。

根据增广性规则，若学号→所在专业成立，则(学号,性别)→(所在专业,性别)也必然成立。

根据合并性规则，若学号→姓名和学号→性别成立，则学号→(姓名,性别)也成立。

根据分解性规则，学号→(姓名,性别)也成立，学号→姓名和学号→性别也同样成立。

4. 属性关系中的函数依赖

对于属性之间的三种关系，并不是每一种关系都存在函数依赖。设 $R(U)$ 是属性集 U 上的关系模式，X、Y 是 U 的子集。

(1) 若 X 和 Y 之间是 1∶1 关系(一对一关系)，则存在函数依赖 $X \rightarrow Y$ 和 $Y \rightarrow X$。如班级和班长之间是 1∶1 关系，则存在班级→班长，班长→班级。

(2) 若 X 和 Y 之间是 1∶n 关系(一对多关系)，则存在函数依赖 $Y \rightarrow X$。如班长和学生之间是 1∶n 关系，则存在学生→班长。

(3) 若 X 和 Y 之间是 $m \colon n$ 关系(多对多关系)，则 X 和 Y 之间不存在函数依赖。如学生和课程之间是 $m \colon n$ 关系，它们之间不存在函数依赖。

3.6.2　范式

在创建一个数据库的过程中，范化是将其转化为一些表的过程，这种方法可以使从数据库得到的结果更加明确。即关系数据库中的关系必须满足一定的要求，满足的要求不同则范式不同。这样可能使数据库产生重复数据，从而导致创建多余的表。范化是在识别数据库中的数据元素、关系，以及定义所需的表和各表中的项目这些初始工作之后的一个细化的过程。一个低级范式的关系模式通过模式分解可向若干个高级范式的关系模式逐级转换，这种过程称为规范化。

关系规范化分为六个级别，从低到高依次为第一范式(1NF)、第二范式(2NF)、第三范式(3NF)、Boyce-Codd 范式(BCNF)、第四范式(4NF)和第五范式(5NF)。通常只要求规范到第三范式就可以了，并且前三个范式能够保持数据的无损连接和函数依赖性。

1. 第一范式(1NF)

定义：设一个关系为 $R(U)$，若 U 中的每个属性都是不可再分的，或者说都是不被其他属性所包含的独立属性，则称关系 $R(U)$ 是符合第一范式的，即 $R \in 1NF$。关系实例如图 3-13 所示。

规范化解决方法：一是增加独立属性，取消分栏；二是采用把原关系分解为多个关系。

系名称	高级职称人数	
	教授	副教授
计算机系	6	10
信息管理系	3	5
电子与通信系	4	8

系名称	教授人数	副教授人数
计算机系	6	10
信息管理系	3	5
电子与通信系	4	8

图 3-13　转换为符合第一范式的关系实例

2. 第二范式(2NF)

定义：设一个关系为 $R(U)$，满足第一范式，若 R 中不存在非主属性对候选码的部分函数依赖，则称该关系是符合第二范式的，即 $R \in 2NF$。

推论：若关系模式 $R \in 1NF$，且它的每一个候选码都是单码，则 $R \in 2NF$。

【例 3-5】　将表 3-2 所示的学生信息规范化。

表 3-2　学生成绩信息

学号	姓名	性别	所在专业	课程号	课程名	成绩
003014	张三	男	计算机	C01	C 语言	81
004001	李四	男	电子	D04	电路分析	77
004005	王苗	女	计算机	C08	操作系统	69

解析：姓名部分函数依赖于(学号，课程号)，因此表 3-2 符合第一范式但不符合第二范式，需分解为三个关系。

学生(学号，姓名，性别，所在专业)。

课程(课程号，课程名)。

选课(学号，课程号，成绩)。

经过分解，三个关系可以连接后仍得到原关系，且为无损分解和无损连接。

【例 3-6】　说明职工(职工号，姓名，所属部门，项目号，项目名称，项目角色)是否符合第二范式。

解析：不符合第二范式。其中存在三个问题，即插入异常、删除异常和修改异常。

当职工关系中项目名称发生变化时，参与该项目的人员很多，每人都有一条记录信息，若修改项目信息，需对每一个参加该项目的人员信息进行修改，加大了工作量，存在遗漏的可能，同时数据一致性也有可能被破坏。

可把上述职工关系分解成如下三个关系：

职工(职工号，姓名，所属部门)。

参与项目(职工号，项目号，项目角色)。

项目(项目号，项目名称)。

3. 第三范式(3NF)

定义：设一个关系为$R(U)$,满足第一范式,若R中不存在非主属性对候选码的传递函数依赖,则称该关系是符合第三范式的,即$R \in 3NF$。

推论1：如果关系模式$R \in 1NF$,且它的每一个非主属性既不部分依赖,也不传递依赖于任何候选码,则$R \in 3NF$。

推论2：不存非主属性的关系模式一定为3NF。

【例3-7】 修改假定学生关系(学号,姓名,年龄,所在学校,学校地址,学校电话),使其符合3NF。

解析：(学号)→(姓名,年龄,所在学院,学院地点,学院电话)和(学号)→(所在学校名)→(学校地址,学校电话)存在非主属性对候选码的传递函数依赖。

要将学生关系表分为如下关系的两个表。

学生(学号,姓名,年龄,所在学校)。

学校(校名,地址,电话)。

4. Boyce-Codd 范式(BCNF)

定义：若一个关系为$R(U)$,它是满足第一范式的,当R中不存在任何属性对候选码的传递函数依赖时,则称R符合BCNF,即$R \in BCNF$。

对于满足Boyce-Codd范式,也可做这样理解：如果R中的所有属性都完全依赖于候选码,或R的最小函数依赖集中的所有函数依赖的决定因素都是候选码,即$R \in BCNF$。

【例3-8】 说明关系模式授课(教工号,学号,课程号)是否符合Boyce-Codd范式。

解析：每名教师只教授一门课程,每门课程由若干名教师教授,若某一学生选定某门课程,就确定了一名教师；同样地,某名学生选修了某名教师的课程就确定了所选课程的名称。即(教工号,学号)→课程,(学号,课程号)→教师,教工号→课程号。

因为(教工号,学号)和(学号,课程号)都可以作为候选码,教工号、学号、课程号都是主属性,所以授课关系符合第三范式,但不符合Boyce-Codd范式。

可将授课分解为两个关系模式,即(学号,课程号)和(教工号,课程号),它们之中不存在任何属性对候选码的部分函数依赖和传递函数依赖,所以符合Boyce-Codd范式。

规范化的方法是进行模式分解,且确保模式分解后原来的语义不被破坏,还要保证原来的函数依赖关系不被丢失。需要注意的是,并不是规范级别越高,模式越好。合理选择数据库模式必须结合应用环境和现实世界的具体情况。一般情况下,关系模式达到3NF就可以不再分解。

3.7　物理结构设计

3.7.1　物理设计的内容

数据库的物理设计分为两个部分,首先要确定数据库的物理结构,在关系数据库中主要指数据的存取方法和存储结构；其次是对所涉及的物理结构进行评价,评价的重点是系统的时间和空间效率。通过评价结果完善、修改或重新设计物理结构,甚至返回逻辑设计阶段修改数据模型,直至评价结构满足设计要求,才进入下一实施阶段。

设计人员必须在确定数据库的物理结构之前,详细了解给定的 DBMS 的功能和特点,特别是该 DBMS 所提供的物理环境和功能,必须熟悉应用环境,充分了解所设计的应用系统中各部分的重要程度、处理频率、对响应时间等的要求,它们将作为物理设计过程中平衡时间和空间效率的依据,还应了解外存设备的特性,如 I/O 设备特性等。在对上述问题进行了解之后,即可进行物理结构的设计。

3.7.2 物理设计的步骤

数据库的物理设计分为两部分,如图 3-14 所示。

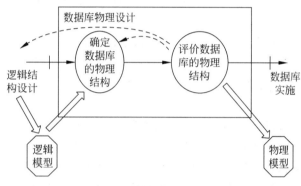

图 3-14 数据库物理设计

3.7.2.1 确定数据库的物理结构

1. 存储记录结构设计

在物理结构中,存储记录是数据的基本存取单位。存在了逻辑记录结构后,即可进行存储记录结构设计。一个存储记录可以对应于一个或多个逻辑记录。记录的组成、数据项的类型和长度,以及逻辑记录到存储记录的映射都是存储记录结构的组成部分。

为方便对数据进行压缩和进行应用程序设计,需要分析属性特征、分割存储记录结构。其中分割方法有垂直分割和水平分割两种方法。垂直分割方法适用于含有较多属性的关系,按其中属性的使用频率不同进行分割;水平分割方法适用于含有较多记录的关系,按某些条件进行分割。决定数据的存储结构时还需要将存取时间、存储空间和维护代价间的平衡考虑在内。

2. 存储方法设计

存储方法是快速存取数据库中数据的技术。存储方法有顺序存放、HASH(散列)存放、聚簇存放和索引存放,常用的方法有聚簇存放和索引存放两种。

(1) 顺序存放:记录顺序存放,记录个数的二分之一为平均查询比较次数。

(2) HASH 存放:由 HASH 算法决定记录存放位置和查询比较次数。

(3) 聚簇存放:为了提高查询速度,将一个(或一组)属性上具有相同值的元组集中地存放在一个连续的物理块中。若存放不下,可以存放在相邻的物理块中。这个(或这组)属性称为聚簇码。

聚簇功能适用于单个关系和经常进行连接操作的多个关系。使用聚簇后,聚簇码相同的元组就会集中在一起,因此聚簇值不必在每个元组中重复存储,只要在一组中存储一次即可,可节省存储空间。另外,按照聚簇功能每读取一个物理块可得到多个满足查询条件的元组,从而大大提高按聚簇码进行查询的效率。

(4)索引存放:根据实际需要确定对要建立索引关系的属性列、建立组合索引的属性列,以及要建立唯一索引的属性列等就是索引存取方法。为提高查询速度,避免关系中主键的重复录入,确保了数据的完整性,经常在主关键字上建立唯一索引。建立索引的一般原则如下。

> 如果某个(或某组)属性经常作为查询条件,则会考虑在这个(或这组)属性上建立索引。
> 如果某个(或某组)属性经常作为表的连接条件,则会考虑在这个(或这组)属性上建立索引。
> 如果某个属性经常作为分组的依据列,则会考虑在这个属性上建立索引。
> 对于经常进行连接操作的表考虑建立索引。

建立多个索引文件可以提高查询性能,缩短数据的存取时间,但同时也会增加存放索引文件所占用的存储空间,增加建立和维护索引的成本。在修改数据时,系统要同时对索引进行维护,使索引与数据保持一致,导致建立索引后会使数据修改性能下降。因此,关系上定义的索引数不是越多越好,要权衡数据库的操作之后再决定是否建立索引以及建立多少个索引。应该根据实际需要综合考虑,如果查询操作较多,并且对查询的性能要求高,则应考虑多建一些索引;如果数据修改操作较少,并且对修改的效率要求高,则应考虑少建一些索引。

3. 数据存放位置设计

将存取时间、存储空间利用率以及维护代价这三方面的因素综合考虑从而确定数据的存放位置和存储结构。其中,确定数据存放位置应该根据应用情况,如数据的易变部分和稳定部分不宜一起存放,经常存取部分和存取频率较低部分不宜一起存放,以提高系统性能。对于有多个磁盘的计算机存放位置的分配方案如下。

(1)在不同的磁盘上分别存放表和索引,使两个磁盘驱动器并行工作,在查询时可以提高物理读写的速度。

(2)在两个磁盘上分别存放较大的表,以加快存取速度,在多用户环境下效果更佳。

(3)在不同的磁盘上存放备份文件、日志文件与数据库对象(如表、索引等)备份等。

4. 系统配置设计

通常关系数据库管理系统产品为设计人员和数据库管理员都提供了一些系统配置变量和存储分配参数,便于他们对数据库进行物理优化。系统都为这些变量赋予了合理的初始值,由于应用环境复杂多变,这些值不一定适合现状,为改善系统的性能,在进行物理设计时需要重新对这些变量赋值。

系统配置变量和参数很多。例如,同时使用数据库的用户数,同时打开的数据库对象数,存储分配参数,内存分配参数,物理块的大小,物理块装填因子,缓冲区分配参数(使用的缓冲区长度、个数),时间片大小,数据库大小,锁的数目等,存取时间和存储空间的分配受这些参数值的影响。为改进系统性能,在物理设计时就要根据应用环境确定这些参数值。物理设计只需对系统配置变量进行初步的调整,为使系统性能最佳,需要在系统运行时根据系统实际运行情况再做调整。

3.7.2.2　评价数据库的物理结构

数据库物理设计过程中需要考虑多方面的因素,如需要对时间效率、空间效率、维护代价和用户各种要求进行权衡,其结果可以产生多种物理设计方案。数据库设计人员必须多方面、多角度对这些方案评价,最终数据库的物理结构要从中选取一个较优的方案。

对于完全依赖于所选用的具体 DBMS 的物理结构设计评价方法,系统的时间和空间效率应为评价的重点,具体分为如下几类。

- ➢ 查询和响应时间。从查询开始到开始显示查询结果所经历的时间为响应时间。一个好的应用程序设计可以减少 CPU 时间和 I/O 时间。
- ➢ 更新事务的开销。主要指修改索引、重写物理块或重写文件以及校验等方面的开销。
- ➢ 生成报告的开销。主要指索引、重组、排序和显示结果方面的开销。
- ➢ 主存储空间的开销。包括应用程序和数据所占用的空间。为减少空间开销,数据库设计者通常会对缓冲区做适当的控制或调整,包括控制缓冲区个数和大小。
- ➢ 辅助存储空间的开销。辅助存储空间分为数据块和索引块两种,数据库设计者可对控制索引块的大小、索引块的充满度等进行控制。

评价数据库的物理结构主要是从定量估算各种方案的存储空间、存取时间和维护代价入手,并对估算结果进行权衡、比较,从中挑选一个较优的、合理的物理结构。如果评价结果是该结构不符合用户需求,则需要修改或重新设计。

3.8　数据库的实施和维护

3.8.1　数据库的实施

数据库实施阶段主要完成两项任务,即数据的载入和应用程序的编码与调试。

通常情况下,完成数据库定义后,还要输入各种实际数据。数据库系统中数据量都很大,组织数据入库烦琐。因为新设计的数据库系统中数据的组织方式、结构和格式不同,可能出现源数据与新数据库结构不相容的情况。同时数据来源多样,可能来自单位中的各个不同的部门。所以组织数据载入需要从各个局部应用中抽取将各类源数据,存入计算机,再把它们分类转换,综合为符合新设计的数据库结构的形式,输入到数据库中再进行数据校验。

当原系统是手工数据处理系统时工作更加复杂,因为各类数据不集中,包含在各种不同的原始表单、单据、凭证之中。要先处理大量的纸质文件,才能向新的数据库系统中输入数据,这种数据转换、组织入库的工作相当耗时、费力。

为提高数据输入工作的效率和质量,完成初始数据输入时,应该针对具体的应用环境设计一个数据录入子系统,使数据入库的任务由计算机来完成。为防止错误的数据入库,在源数据入库之前要采用多种方法对其进行检验,数据校验的工作在整个数据输入子系统中十分值得重视。

通常情况下,不同关系数据库管理系统之间数据转换的工具都会在现有的关系数据库管理系统中被利用,若原先是数据库系统,就要充分使用新系统提供的数据转换工具。在组织数据入库的同时还需要调试应用程序,因为数据库应用程序的设计与数据库设计同时进行。

3.8.2　数据库的试运行

当应用程序调试完成并有一小部分数据已入库后,就可以开始对数据库系统进行试运行了,也称为数据库的联合调试。

试运行要测试应用程序的功能是否满足设计要求,具体做法为实际运行数据库应用程序,执行对数据库的各种操作。对应用程序不足的部分则要修改、调试,直至达到设计要求。

除对应用程序进行测试外,还要对系统的性能指标进行测试,分析其是否达到设计目标。一般情况下,设计结果会和实际系统运行有一定的差距,因此需要实际测量和评价系统性能指标,经过运行调试后能找到有些参数的最佳值。

在数据库的试运行阶段需要注意以下几点。

(1)组织数据入库应分期分批。先输入小批量数据调试,待试运行基本正常后逐渐增加数据量,大批量输入数据,完成运行评价。

(2)做好数据库的转储和恢复工作。试运行阶段系统不稳定,随时可能发生软硬件故障。系统操作人员对新系统还不熟悉,可能出现误操作。数据库的转储和恢复工作能使发生故障的数据库尽快恢复,使数据库的破坏减少。

3.8.3　数据库的运行与维护

数据库试运行合格后,标志着数据库开发工作基本完成。维护工作也要在应用环境和数据库运行过程中物理存储的变化中开始。维护工作主要由数据库管理员完成,本阶段工作主要包括以下几方面。

(1)数据库的转储和恢复。要求制订不同的转储计划以适应不同应用,发生故障能尽快将数据库恢复到某种一致的状态,使数据库的破坏降到最低。

(2)控制数据库的安全性、完整性。修改原有的安全性控制以适应数据的访问、用户的密级等变化。

(3)数据库性能的监督、分析和改造。

(4)数据库更新事务。包括检索、重组、排序、显示结果等方面。

(5)数据库的重组织与重构造。数据库进过一段时间的运行,数据不断变化,数据的存取效率降低,数据库性能下降,要求数据库管理员对数据进行重组织或重构造。数据库的重组织不修改原设计的逻辑和物理结构,数据库的重构造是指部分修改数据库的模式和内模式。

3.9　本章小结

　　本章主要介绍了数据库设计的概念、方法和步骤,详述了数据库设计的几个阶段(需求分析、概念结构设计、逻辑结构设计、物理结构设计、数据库的实施和维护)的主要工作、设计步骤和注意事项。数据库设计过程中最重要的两个环节是概念结构设计和逻辑结构设计,本章也作为重点进行了描述。

　　学习本章内容,要掌握书中介绍的基本方法,并将其运用到实际工作中,设计出符合用户需求的数据库应用系统。

3.10　习题

一、简答题

　　1. 简述数据库系统设计的各个阶段。

　　2. 简答关系规范化的级别;第一范式、第二范式、第三范式、Boyce-Codd 范式的特点。

　　3. 设有关系 $P(A,B,C,D,E)$,且有函数依赖集合 $F = \{A \rightarrow B, A \rightarrow C, C \rightarrow D, D \rightarrow E\}$,今若分解关系 P 为 $P1(A,B,C)$ 和 $P2(C,D,E)$,试确定 $P1$ 和 $P2$ 的范式等级。

　　4. 简答数据库的概念结构;试述数据库概念结构设计的步骤。

　　5. 简答数据库的逻辑结构设计以及将 E-R 图转换为关系模型的一般规则。

二、应用实践

　　1. 请设计一个图书馆数据库。此数据库中对每个借阅者保存读者信息,包括读者号、姓名、地址、性别、年龄、单位。对每本书存有书号、书名、作者、出版社。对每本被借出的书存有读者号、借出日期和应还日期。要求:画出 E-R 图,再将其转换为关系模型。

　　2. 建立关于系、学生、班级、社团等信息的一个关系数据库。一个系有若干个专业,每个专业每年只招一个班,每个班有若干学生,一个系的学生住在同一宿舍区,每个学生可以参加若干社团,每个社团有若干学生。

　　描述学生的属性:学号、姓名、出生年月、系名、班级号、宿舍区。

　　描述班级的属性:班级号、专业名、系名、人数、入校年份。

　　描述系的属性:系名、系号、系办公地点、人数。

　　描述社团的属性:社团名、成立年份、地点、人数、学生参加某社团的年份。

　　请给出关系模式,写出每个关系模式的最小函数依赖集,指出是否存在传递函数依赖,对于函数依赖是多属性的情况,讨论函数依赖是完全函数依赖还是部分函数依赖;指出各关系的候选键、外部键,有没有全键存在。

　　3. 设大学里教学数据库中有三个实体集:一是"课程"实体集,属性有课程号、课程名称;二是"教师"实体集,属性有教师工号、姓名、职称;三是"学生"实体集,属性有学号、姓名、性别、年龄。

　　设教师与课程之间有"主讲"联系,每位教师可主讲若干门课程,但每一门课程只有一位主讲教师,教师主讲课程将选用某本教材;教师与学生之间有"指导"联系,每位教师可指导若干学生,但每个学生只有一位指导教师;学生与课程之间有"选课"联系,每个学生可选修若干课程,每门课程可由若干学生选修,学生选修该门课程有一个成绩。

试画出 E-R 图,并在图上注明属性、联系类型、实体标识符并将其转换为关系模式。

4. 参考如下示例,遵循需求分析文档格式,给出包含功能需求的需求分析文档,并利用绘图软件绘制出该系统的概念结构设计。系统设计及绘图软件操作可观看微课视频学习。

(1)"学校教材定购、查询系统"简介。

本系统主要具有两个功能:销售和查询。具体做法是,学生可以网上查询是否还有需要购买的教材,若有,则去书库购买,书库管理人员收钱、开发票、发书并修改书库信息;若教材脱销,则通知书库采购人员采购。采购人员买来新书后,即进行修改书库信息。

(2)技术要求和限制条件。

➤ 当书库中的各种书籍数量发生变化(包括进书和出书)时,都应修改相关的书库记录,如库存表。

➤ 在实现上述销售和采购的工作过程时,需考虑有关的合法性验证(即操作权限和数据安全性)。

➤ 系统的外部项至少包括学生(买书者)、书库管理人员和书库采购人员。

第 二 篇

编程设计篇

　　本篇包括第4章和第5章，主要介绍Oracle 10g数据库系统概述、Oracle 10g数据库的体系结构、Oracle 10g数据库的模式对象、Oracle 10g数据库的安装、Oracle 10g数据库目录结构和注册表信息、Oracle 10g数据库字典、Oracle 10g分布式数据库体系结构、Oracle 10g数据库的启动和关闭、SQL概述、SQL的数据定义、SQL的函数、SQL的数据查询、SQL的数据操纵、SQL数据控制、嵌入式SQL。

第4章

Oracle 10g数据库系统概述

学习目标

➢ 了解 Oracle 10g 数据库系统版本
➢ 掌握 Oracle 10g 数据库的体系结构
➢ 掌握 Oracle 10g 的物理存储结构、逻辑存储结构、进程结构及其基本操作方法
➢ 掌握 Oracle 10g 数据库的模式对象操作方法
➢ 掌握 Oracle 10g 数据库的安装与卸载、启动与关闭

4.1 Oracle 10g 系统概述

数据库管理系统(Database Management System,DBMS)是数据库中操纵和管理数据库的软件系统,用于建立、使用和维护数据库。一般在不产生混淆的情况下,数据库管理系统简称为数据库,可理解为按照数据结构装载和管理数据的仓库。Oracle 的中文译名是"甲骨文",是世界领先的信息管理软件开发商,因其优秀的关系数据库产品而闻名于世。如今,许多大型应用程序的开发都选用了 Oracle 数据库。Oracle 是 1979 年发布在世界上的第一个关系数据库管理系统,前身是由 Ed Oates、Bruce Scott、Bob Miner、Larry Ellison 在硅谷创办的一家软件开发实验室的计算机公司发展而来。Oracle 是一个面向 Internet 计算环境的数据库产品,是目前世界上流行的大型 DBMS 之一。该系统可移植性好,使用方便,功能强大,适用于各类计算机环境,是一个具有高吞吐量、高效率、可靠性好的新一代电子商务平台。1979 年,RSI 发布了 Oracle 的第 2 版,1997 年,发布了 Oracle 第 7 版。随后,Oracle 发布了 Oracle 8i 版本、Oracle 9i 版本、Oracle 10g 版本、Oracle 11g 版本、Oracle 13g 版本等。

Oracle 产品的主要特点如下。

(1) 支持大量多媒体数据,如二进制图形、声音、动画及多维数据结构等。

(2) 提供角色保密及对称复制的技术,具有良好的安全性、完整性及数据管理功能。

(3) 提供嵌入及过程化 SQL、优秀的开发工具,具有良好的移植性和可扩展性。

(4) 提供了自动管理的能力,支持远程存取及多用户、大事务量的事务处理。

(5) 提供了企业级的网格计算、商业智能与实时应用集群功能。

Oracle 10g 数据库提供了四种版本,即 Oracle 10g 数据库标准版 1、Oracle 10g 数据库标准版、Oracle 10g 数据库企业版、Oracle 10g 数据库个人版,适用于不同的开发和部署

环境。

Oracle 10g 数据库标准版 1：该版本为互联网/内联网、工作组、部门级应用程序提供了前所未有的易用性和性能价格比。从小型商务的单服务器环境到大型的分布式部门环境，它包含了构建关键商务的应用程序所必备的全部工具。该版本仅许可在最高容量为两个处理器的服务器上使用。

Oracle 10g 数据库标准版：该版本在 Oracle 10g 数据库标准版 1 的基础上利用真正应用集群提供了对大型计算机和服务集群的支持，相比较以前更加易用，性能更优化。可在一个支持最多四个处理器的服务器集群上使用。

Oracle 10g 数据库企业版：该版本为关键的任务和高端应用提供了高效、可靠及安全的数据处理功能，包括大数据量的在线事务处理环境（OLTP）、查询密集型数据仓库和互联网应用程序。Oracle 数据库企业版能够完全满足企业关键任务应用的可用性和伸缩性需求。它还包括了 Oracle 数据库的所有组件，提供了多种工具和功能。

Oracle 10g 数据库个人版：该版本支持需要与 Oracle 10g 数据库标准版 1、Oracle 10g 数据库标准版和 Oracle 10g 数据库企业版完全兼容的单用户开发和部署，从而提供一种功能强大、简单易用的数据库。

4.2　Oracle 10g 数据库的体系结构

Oracle 10g 数据库的体系结构可以分为四部分：物理存储结构、逻辑存储结构、内存结构和进程结构。

4.2.1　物理存储结构

从数据的物理存储结构来看，Oracle 10g 数据库由数据文件（Data File）、重做日志文件（Redolog File）和控制文件（Control File）三个主要物理文件组成。这些物理文件都存储在磁盘的某一目录下。

1. 数据文件

数据文件是一个操作系统文件，文件格式是 Oracle 数据库系统可识别的二进制格式。在这些数据文件中存储了大量基本表数据、索引数据、回退数据、临时数据和数据字典基表数据，每个数据库都由众多的数据文件组成。

2. 重做日志文件

重做日志文件不仅可以存储数据库修改前后的信息及事务标志，还是增强数据库可靠性的重要保护措施。在数据库实例（Instance）恢复期间，Oracle 使用重做日志文件恢复所有用户对数据库所做的修改操作。Oracle 要求每个数据库必须拥有两个及以上的重做日志文件，这些重做日志文件之间采用循环写的方式进行日志切换。

3．控制文件

控制文件是一个二进制文件，用来记录数据库名、数据库的数据文件、联机重做日志文件的名称和位置、数据库建立日期、数据库的当前序列号、数据库检查点、数据库中的表空间名等信息。对于数据库来说，如果把数据文件比作仓库，那么重做日志文件相当于货物出口记录账本，控制文件就是该仓库的管理中心。在每个数据库中，控制文件有多个备份，目的是降低磁盘介质存储失败给用户造成的损失。Oracle 数据库能够自动维护所有的控制文件。

数据库中还包含初始化参数文件、归档日志文件、口令文件等物理文件。初始化参数文件在数据库启动和数据库性能优化时起重要作用；归档日志文件只有数据库运行在归档方式下才有，当归档进程（ARCH）将写满的重做日志文件复制到指定的存储设备时才产生；口令文件是为了使用操作系统认证 Oracle 用户而设置的。

4.2.2 逻辑存储结构

从逻辑角度来看，数据库是由多个表空间（Table Space）组成，每个表空间中存放了多个段（Segment），每个段又分配了多个区（Extent），且随着段中数据的增加，区的个数也随之增加，每个区由连续的多个块组成。

1．表空间

在逻辑存储上，Oracle 将数据库所有数据文件所在的磁盘空间划分为一个或多个表空间进行管理。一个数据文件只能属于一个表空间，而一个表空间可以跨越数据库的多个数据文件。一个数据库至少包括 SYSTEM 表空间、UNDOTBS 表空间、TEMP 表空间、USERS 表空间、INDEX 表空间等多个表空间，分别存放数据字典基表数据、回退数据、临时数据、基表数据、索引数据等。

从数据库的物理存储结构和逻辑存储结构两个不同的角度来理解数据库的组成，可以看出，逻辑与物理之间的对应关系是表空间与数据之间的对应关系，一个表空间可存储多个数据文件，这些文件大小的总和就是一个表空间。逻辑上存放在表空间的段的数据，物理上存放在该表空间对应的数据文件中。表空间中段的数据是一个整体，不能分开存放在两个或多个表空间中，但是段数据可以跨越同一表空间的多个数据文件，即数据可存放在同一表空间的不同数据文件中。

2．段

段是表空间的下一级逻辑存储单元，一个段只能存储同一种模式对象。根据段中存储的模式对象的不同，可分为以下五类。

（1）数据段：存储表数据。当用户建立表时，Oracle 自动建立数据段。用户建立的各种表都存储在 USERS 表空间下。

（2）索引段：存储数据库索引数据。每一个分区和未分区的索引都有一个索引段。当用户建立索引或者索引分区时，Oracle 自动建立索引段。用户建立的各表上的索引都存储在 INDEX 表空间下。

（3）临时段：在执行查询、排序等各种操作时，Oracle 会自动在 TEMP 表空间上创建一个临时段，用来保存 SQL 语句解释和执行过程中所产生的临时数据。

（4）回退段：用来记录数据库中所有事务修改前的数据，这些数据用于读一致性、回退事务、恢复数据库实例等操作。Oracle 将回退数据存储在 UNTODBS 表空间下。

（5）系统引导段：用来记录数据库数据字典的基表信息。在数据库建立时由 SQL. BSQ 脚本文件建立。当用一个实例打开数据库时，系统引导段会帮助初始化数据字典缓存。数据库管理员不能对系统引导段进行查询、更新或维护等操作。数据库数据字典的基表都存储在 SYSTEM 表空间下。

3. 区

Oracle 系统以区为单位为段分配空间。当段内的区空间用完时，系统会自动在表空间内为段分配一个新区。一个段只能存储在一个表空间中，但可以存储在同一个表空间中的不同数据文件中，一个段内的区的个数随着段内数据量的增加而增加。那么，段中的区是如何分配的呢？

当用户建立基表时，系统先按照 INITIAL EXTENT 参数的值分配第一个区，当该区的数据量值达到最大时，系统会按 NEXT EXTENT 参数的值分配第二个区，当表中的数据量达到 INITIAL EXTENT 和 NEXT EXTENT 参数值时系统会在第二个区的基础上增加一个百分比，当表中的数据量达到前三个区的大小时，系统会在前一个区的基础上增加一个百分比，分配下一个区，直到分配的区的个数达到 MAXEXTENTS 参数的值为止。此时，表中不能再分配区，也就不能往表中插入数据。

4. 块

Oracle 数据库的最小存储数据单元是数据块（Data Block）。块是 I/O 的最小单位，而区是分配空间的最小单位。数据块的字节长度由初始化参数文件中 DB_BLOCK_SIZE 设置，一个区由一定数量的连续数据块组成。

4.2.3　内存结构

内存是 Oracle 重要的信息缓存和共享区域，Oracle 使用的主要内存结构包括系统全局区（System Global Area，SGA）和程序全局区（Program Global Area，PGA）。

1. SGA

SGA 是 Oracle 实例的组成部分，其内容可以被所有用户共享，主要包括数据库缓冲快存、重做日志缓冲区、共享池、大池、Java 池五部分。

1）数据库缓冲快存

数据库缓冲快存记录数据库数据文件中读取、插入和更新的数据。缓冲区大小由参数 DB_CACHE_SIZE 决定，用户在缓冲区输入和修改数据时，由 DBWR 进程将缓冲区中已修改过并提交的数据写入磁盘的数据文件中。

2）重做日志缓冲区

重做日志缓冲区用来记录数据库中的修改前和修改后的信息。该缓冲区的大小由参数

LOG_BUFFER 决定。该缓冲区的内容被 LGWR 进程写入联机重做日志文件。

3）共享池

共享池包括库缓存（Library Cache）、数据字典缓存（Dictionary Cache），大小由 SHARED_POOL_SIZE 决定。库缓存包括 SQL 语句的语法分析和执行计划、与会话相关的私有信息、存储过程函数等编译信息。数据字典缓存存储数据字典数据。

4）大池

大池为数据库管理员的一个可选内存配置项，主要用于为 Oracle 共享服务器及使用 RMAN 工具进行备份与恢复操作时分配连续的内存空间。

5）Java 池

Java 池为数据库管理员的一个可选内存配置项，主要用于存放 Java 语句的语法分析和执行计划。使用 Java 做开发时必须配置 Java 池。

2．PGA

PGA 用来保存单个进程的会话数据和控制信息，其内容为指定服务器进程所共享。

4.2.4　进程结构

Oracle 系统中的进程分为用户进程、服务器进程和后台进程。

1．用户进程

用户进程是为运行用户应用程序或 Oracle 工具所建立的进程。当用户执行应用程序连接到 Oracle 系统时，系统自动为其分配一个用户进程。

2．服务器进程

服务器进程处理用户进程的各种需求，解释、编译和执行用户进程所发的 SQL 语句，并将执行结果返回给客户端用户应用程序。

3．后台进程

后台进程具有固定的功能，可实现复杂的数据库操作。后台进程包括如下几种。

DBWR：数据库写入进程，负责将 SGA 中数据库缓冲区的数据写入数据文件中。 Oracle 数据库中最多可以设置 10 个 DBWR 进程。

LGWR：日志写入进程，负责将重做日志缓冲区的内容写入联机日志文件中。

CKPT：检查点进程，在检查点更新时负责更新所有数据文件头信息和控制文件的信息。

SMNO：系统监视进程，负责回收不用的临时空间、合并碎片、执行数据库的恢复等操作。

PMNO：进程监视进程，用来检查用户进程的运行状态，当用户进程结束时负责清除缓存和释放资源等。

ARCH：归档进程，当数据库的运行在归档方式时，归档进程将联机重做日志文件的记录复制到指定的存储设备中，产生归档日志文件。

RECO：数据库恢复进程，该进程在分布式事务执行失败时，将自动连接远程服务器中的实例，连接成功后，将删除被挂起的事务及对应的行。

LCKn：锁进程，在 Oracle 并行服务器环境中，多个数据库实例可能同时操作相同的数据库对象，为了避免数据存取冲突，在一个数据库实例访问期间，锁进程自动封锁它所访问的数据库对象。

SNPn：作业队列进程，用来执行 DBMS_JOB 包所调度的数据库作业，并自动定期刷新分布式数据库中的数据库快照。

QMNn：队列监视进程，监视 Oracle 数据库实例中的消息队列。

Dnnn：调度进程，在共享服务器配置下，调度进程的支持使得多个用户进程可以共享一个服务器进程，从而减少服务器进程数。

其中，DBWR、LGWR、CKPT、SMNO、PMNO 是任何数据库环境都必需的，其他后台进程可以根据数据库运行环境和配置不同而选择配置。

4.2.5 Oracle 实例

Oracle 实例由系统全局区和后台进程组成。打开数据库必须先启动 Oracle 实例，按照系统全局区的每一块缓冲区的大小分配相应的缓冲区，并启动必要的后台进程。然后在启动实例后将数据库与实例连接，即装载数据库，系统将根据参数文件中的参数值查找并打开所有的控制文件。最后打开已经连接到实例的数据库。此时，系统根据已经打开的控制文件的内容，查找并打开所有的数据文件和重做日志文件。

Oracle 10g 数据库的体系结构如图 4-1 所示。

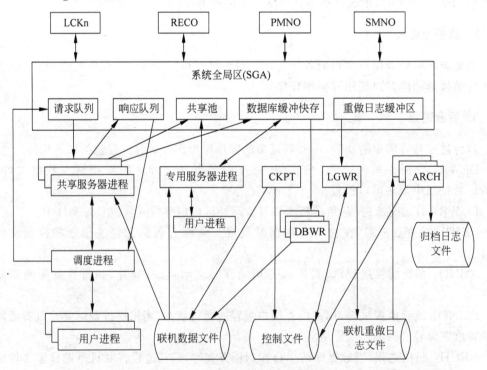

图 4-1　Oracle 10g 数据库的体系结构

4.3 Oracle 10g 数据库的模式对象

模式是与每个 Oracle 数据库用户都相关的一组数据库对象的集合。这些对象包括基本表(简称表)、视图、索引等。模式拥有者拥有该模式下的全部权限,还可以给其他用户授予操作权限。

1. 表

表是数据库中基本的数据存储单元,是一张实表,由多行和多列组成。对于数据库中的每一个表,表中的每一列都定义了数据类型,每一列的数据都必须满足该列的特性。表中列的数据类型可以是本身内置的数据类型,也可以是用户自定义的数据类型。一行又称为一条记录,由多个列组成。

在建立一张新表后,可以对表进行插入、更新、删除、查询等操作。

2. 视图

视图是用户查看表中数据的一种方式,是一张虚表,就像人们生活中用到的一面"镜子",通过视图可以查看一张表中部分或者全部数据,而真正的数据仍然存放在基本表中,可以将视图比作该表的一个查询窗口。视图可以像表一样进行插入、更新、删除、查询等操作。

视图也可以从多张表或视图中派生出来。如果该视图是派生视图,则该类视图只能进行查询操作,不能进行插入、更新、删除操作。视图的好处是简化了用户的查询和处理操作,提高了数据的安全性。

3. 索引

在表上建立索引可以加快表的查询速度,也可以保证表上数据的唯一性。

建立索引时,系统会自动建立索引段,当对表进行插入、更新、删除时,系统会自动维护索引段。索引的缺点是会降低系统的增加、删除、修改等操作性能,系统要自动更新索引段中的索引数据,所以合理使用索引可减少系统磁盘 I/O 操作次数。

一般大容量的数据表会建立索引,因为小表会降低系统操作性能。为加快查询进度,应该先插入数据再建立索引。如果为了保证表上数据的唯一性,应该先建立索引,再往表中插入更新数据。

4. 序列生成器

序列生成器可以产生一组唯一的序列号。由于 Oracle 能自动保证序列值的唯一性,所以在数据库设计时采用序列号作为表的唯一主键。序列号存储在数据库 SYSTERM 表空间中的数据字典内,与表无关,所以多张表可以共用一个序列生成器。

5. 数据库链路

数据库链路是一种通信路径,指的是分布式数据库应用环境中的一个数据库和另一个数据库间的通信。一个数据库和远程数据库如果建立了数据库链路,就能够访问本地数据库中的应用程序,即可访问远程数据库中的模式对象。在访问远程数据库中的对象时,除了用户信息、对象信息以外,必须指出数据库链路信息。如"select ＊ from scott. emp＠orcl. word;"其中,orcl. word 是数据链路名,scott 是远程数据库中的用户名,emp 是 scott 测试用户的表名。

6. 同义词

同义词是表、视图、序列生成器、快照、过程、函数等的别名。它与视图一样,在数据库中只存储定义的文本,不占用额外的存储空间。

同义词分为公共同义词和私有同义词。公共同义词为 PUBLIC 所拥有,所有用户均可引用;私有同义词只能为创建的用户所拥有,只有创建的用户才有访问权限。

7. 存储过程、函数、包和触发器

存储过程和函数是由一组 SQL 和 PL/SQL 语句组成,存储在服务器的数据字典中,可以被连续执行,完成固定功能的应用程序单元。存储函数向调用者返回单个值,而存储过程不返回任何值。存储过程均可以通过输入输出参数与调用者进行通信。

包是存储过程和函数的封装,由一组相关的存储过程和函数组成。触发器也是由一组 SQL 和 PL/SQL 语句组成,完成固定功能的应用程序单元。触发器只有在满足触发条件时才可自动执行,不需要用户调用。触发器不能接入输入输出参数。

8. 快照

快照就是对远程数据库上表的复制,自动按时刷新表的数据。快照使用应用程序生成一张表,用来存放通过快照定义的查询条件获得的行。表的复制不受网络影响。

使用快照自动复制表,一张表的快照可以包含对主表的整个或者部分数据的备份,表的快照是只读的,来自于查询。快照能够包含来自多张主表的数据,也可以是多张表的一个集合(GROUP BY),或者一张表的子集(行,列)。

4.4　Oracle 10g 数据库的安装

在安装前需要了解 Oracle 10g 数据库的软硬件需求。操作系统为 Windows 2000 Server、Windows XP 或者 Windows 7、Windows 10。内存最好为 1GB 以上,磁盘空间在 3GB 以上。本次安装以 Windows 10 64 位操作系统为例。安装服务器的步骤如下。

1. 启动操作系统并插入光盘

启动后,系统将出现界面,单击"开始安装"按钮后出现如图 4-2 所示的 Oracle Universal Installer 界面。

如果该机器上原来安装过 Oracle 数据库,则在重新安装之前必须将原来安装的数据库产品卸载干净,否则不会安装成功。在图 4-2 的界面上单击"卸装产品"按钮,弹出如图 4-3 所示的"产品清单"对话框,提示该机器上已经安装了 Oracle 产品,选择要删除的产品,然后单击"删除"按钮。系统开始删除以前安装的数据库产品,并且显示删除进度,同时从注册表中删除该产品的注册信息,如图 4-4 所示。

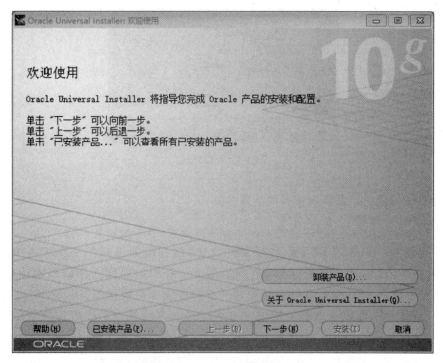

图 4-2　安装与配置的开始界面

图 4-3　"产品清单"对话框

删除完成后,界面显示"没有已安装的产品"说明卸载完毕。单击"关闭"按钮,关闭和退出该界面,并且在磁盘中删除所有有关原 Oracle 产品的文件。

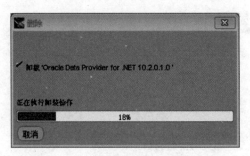

图 4-4　删除进度

2. 选择安装新的产品和设置各种配置参数

在安装 Oracle 10g 产品时,应优先选择安装服务器端,再安装客户端。

(1) 找到 Oracle 产品所在的目录文件位置,找到服务器端所在的安装文件,找到 setup.exe 文件,以管理员身份运行,出现如图 4-5 所示的界面。在该界面中可以修改 Oracle 的安装路径。此外,还可以选择安装类型和修改全局数据库名,以及输入和确认数据库口令。在"安装类型"下拉列表框中应选择"企业版",全局数据库名和口令可自定义设置,如全局数据库名为 orcl,数据库口令为 orcl(为了方便教学或学习记忆)。

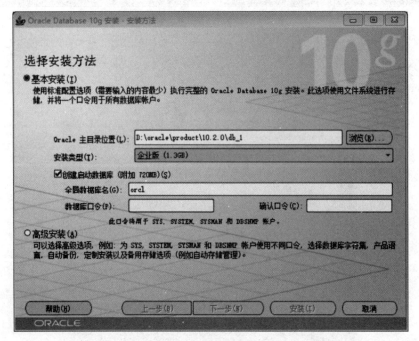

图 4-5　选择安装方法

(2) 完成设置后,单击"下一步"按钮,在界面中勾选"检查"栏的"警告",使其变为"用户已验证",如图 4-6 所示。

(3) 单击"下一步"按钮,如图 4-7 所示,单击"安装"按钮开始安装,如图 4-8 所示。

(4) 当确认以上所有的设置之后,系统开始安装,用百分比显示安装进度。安装的过程大概 10 分钟。如果在安装的过程中想停止,单击"停止安装"按钮即可,这时虽然没有安装

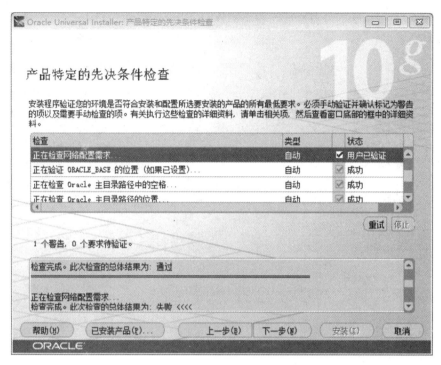

图 4-6　产品特定的先决条件检查

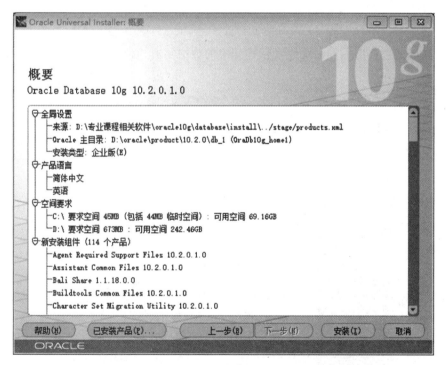

图 4-7　安装界面

完全,但是在相应的目录下已经安装了一些文件,在注册表中也加入了相关的注册信息,重新安装时必须卸装,否则下次安装会不成功。

图 4-8　安装进度

3. 创建数据库及修改用户命令

（1）在创建数据库的同时会自动创建相应的数据字典,百分比显示创建数据库的进程,如图 4-9 所示。

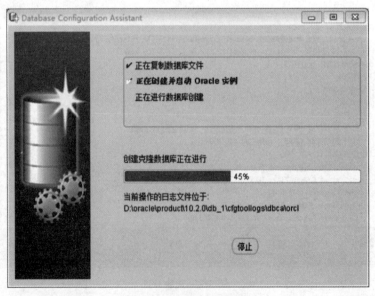

图 4-9　创建数据库的进度

（2）创建完数据库后，系统会弹出一个如图 4-10 所示的对话框，对口令进行管理。

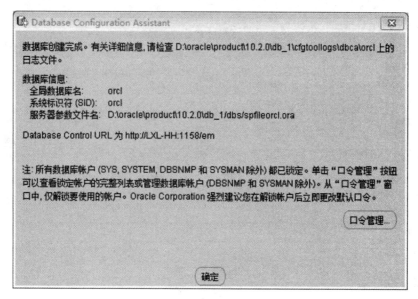

图 4-10　配置应用程序中的口令管理

（3）单击"口令管理"按钮，进入如图 4-11 所示的对话框。

图 4-11　"口令管理"对话框

（4）在此对话框中找到锁定的账户 SCOTT，并解除锁定，输入新的口令。为了方便，输入的新口令是 orcl，如图 4-12 所示。

（5）单击"确定"按钮，返回上一个页面，图 4-13 所示。

（6）单击"确定"按钮，进入如图 4-14 所示的界面。

（7）单击"退出"按钮，在出现的对话框中单击"是"按钮，完成 Oracle 10g 数据库服务器

图 4-12　打开锁定账户

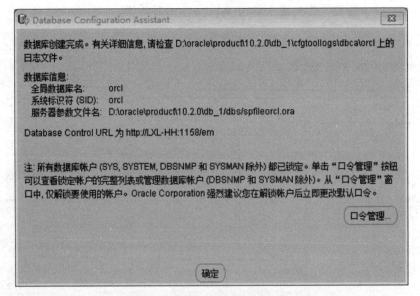

图 4-13　数据库配置应用程序

端的安装。

4．测试数据库

打开任务管理器，找到以 Oracle 开头的任务，看监听器和服务器端(最后两个)是否启动，如果没有则启动它。如图 4-15 所示，在这五个任务中，前三个不需要开机启动，禁用即可，将后两个的自动模式设置为手动。

打开"开始"菜单，选择 Oracle→OraDb10g_ home1，找到 SQL＊PLUS，以管理员身份

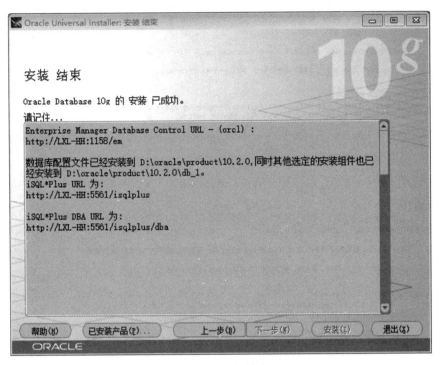

图 4-14　安装结束

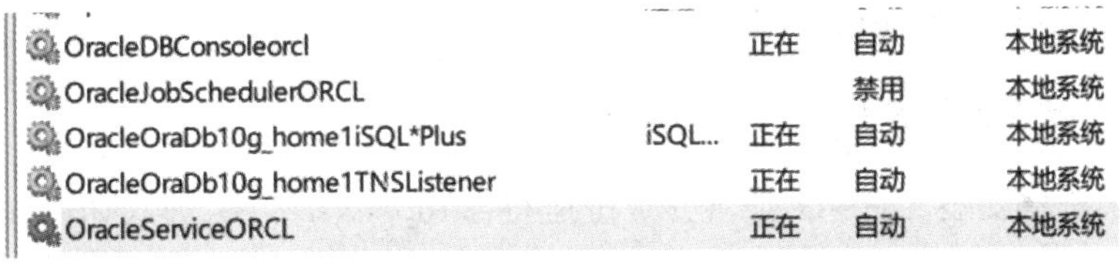

图 4-15　关于 Oracle 的任务管理

运行，进入如图 4-16 所示的界面。

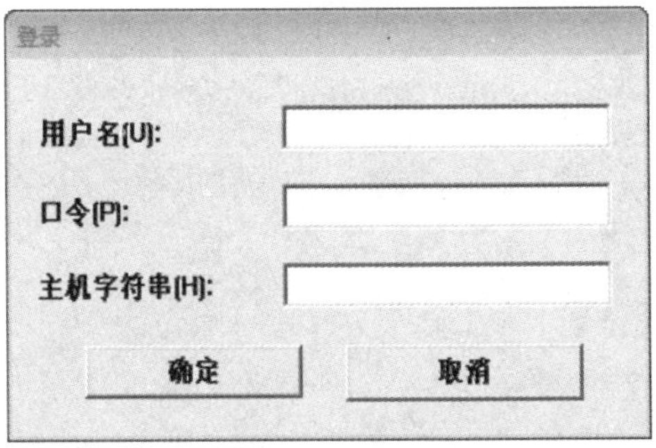

图 4-16　数据库登录

输入用户名和口令（如 system/orcl）。单击"确定"按钮，出现连接状态，如图 4-17 所示。

输入"connect system/orcl as sysdba;"，如图 4-18 所示，显示已连接。

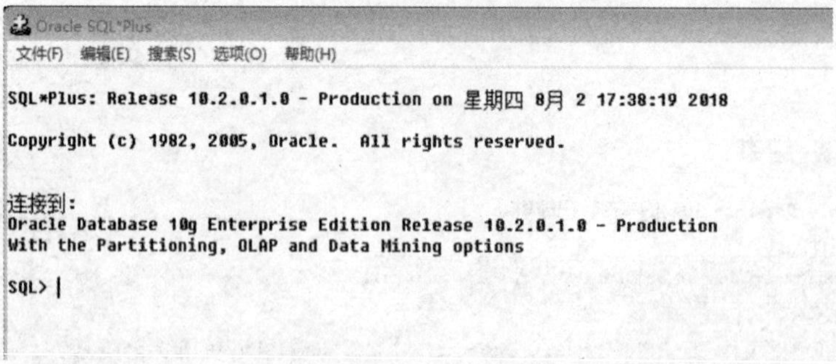

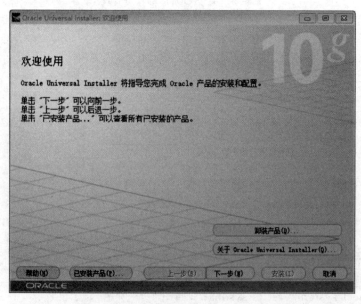

图 4-17　连接状态

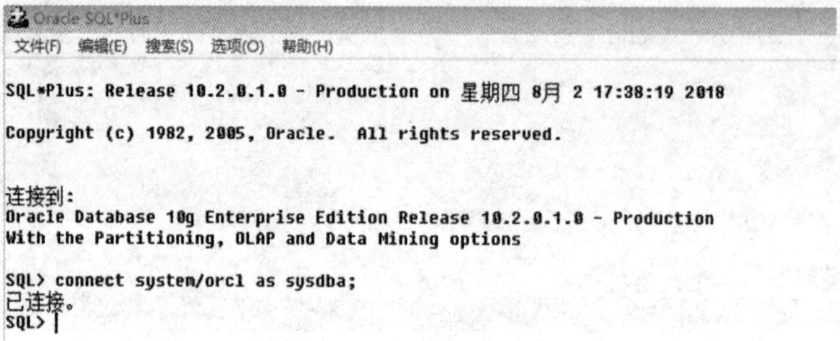

图 4-18　数据库测试

至此,数据库的服务器端已经安装完毕。

5. 安装客户端及配置参数

(1) 找到客户端安装文件,以管理员身份运行 setup.exe 文件,进入如图 4-19 所示的界面。

图 4-19　客户端 Universal Installer 界面

（2）单击"下一步"按钮，进入如图 4-20 所示的界面。该界面共有四种安装类型，建议选择"管理员"安装类型。

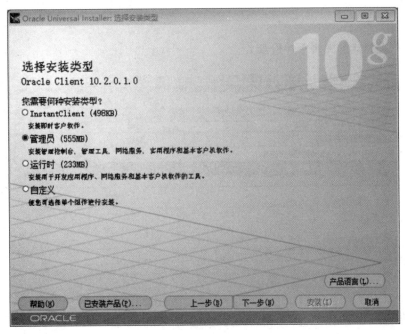

图 4-20　选择安装类型

（3）单击"下一步"按钮，按照默认的存储路径（或者改变存储路径）进行安装，如图 4-21 所示。

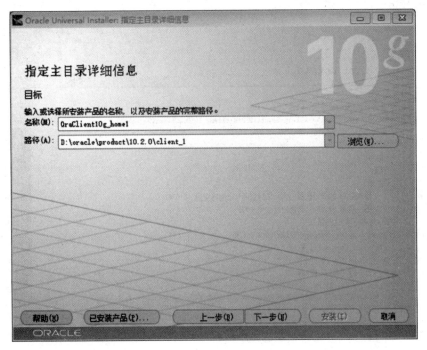

图 4-21　安装指定目录

（4）单击"下一步"按钮，进入如图 4-22 所示的界面。

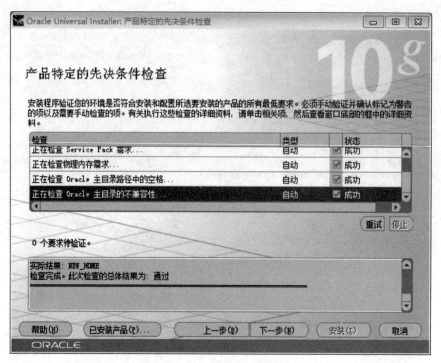

图 4-22　先决条件检查

（5）单击"下一步"按钮，进入如图 4-23 所示的界面。

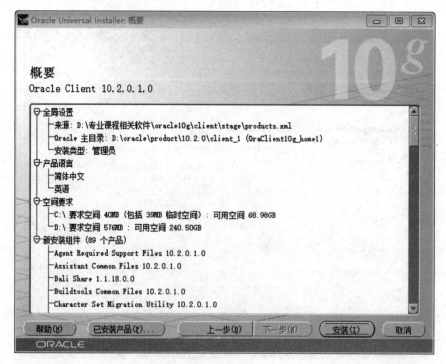

图 4-23　概要

（6）单击"安装"按钮，进入如图 4-24 所示的界面。

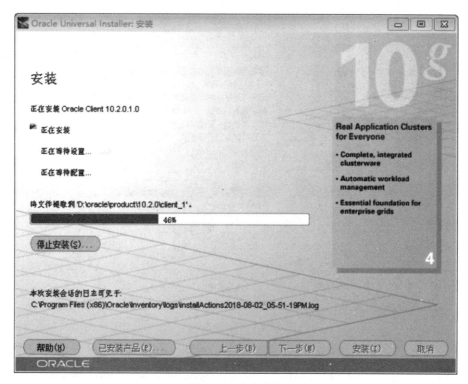

图 4-24　安装进度

（7）安装完成后，进入如图 4-25 所示的界面。

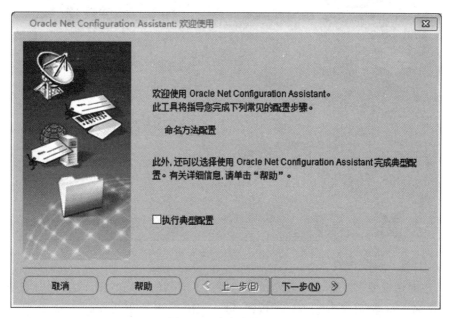

图 4-25　命名方法配置

（8）保持默认选择，单击"下一步"按钮，进入如图4-26所示的界面。

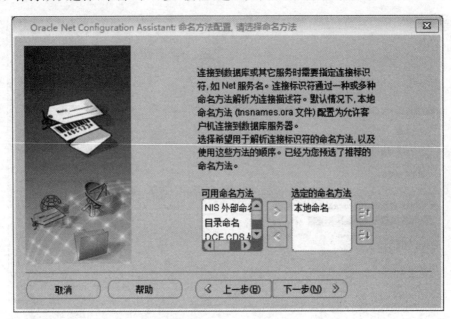

图4-26　选定命名方法

（9）保持默认选择，单击"下一步"按钮，进入如图4-27所示的界面。

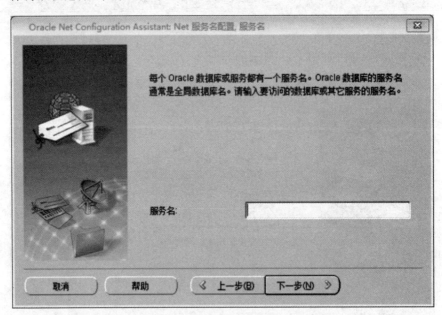

图4-27　输入服务名

（10）该对话框要求用户输入需要访问的机器上安装的全局数据库名，此时在空白处应输入数据库名orcl，然后单击"下一步"按钮，进入如图4-28所示的界面。

（11）该对话框用于设置客户机与服务器之间通信时使用的通信协议，目的是为了使客户机与服务器之间能够相互ping通。如果采用TCP/IP，则默认选择TCP，否则选择其他。

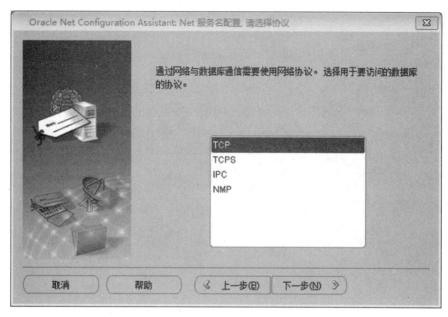

图 4-28　选择通信协议

这里选择 TCP,单击"下一步"按钮,进入如图 4-29 所示的界面。

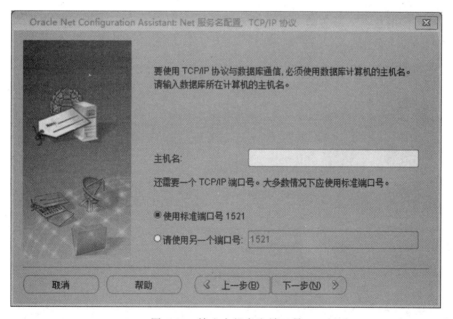

图 4-29　输入主机名和端口号

(12) 使用 TCP/IP 与数据库通信,则要求用户输入所要访问的数据库所在的计算机名(即主机名)。使用 TCP/IP 访问数据库时通过某一端口进行访问,而 Oracle 的标准端口号是 1521,所以选择"使用标准端口号 1521"单选按钮,然后单击"下一步"按钮,进入如图 4-30 所示的界面。该测试用来检验是否可以连接到 Oracle 数据库,测试上述提供的数据是否正确。选择"是,进行测试"单选按钮。

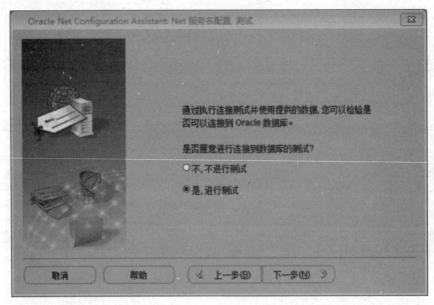

图 4-30　测试配置正确性

（13）单击"下一步"按钮，进入如图 4-31 所示的界面。测试未成功，说明用户提供的用户名和口令不正确，要求用户单击"更改登录"按钮来重新输入用户名和口令，输入的用户名和口令是被访问的数据库服务器上的一个 Oracle 用户名和口令。根据之前修改的口令，这里的用户名和口令分别是 system 和 orcl。

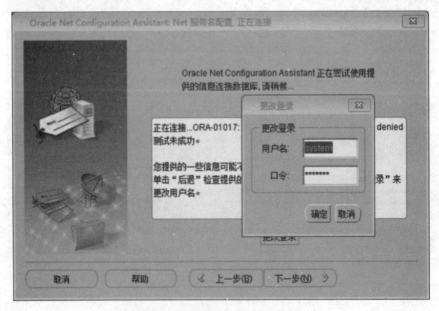

图 4-31　修改测试使用的用户名和口令

然后单击"确定"按钮重新进行连接测试，如果现实连接成功，则说明上述配置提供的数据正确，否则单击"上一步"按钮重新修改配置数据。

（14）单击“下一步”按钮，进入如图4-32所示的界面。

图4-32　测试成功

（15）单击“下一步”按钮，进入如图4-33所示的界面。该对话框要求输入Net服务名，系统自动将前面设置的全局数据库名作为网络服务名，该网络服务名就是SQL PLUS登录界面主机字符串后面的空白需要输入的内容。

图4-33　输入Net服务名

（16）单击"下一步"按钮，进入如图 4-34 所示的界面。如果需要配置其他网络服务名则选择"是"，在这里选择"否"单选按钮。

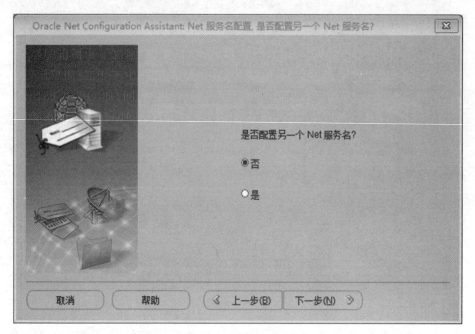

图 4-34　配置服务名

（17）单击"下一步"按钮，单击"完成"按钮，然后退出该对话框，结束网络服务名的配置，结果如图 4-35 所示。

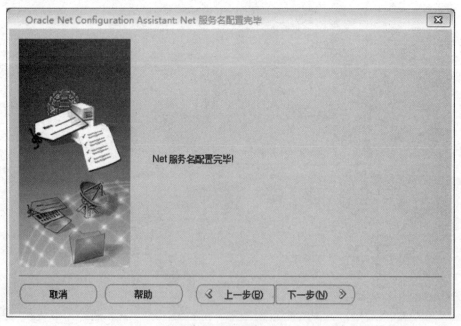

图 4-35　服务名配置完毕

（18）单击"下一步"按钮，一直到单击"完成"按钮，安装结束，单击"退出"按钮，如图 4-36 所示。

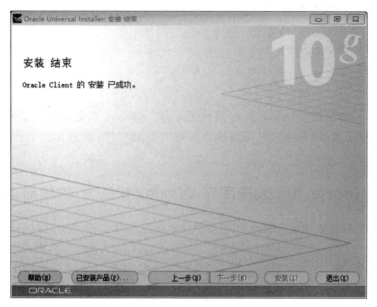

图 4-36　安装结束

4.5　Oracle 10g 数据库目录结构和注册表信息

4.5.1　数据库的目录结构

安装 Oracle 软件和数据库文件后，其目录结构为一个树状结构，树的根部称为 Oracle 根目录，一般为 D:\Oracle（D 代表驱动器盘符）。在根目录下，包含了以下主要子目录。

1. Oracle_db_1 和 Oracle_Client_1

Oracle_db_1 和 Oracle_Client_1 分别代表了安装 Oracle 后服务器端和客户端的主目录。两者的主目录所包含的内容大体相同。主目录下主要包括以下目录。

Bin：存储 Oracle 系统的可执行文件。

Network：存储系统的网络配置文件。

Assistants：存储系统的辅助配置工具文件。

RDBMS：存储创建数据库和数据字典的脚本文件。

2. ADMIN

ADMIN 为数据库管理文件目录。每个 Oracle 数据库在该目录下有一个以数据库名称命名的子目录（如 orcl），该数据库的所有管理文件均存储在 orcl 子目录下。

ADHOC：指定数据库的专用 SQL 脚本文件目录。

ADUMP：存放审计生成的文件目录。

BDUMP：后台进程跟踪文件目录。

CDUMP：主备份文件目录。

UDUMP：用户进程跟踪文件目录。

PFILE：数据库初始化参数文件目录。

DPDUPM：存放登录信息的文件目录。

3. ORADATA

ORADATA 为数据库数据文件存储目录。每个 Oracle 数据库在此目录下有一个以数据库名称命名的子目录（如 orcl），该数据库所有的数据文件、重做日志文件、控制文件均存储在 orcl 子目录下。

4.5.2　Oracle 10g 数据库在 Windows 10 下的注册表信息

Oracle 系统的配置和服务信息存储在操作系统注册表数据库中的以下子项中。

- HKEY_LOCAL_MACHINE\SYSTEM\CurrentControlSet\Services\OneSyncSvc_bb9dc75HKEY_LOCAL_MACHINE\SYSTEM\CurrentControlSet\Services\EventLog\Application。
- HKEY_LOCAL_MACHINE\SOFTWARE\ODBC\ODBCINST.INI。
- HKEY_CLASSES_ROOT 目录下的以 Ora、Oracle、Orcl 或 EnumOra 开头的文件。
- HKEY_CURRENT_USER/SOFTWARE/Microsoft/windows/CurrentVersion/Explorer/MenuOrder/Start Menu/Programs。

其中，HKEY_LOCAL_MACHINE\SYSTEM\CurrentControlSet\Services 用来记录 Oracle 服务参数和 Windows 10 性能监视器参数，如图 4-37 所示。

图 4-37　注册表信息

4.5.3　特殊用户

Oracle 安装后会自动建立几个特殊用户，如 sys、system、scott 用户，其中 sys 用户的默认口令是 change_on_install，在安装过程中需要用户修改其口令。sys 用户是 Oracle 的特权用户,其拥有 Oracle 数据库的所有数据字典对象,可以对 Oracle 数据库做任何操作。system 用户的默认口令是 manager,在安装过程中也需要修改口令,system 用户是数据库的管理用户,拥有某些工具相关的数据字典对象,其权限比 sys 用户权限小,但比普通用户权限大。scott 用户的默认口令是 tiger,是 Oracle 的普通用户,该用户只能对自己所拥有的对象进行操作。

4.6 Oracle 10g 数据库字典

Oracle 数据库字典由一套表和视图组成,它存储 Oracle 系统的活动信息及所有用户数据库的定义信息。

数据字典中存储大量有关数据库的重要信息。对用户来说,数据库中的所有表和视图都只能查询,不能更新。数据字典的内容由 Oracle 系统自动更新和维护。数据字典的所有权属于 sys 用户,数据字典的数据存储在 system 表空间中。

为了方便查询,Oracle 在数据字典表上建立了数据字典视图。这些视图主要分三类:用户视图、扩展用户视图、数据库管理员视图。

(1) 用户视图。

这类视图以 USER_ 为前缀,包含当前用户所拥有的全部对象信息。

(2) 扩展用户视图。

这类视图以 ALL_ 为前缀,如 ALL_USER,除包含当前用户所拥有的全部对象信息外,还包含公共账号和显示授权用户所拥有的全部模式对象信息。

(3) 数据库管理员视图。

这类视图以 DBA_ 为前缀,包含整个数据库的所有用户所拥有的所有对象信息,而不是仅局限于部分用户。如 DBA_USERS 视图包含数据库中所有用户信息。

根据数据字典所存储的内容不同可以分为两类:静态数据字典和动态性能表。

4.6.1 静态数据字典

静态数据字典是 Oracle 数据库的信息中心,它提供以下内容。

➢ 数据库中所有的表、聚簇、索引、视图、同义词、序列、过程、函数、包等模式对象的定义。
➢ 数据库中所有列的默认值和模式对象的完整性约束。
➢ 所有 Oracle 用户信息和所授权限、角色。
➢ 为模式对象分配的存储空间及当前已使用的存储空间。
➢ 数据库的审计信息。
➢ 为数据库分配的回退段信息。
➢ 数据库的字符集信息。
➢ 其他数据库信息。

4.6.2 动态性能表

动态性能表是一套虚表,记录当前数据库的活动情况和性能参数。管理员查询动态性能表可以了解系统运行状况,诊断和解决系统运行中所出现的问题。动态性能表的用户为 sys 用户。为了便于访问,Oracle 在动态性能表的基础上建立了公共同义词。这些同义词的名字均以 V＄开头。所有用户在查询系统性能表时都应该使用 V＄对象,如 V＄BGPROCESS 视图记录 Oracle 后台进程信息。

4.7 Oracle 10g 分布式数据库体系结构

4.7.1 体系结构

Oracle 10g 分布式数据库的体系结构有三类:基于客户-服务器模式的两层结构、基于应用-服务器模式的三层结构、基于主机模式。

1. 两层结构

在两层结构中,客户应用与数据库服务器通过 Oracle NET 进行连接,如图 4-38 所示。

1) 客户应用程序

客户应用程序负责实现客户应用系统上的数据输入和显示操作,以及对用户输入做合理性检验等需要用户频繁干预的任务;主要是指实现应用逻辑和数据表现的开发工具,以及应用开发工具生成的应用程序。Oracle 开发工具和 Oracle 数据库服务器之间通过 Oracle NET 进行连接。

2) 数据库服务器

它提供对数据库的管理和处理众多的连接请求,完成文件 I/O 和查询处理等频繁需要的数据,负责数据存取和完整性控制任务,共享数据存放在服务器端。

2. 三层结构

在三层结构中,客户应用与应用服务器连接,应用服务器再与数据库服务器连接,如图 4-39 所示。

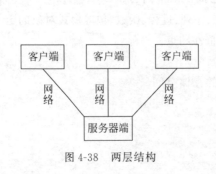

图 4-38　两层结构

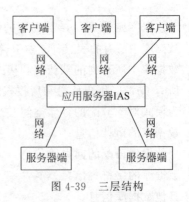

图 4-39　三层结构

1) 客户应用程序

客户应用程序负责在客户系统上的数据显示和输入,以及对用户的输入做合理性检验。如 IE 就在第一层。由于 IE 的操作界面是统一的,所以不需要对使用人员进行各种培训。

2）应用服务器

应用服务器负责连接客户端和数据库服务器端，监听客户端的请求，将客户端的请求转换成对数据库的调用，最终以 HTML 格式返回给客户应用端。在第二层上必须安装的软件为 IAS、Oracle NET。IAS 通过 Oracle NET 与数据库服务器连接。

3）数据库服务器

数据库服务器与两层结构中的数据库服务器层有相同的功能。

3．基于主机

用户进程和服务器进程运行在同一台计算机相同的操作系统下，两者之间的通信路径是通过操作系统内部进程通信（IPC）机制来建立的。

4.7.2 网络配置

在数据库服务器端配置监听程序 LISTENER，使得数据库服务器能够监听并接受客户端的连接请求。为了配置监听程序，必须在服务器上配置 LISEENER.ORA 文件，在客户端建立网络服务名称列表，记录客户端所能访问的服务器信息。为了建立网络服务列表，必须在客户端配置 TNSNAMES.ORA 文件。其配置文件均存储在 Oracle 根目录下的 admin 目录下。

1．配置监听程序

安装 Oracle 数据库后，默认情况为创建完数据库后，系统自动启动 Net Configuration Assistant 工具进行网络配置，其中包含监听程序的配置和启动。默认配置的监听程序名为 LISTENER，并且被设置为自动启动。如果在配置网络服务名时所有设置都正确，但是测试连接始终失败，那么需要检查监听程序配置是否正确、是否已经启动。在安装和创建完数据库和监听程序之后，如果修改了机器的名字或者 IP 地址，都会导致监听程序配置不正确。如果出现这种状况，则需要按照下列步骤来重新配置。

（1）在菜单目录中找到 Oracle_OraClient 10g_home1，选择 Net Configuration Assistant，以管理员身份运行 Net Configuration Assistant 工具，进入如图 4-40 所示的界面。

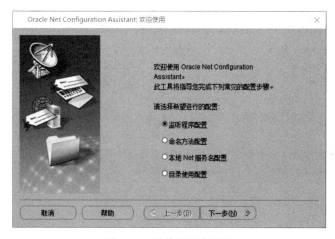

图 4-40 网络配置主界面

（2）选择"监听程序配置"，然后单击"下一步"按钮，进入如图 4-41 所示的界面（注：图 4-40 是原始界面，选择"监听程序配置"，单击"下一步"按钮后图 4-41 所示的界面与图 4-40 相同）。

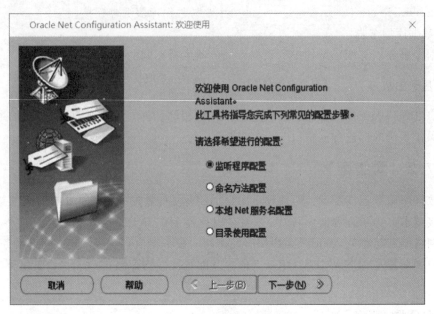

图 4-41　监听程序配置

（3）单击"下一步"按钮，进入如图 4-42 所示的界面，选择"添加"。

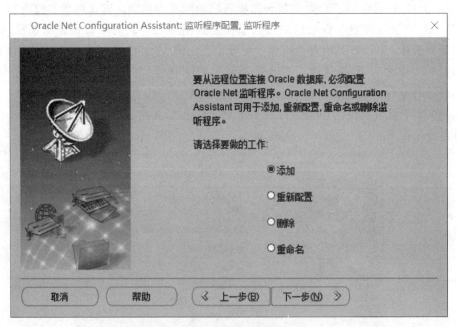

图 4-42　监听程序配置界面

（4）单击"下一步"按钮，进入如图4-43所示的界面。

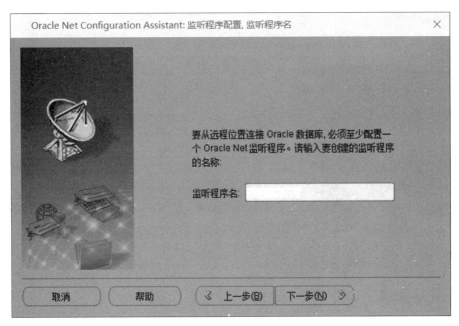

图4-43 输入监听程序名

（5）该对话框需要输入监听程序名，如果有监听程序LISTENER，则需要改变名称，不能和已经存在的监听程序名重复，如改为LISTENR1。单击"下一步"按钮，进入如图4-44所示的界面。

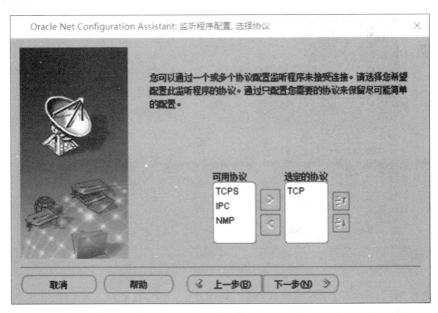

图4-44 选择协议

（6）与之前的配置相同，均选择 TCP/IP。单击"下一步"按钮，进入如图 4-45 所示的界面。

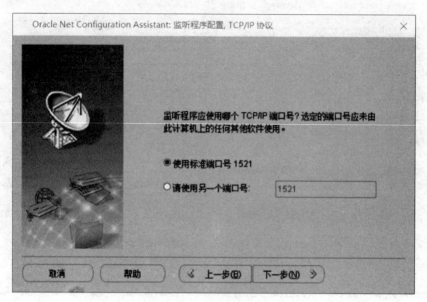

图 4-45　选择端口号

（7）选择默认的"使用标准端口号 1521"，单击"下一步"按钮，进入如图 4-46 所示的界面。

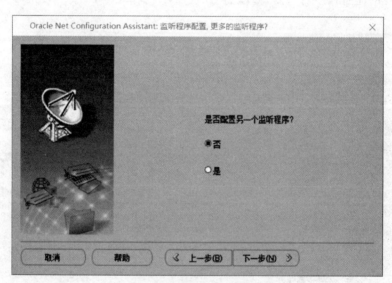

图 4-46　配置另一个监听程序

（8）选择"否"，单击"下一步"按钮，进入如图 4-47 所示的界面。

（9）在该对话框中选择要启动的监听程序。本机器在此之前已经存在一个监听器了，选择任何一个都可以。单击"下一步"按钮，进入如图 4-48 所示的界面。

（10）单击"下一步"按钮，单击"完成"按钮，才真正完成监听程序的配置。进行测试，结果如图 4-49 所示。

图 4-47 选择要启动的监听程序

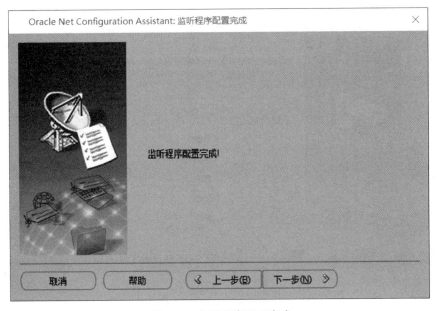

图 4-48 监听程序配置完成

2. 配置网络服务名

当之前测试失败时,就要用此工具配置网络服务名。步骤如下。

(1) 在菜单目录中找到 Oracle_OraClient 10g_home1,选择 Net Configuration Assistant,以管理员身份运行 Net Configuration Assistant 工具,在图 4-40 中选择"本地 Net 服务名配置"单选按钮,单击"下一步"按钮,在新的界面中选择"添加"单选按钮,如图 4-50 所示。

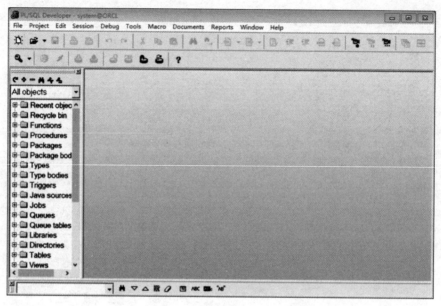

图 4-49　登录成功界面

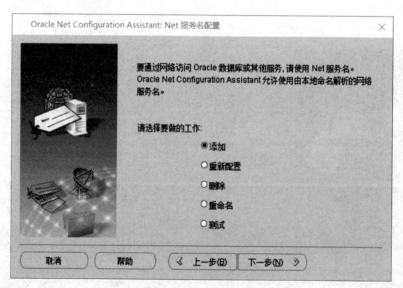

图 4-50　重新添加

（2）单击"下一步"按钮，在新的界面中输入新的服务名，不能和原服务名重复，如图 4-51 所示。

（3）单击"下一步"按钮。自此，以下所有的步骤和安装数据库客户端时的步骤一样，在此不做重复。

3. 客户端与服务器端的连接

首先启动服务器端的监听程序。有两种方法可以启动，其中一种是进入操作系统的服务管理器。按 Win＋R 键，进入运行对话框，输入 services.msc，单击"确定"按钮进入服务

Oracle Net Configuration Assistant: Net 服务名配置, 服务名
每个 Oracle 数据库或服务都有一个服务名。Oracle 数据库的服务名通常是全局数据库名。请输入要访问的数据库或其它服务的服务名。
服务名:
orcl1
取消
帮助
上一步(B)
下一步(N)

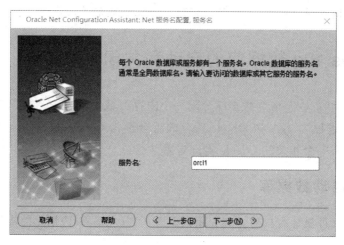

图 4-51 添加新服务名

管理器,找到 OracleOraDb10g_home1TNSListener,双击并单击“启动”按钮即可。

启动监听程序后,需要将客户端的 SQL * PLUS 工具与服务器端的某一数据库连接。步骤是:选择“开始”→“应用程序”→OracleOraDb10g_home1→SQL * PLUS,启动 SQL * PLUS,弹出如图 4-52 所示的登录界面。输入数据库中的用户名和口令(如 system、orcl),提供访问数据库时的网络服务名,即主机字符串(如 orcl)。输入以上内容后,单击“确认”按钮,即可进入 SQL * PLUS 的命令工具行界面。

登录
用户名(U):
口令(P):
主机字符串(H):
确定
取消

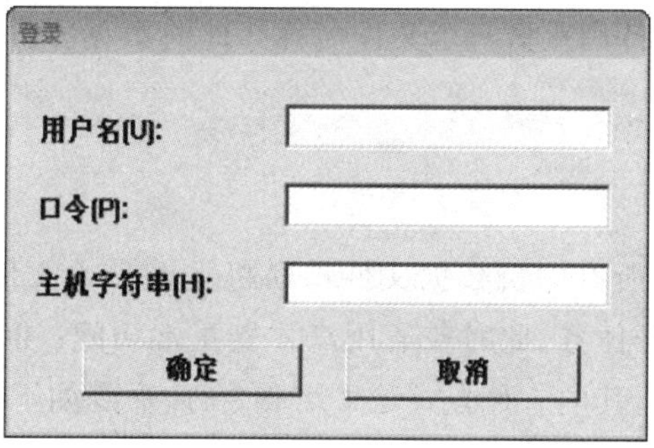

图 4-52 SQL * PLUS 登录界面

当出现如图 4-53 所示的界面时,说明已连接到数据库。

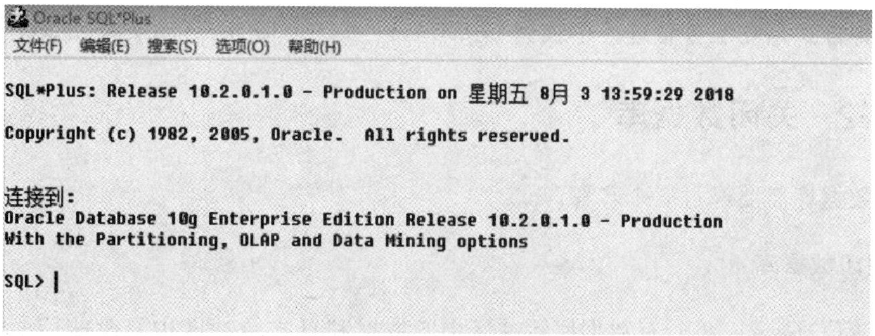

Oracle SQL*Plus
文件(F) 编辑(E) 搜索(S) 选项(O) 帮助(H)
SQL*Plus: Release 10.2.0.1.0 - Production on 星期五 8月 3 13:59:29 2018
Copyright (c) 1982, 2005, Oracle. All rights reserved.
连接到:
Oracle Database 10g Enterprise Edition Release 10.2.0.1.0 - Production
With the Partitioning, OLAP and Data Mining options
SQL>

图 4-53 连接到数据库

当连接到数据库时,就可以对对象进行建立、修改、删除等操作。

4.8　Oracle 10g 数据库的启动和关闭

当数据库启动时,Oracle 为数据库分配一个内存区域,即系统全局区,并启动一个或者多个 Oracle 后台进程。SGA 和 Oracle 后台的组合称为 Oracle 数据库实例。每个打开的 Oracle 数据库均有一个相关的 Oracle 实例支撑。

4.8.1　启动数据库

只有数据库管理员才有权启动和关闭数据库,打开 Oracle 数据库的步骤分三步。

1. 启动实例

在 Oracle 实例启动阶段,首先读取初始化参数文件,根据参数文件中相应参数的设置,申请一块内存作为 SGA,然后为实例创建后台进程。此时,所启动的 Oracle 实例与将要打开的数据库之间没有任何关系。

2. 装载数据库

将待打开的数据库与前一阶段启动的实例关联。Oracle 实例打开数据库的控制文件,从控制文件中读取数据文件和重做日志文件名称。此时数据库仍然没有打开,普通用户不能访问数据库。

3. 打开数据库

Oracle 打开数据库的所有联机数据文件和联机重做日志文件。如果这些文件均被正常打开,则完成数据库打开任务,此时普通用户才能正常访问;否则,返回一个错误。打开数据库的命令有两种方式,其中一种方式是采用命令行,命令如下:

```
SQL > Connect system/orcl @orcl as sysdba;
SQL > Startup;
```

其中,从左向右第一个 orcl 为数据库密码,第二个 orcl 为数据库名。

另一种方式是在服务管理器中找到 OracleServiceOrcl 服务,启动该服务即可。

4.8.2　关闭数据库

关闭数据库需要经过三个步骤。

1. 关闭数据库

这一阶段,Oracle 将所有数据库缓冲区中的数据和日志缓冲区中修改前后的数据分别写入数据库文件和重做日志文件中,并关闭打开的联机数据文件和重做日志文件。

2. 卸载数据库

系统删除数据库与 Oracle 实例之间的关联,并关闭数据库控制文件。但此时 Oracle 实例仍驻留在内存之中。

3. 关闭实例

终止 Oracle 后台进程的运行,并释放 SGA 内存区域。

关闭数据库的命令有两种方式,其中一种方式是采用命令行,命令如下:

```
SQL > Connect system/orcl as sysdba;
SQL > shutdown;
```

另一种是在服务管理器中找到 OracleServiceOrcl 服务,关闭该服务即可。

注意:如果在关闭数据库时,还有数据库用户连接到此用户,则必须等待所有的用户都正常退出时才能关闭此数据库。

4.9 实践项目

1. 实践名称

Oracle 数据库的安装与启动。

2. 实践目的

➢ 熟练掌握数据库安装及建立数据库的方法;
➢ 熟练掌握各种启动、关闭方法。

第 4 章实践演示

3. 实践内容

(1) 建立名为 test 或者 orcl 的数据库,输入口令(自己必须记住)。

(2) 通过 SQL * PLUS 关闭数据库。

提示:采用 shutdown 命令完成,后跟 normal、transactional、immediate、abort 四个选项中的一个即可。

(3) 启动数据库。

提示:采用 startup 命令完成,后跟 nomount、mount、open 三个选项中的一个即可。

(4) 简答:在打开数据库的三个选项中分别打开的是什么文件?

提示:参数文件、控制文件、数据文件。

4. 实践总结

简述本次实践自身学到的知识、得到的锻炼。

5. 实践补充知识

1) Oracle 数据库的用户区别

数据库主要的用户如下。

（1）普通用户：scott/tiger（默认密码）。

（2）普通管理员：system/manager（默认密码）。

（3）超级管理员：sys/change_on_install（默认密码）。

system：具有 SYSDBA 权限，即数据库管理员权限，包括打开数据库服务器、关闭数据库服务器、备份数据库、恢复数据库、日志归档、会话限制、管理功能、创建数据库。

sys：具有 SYSDBA 或者 SYSOPER 权限。

SYSOPER 即数据库操作员权限，包括打开数据库服务器、关闭数据库服务器、备份数据库、恢复数据库、日志归档、会话限制。

2）命名式启动、关闭数据库

注：启动、关闭数据库的用户必须具有 SYSDBA 权限。

启动、关闭数据库命令解析如下。

➢ normal：表示正常，它会等待用户主动断开连接。优点是不会丢失数据；缺点是关闭过程需要时间太长。它是常用命令之一。

➢ transactional：表示完成事务，它能在尽可能短的时间内关闭数据库。

➢ immediate：表示立即，它是当前任何未能提交的事务被 Oracle 退回，并直接关闭、卸载数据库，终止例程。

➢ abort：表示中止，当出现紧急情况或其数据库出现异常时，选择此项关闭数据库。

启动数据库命令解析如下。

➢ nomount：表示此阶段只能创建例程，不装载数据库，可理解为数据库系统启动，但不能访问数据。

➢ mount：创建例程，还装载数据库，但却不打开数据库。

➢ open：创建例程，还装载数据库，打开数据库。它是常用命令之一。

注意：启动数据库时，若是正常启动可不加 open 命令，直接在 SQL 中输入 startup，Oracle 数据库会将数据库正常打开。

4.10 本章小结

本章主要介绍了 Oracle 10g 数据库的各种版本及适用对象，从四个不同的角度介绍了 Oracle 10g 数据库的体系结构以及物理结构与逻辑结构之间的对应关系、Oracle 10g 数据库的模式对象、Oracle 10g 数据库的安装，以及安装后的目录结构和注册表中的注册信息；介绍了数据库安装并创建后系统自动产生的各类数据字典，以及不同数据字典间包含的内容；介绍了 Oracle 10g 分布式数据库的体系结构、Oracle 10g 数据库的启动和关闭的步骤与命令。

在学习本章后读者应对 Oracle 10g 数据库系统有一个全面的了解，并且按照本章介绍的安装和连接步骤能够独立完成 Oracle 10g 数据库的安装和网络配置、连接，连接后能在 SQL 命令操作窗口下完成对各类对象的操作。

4.11 习题

一、简答题

1. 简述 Oracle 10g 数据库的体系结构的组成。

2. 简述 Oracle 10g 数据库的启动和关闭步骤。

3. 简述数据表分类。

4. 简述 Oracle 10g 数据库的数据字典组成。

二、单选题

1. 当修改基本表数据时,关于视图下列说法正确的是(　　)。
   A. 需要重建　　　　　　　　　　　　B. 可以看到修改结果
   C. 无法看到修改结果　　　　　　　　D. 不许修改带视图的基表

2. 从数据库中删除表的命令是(　　)。
   A. DROP TABLE　　　　　　　　　　B. ALTER TABLE
   C. DELETE TABLE　　　　　　　　　D. USE

3. (　　)模式存储数据库中数据字典的表和视图。
   A. DBA　　　　　　B. SCOTT　　　　　　C. SYSTEM　　　　　D. SYS

三、判断题

1. Oracle 系统中 SGA 为所有用户进程和服务器进程所共享。　　　　　　(　　)

2. Oracle 数据库系统中数据块的大小与操作系统有关。　　　　　　　　(　　)

3. Oracle 数据库系统中,启动数据库的第一步是启动一个数据库实例。　(　　)

4. 在 Oracle 数据库中,数据的存储结构包括物理存储结构和逻辑存储结构。(　　)

5. 在增加、删除、修改操作频繁的表上比较适合建立索引。　　　　　　(　　)

第5章 Oracle数据库基础——SQL

学习目标

➢ 掌握 Oracle 数据库的 SQL 的数据定义

➢ 掌握 Oracle 数据库的 SQL 函数、数据查询、数据操纵、数据控制的方法

➢ 掌握嵌入式 SQL 的使用方法

5.1 SQL 概述

5.1.1 SQL 的发展

SQL(Structured Query Language)是结构化查询语言的缩写,它是专为关系数据库而建立的操作命令集,是集多种功能于一体的关系数据库标准语言。在使用 SQL 进行操作时,只需要发出"做什么"的命令,至于"怎么做"使用者可以不考虑。SQL 功能齐全、简单易学、使用方便,具有丰富的查询、数据定义和数据控制的功能,已经成为数据库操作的基础。

最早的 SQL(叫 EQUEL)在 1974 年由 Boyce 和 Chamberlin 提出。20 世纪 70 年代中期,IBM 公司在对 SYSTEM R 关系数据库管理系统的研究中实现了 SQL。1986 年 10 月,美国国家标准局(ANSI)采用 SQL 作为关系数据库管理系统的标准语言,后被国际标准化组织(ISO)采纳为国际标准。1989 年,ISO 提出具有完整性特征的 SQL-89。随着数据库技术的发展,SQL 标准从发布以来不断发展和丰富,SQL 标准化工作还在继续。

SQL 成为国际标准语言后,SQL 软件与 SQL 的接口软件在各个数据库管理系统软件厂家中广受欢迎。因此,SQL 在大多数数据库中均作为共同的数据存取语言和标准接口,成为不同数据库之间互操作的共同基础。SQL 在数据库领域中具有十分重大的意义,已成为领域中的主流语言。

5.1.2 SQL 的特点

SQL 具有定义、查询、更新、控制等多种丰富的功能,其主要特点包括以下几部分。

1. 一体化

实现数据库系统的主要功能要通过数据库支持的数据语言。非关系模型(即层次模型和网状模型)的数据语言分为如下几种。

（1）模式数据定义语言（Schema Data Definition Language，模式 DDL）。

（2）外模式数据定义语言（Subschema Data Definition Language，外模式 DDL 或子模式 DDL）。

（3）数据存储描述语言（Data Storage Description Language，DSDL）。

（4）数据操纵语言（Data Manipulation Language，DML）。

模式 DDL 用于定义模式，外模式 DLL 用于定义外模式，DSDL 用于定义内模式，DML 则用于进行数据的存取与处置。投入运行的用户数据库要修改模式十分不便，必须停止现有数据库的运行，转储数据，修改模式并编译后再重装数据库。

SQL 将数据定义语言（DDL）、数据操纵语言（DML）、数据控制语言（DCL）的功能集于一体，语言风格一体化，可以为数据库应用系统开发提供了良好的环境，完成包括定义数据和修改模式、插入数据、建立数据库、查询数据库、更新数据库、数据库重构、数据库维护、数据库安全性和完整性控制等一系列操作要求。在数据库系统运行投入后，用户可以随时根据需要逐步修改模式，此过程并不影响数据库的运行，体现了系统具有良好的可扩展性。

2．高度非过程化

SQL 是一种非过程化的语言，对数据进行操作时，只需要说明"做什么"，而无须告诉计算机"怎么做"。系统会自动完成 SQL 的操作过程以及存取路径的选择，从而减轻用户负担，有利于提高数据独立性。

3．语言简洁，易学易用

SQL 功能强大，但设计巧妙，只用 9 个动词就可以完成其中的核心功能，表 5-1 给出了分类的命令。SQL 语法简单易懂，易于学习和使用。

表 5-1　SQL 的命令

SQL 功能	命　　令
数据查询	SELECT
数据定义	CREATE，DROP，ALTER
数据操纵	INSERT，UPDATE，DELETE
数据控制	GRANT，REVOKE

4．面向集合的操作方式

SQL 采用集合操作方式，例如一条 SELECT 命令请求即可获得满足所有条件的元组集合，为用户操作提供便利。SQL 的操作对象和查找结果，以及一次插入、删除、更新操作的对象都可以是元组的集合。而非关系数据模型采用的是面向记录的操作方式，操作对象是一条记录。例如，查询本月工资 3000 元及以上的职工姓名，用户必须编写一大段处理应用程序，在其中指明具体处理过程、存取路径和循环控制方法等，一条一条地把所有满足条件的职工记录查找出来，十分麻烦。

5.1.3　SQL 的基本概念

SQL 支持数据库三级模式结构。如图 5-1 所示,其中外模式与若干视图(View)和部分基本表(Base Table)对应,数据库模式与若干基本表对应,内模式与若干存储文件(Stored File)对应。

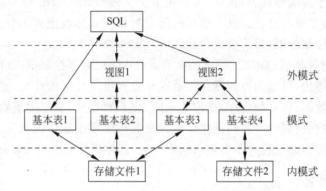

图 5-1　SQL 支持数据库三级模式

实际存放数据独立存在的表是基本表,在关系数据库管理系统中一个关系与一个基本表对应。一个存储文件可以有一个或多个基本表,索引可以存放在存储文件中,也可以存放在表中。内模式指存储文件的逻辑结构组成的关系数据库。存储文件的物理结构对最终用户是隐蔽的。

其中,视图是从一个或几个基本表导出的表。数据库中只存放视图的定义,不存放视图对应的数据,而由导出视图的基本表来存放视图对应的数据。视图本身不独立存储在数据库中,是虚表。视图在概念上等同于基本表,用户可以定义视图中的视图。

5.2　SQL 的数据定义

5.2.1　基本表的基本操作

5.2.1.1　表结构及数据类型

1. 表结构示例

(1)"学生-课程"数据库中有以下三个表的结构:

```
student(sno, sname, ssex, sage, sdept)
course(cno, cname, tname, ccredit)
sc(sno, cno, grade)
```

在学生表 student 中,括号内分别表示学生的学号、姓名、性别、年龄和所在系五个属性,主码为 sno。

在课程表 course 中,括号内分别表示课程号、课程名、教师名和学分四个属性,主码为 cno。

在学生选课表 sc 中,括号内分别表示学号、课程号、成绩三个属性,主码为(sno,cno),sno 为引用 student 表的外码,cno 为引用 course 表的外码。

(2) 某公司数据库中有以下三个表的结构:

dept(deptno,dname)
emp(empno,ename,job,deptno,sal,mgr)
salgrade(grade,lowsal,highsal,avgsal)

在部门信息表 dept 中,括号内分别表示部门名、部门号两个属性,主码为 deptno。

在员工信息表 emp 中,括号内分别表示员工号、员工名、工种、部门、工资和经理编号六个属性,主码为 empno。

在工资等级表 salgrade 中,括号内分别表示等级号、最低工资、最高工资和平均工资四个属性,主码为 grade。

2. 常用的基本数据类型

1) 字符类型
存储字符型数据需要用到字符数据类型。字符类型分为以下几种。
- CHAR:一个定长字符串,当位数不足会自动用空格填充来达到其最大长度。如非 NULL 的 CHAR(28)总是包含 28 字节信息。CHAR 字段最多可以存储 2000 字节的信息。
- VARCHAR2:一个可变长字符串,它不会用空格填充至最大长度。如 VARCHAR2(28)可能包含 0~28 字节的信息。VARCHAR2 最多可以存储 4000 字节的信息。
- NCHAR(n):用来存储 Unicode 类型字符串。
- NVARCHAR2(n):用来存储 Unicode 类型字符串。
- LONG:可变长字符列,最大长度为 2GB,用于不需设置成索引的字符,不常用。

2) 数字类型
NUMBER:该数据类型能存储精度最多达 38 位的数字。每个数存储在一个变长字段中,其长度为 0~22 字节。NUMBER(p,s)中 p 表示精度(总长度),s 表示小数位置且四舍五入,p 和 s 的值可不定义。如 NUMBER(10,3)中,10 是总长度,3 是小数位数的长度,NUMBER(10,3)输入 123.4567 将存储为 123.457。

3) 日期类型
- DATE:一个 7 字节的定宽日期、时间数据类型。其中包含 7 个属性,包括世纪、年、月、日、小时、分钟和秒。
- TIMESTAMP:一个 7 字节或 12 字节的定宽日期时间、数据类型。与 DATE 数据类型不同,TIMESTAMP 可以包含小数秒(Fractional Second),带小数秒的 TIMESTAMP 在小数点右边最多可以保留 9 位。

4) LOB 数据类型
LOB(Large Object):存储二进制、图片或外部文件等非结构化的数据,可分为如下三类。

> BLOB：在 Oracle 9i 及以前的版本中，它允许存储最多 4GB 的数据，在 Oracle 10g 及以后的版本中允许存储最多 4GB×数据库块大小的数据。BLOB 包含不需要进行字符集转换的二进制数据，适合存储电子表格、字处理文档、图像文件等。

> CLOB：在 Oracle 9i 及以前的版本中，它允许存储最多 4GB 的数据，在 Oracle 10g 及以后的版本中允许存储最多 4GB×数据库块大小的数据。CLOB 包含要进行字符集转换的信息。这种数据类型很适合存储纯文本信息。

> BFILE：在数据库外部保存的大型二进制对象文件。不能写，只能读、查询，其大小由操作系统决定。

5.2.1.2　基本表的创建

1. 创建基本表的语法

创建一些基本表是建立数据库后最重要的一步。建立数据库后 SQL 使用 CREATE TABLE 语句建立基本表，其基本格式如下：

```
CREATE TABLE <表名> (<列名><数据类型>[列级完整性约束条件]
                    [,<列名> <数据类型> [列级完整性约束条件]]
                    …
                    [,<表级完整性约束条件>];
```

为保证数据的正确和有效，创建表的同时通常还可以定义与该表有关的完整性约束条件，这些完整性约束条件会在系统的数据字典中存储。当用户对表进行操作时，关系数据库管理系统会自动判断该操作是否违背定义的完整性约束条件。当完整性约束条件涉及表中多列时必须定义在表级，否则定义在列级或表级皆可。

【例 5-1】　建立一个学生表 Student。

```
CREATE TABLE Student
(Sno CHAR(9) PRIMARY KEY,          /*列级完整性约束条件,Sno 为主码*/
Sname CHAR(20) UNIQUE,             /*Sname 取唯一值*/
Ssex CHAR(2),
age SMALLINT,
Sdept CHAR(20)
);
```

系统执行该语句后，数据库中就会建立一个新的学生空表 Student，并在数据字典中存放有关学生表的定义及有关约束条件。

【例 5-2】　建立一个课程表 Course。

```
CREATE TABLE Course                /*列级完整性约束条件,Cno 为主码*/
(Cno CHAR(4) PRIMARY KEY,
Cname CHAR(40) NOT NULL,           /*Cname 不能为空*/
Cpno CHAR(4),                      /*Cpno 的含义是先修课*/
Ccredit SMALLINT,
FOREIGN KEY(Cpno) REFERENCES Course(Cno)
);                 /*表级完整性约束条件, Cpno 为外码,被参照表是 Course,被参照列是 Cno*/
```

以上语句说明参照表和被参照表可为同一个表。

【**例 5-3**】 建立学生选课表 SC。

```
CREATE TABLE SC
(Sno CHAR(9),
Cno CHAR(4),
Grade SMALLINT,
PRIMARY KEY(Sno,Cno),
/* 主码由两个属性构成,必须作为表级完整性进行定义 */
FOREIGN KEY(Sno) REFERENCES Student(Sno),
/* 表级完整性约束条件,Sno 是外码,被参照表为 Student */
FOREIGN KEY(Cno) REFERENCES Course(Cno));
/* 表级完整性约束条件,Cno 是外码,被参照表为 Course */
```

2. 完整性约束

在创建基本表语法的举例中,都提到了完整性约束的概念。数据完整性约束是为防止不符合规范的数据进入数据库而产生的,用户对数据进行各种操作时,DBMS 会自动按照一定的约束条件对数据进行检测,不符合规范的数据是不能进入数据库的。因此完整性约束可使数据库中存储的数据保持完整性和一致性。另外,约束只存储在数据字典中,在数据库中不占用存储空间。

表的完整性约束有表级约束和列级约束。表级约束可以约束表中的任意一列或多列,可定义出 NOT NULL 以外的任何约束。列约束是对某一个特定列的约束,包含在列定义中,直接跟在该列的其他定义之后,用空格分隔,不必指定列名;表约束与列定义相互独立,不包括在列定义中,通常用于对多个列一起进行约束,与列定义用“,”分隔,定义表约束时必须指出要约束的那些列的名称。完整性约束的基本语法格式为:

```
[CONSTRAINT <约束名>] <约束类型>
```

当不定义约束名时,系统会给定一个以 SYS_开头的名称。

为保证数据的完整性和参考完整性,Oracle 提供了以下五种条件约束。

➤ NULL/NOT NULL(空/非空)约束。

➤ UNIQUE(唯一)约束。

➤ CHECK(检查)约束。

➤ PRIMARY KEY(主键)约束。

➤ FOREIGN KEY(外键)约束。

5.2.1.3 基本表的修改

随着应用环境和应用需求的变化,在基本表建立及使用一段时间后,需要修改已建立好的基本表,即可进行增加或删除列操作,修改列的数据类型、定义或默认值,修改或增加约束条件的定义等操作。SQL 使用 ALTER TABLE 语句来修改基本表,其一般语法格式为:

```
ALTER TABLE <表名>
[ADD [COLUMN] <新列名><数据类型>[完整性约束]]
[ADD <表级完整性约束>]
[DROP [COLUMN] <列名> [CASCADE | RESTRICT]]
```

```
[DROP CONSTRAINTS <完整性约束名> [RESTRICT │ CASCADE ]]
[ALTER COLUMN <列名><数据类型>];
```

其中，<表名>确定了要修改的基本表，修改其关于以下四方面的内容。

（1）ADD 子句用于增加新列、新的列级完整性约束条件和新的表级完整性约束条件。

（2）DROP COLUMN 子句用于删除表中指定的列，若指定了 CASCADE 短语，则引用了该列的其他对象（如视图和约束）也会被自动删除；若指定了 RESTRICT 短语，则只有该列没有被其他对象引用时，才会得到 RDBMS 的允许在基本表中删除该列。

（3）DROP CONSTRAINT 子句用于删除指定的完整性约束条件。

（4）ALTER COLUMN 子句用于修改原有的列名和数据类型，即修改列定义。

基本表的修改方式有如下几种。

① 增加列。

【例 5-4】　向 Student 表增加"入学时间"列，其数据类型为日期型。

```
ALTER TABLE Student ADD S_entrance DATE;
```

无论原基本表中是否存在数据，新增加的列一律为空值。

② 修改列。

【例 5-5】　假设原来的数据类型是字符型，现要将年龄的数据类型由字符型修改为整数。

```
ALTER TABLE Student ALTER COLUMN Sage INT;
```

③ 删除列。

【例 5-6】　删除 Student 表中 age 列。

```
ALTER TABLE Student DROP COLUMN Sage;
```

④ 删除约束条件。

【例 5-7】　删除 Student 表中的主键约束及所有参考该主键的其他约束条件。

```
ALTER TABLE Student DROP PRIMARY KEY CASCADE;
```

⑤ 增加约束条件。

【例 5-8】　增加课程名必须取唯一值的约束条件。

```
ALTER TABLE Course ADD UNIQUE(Cname);
```

5.2.1.4　基本表的删除

当基本表不再需要时，可以使用 DROP TABLE 语句删除表结构和所有数据，其一般语法格式为：

```
DROP TABLE <表名>[CASSCADE CONSTRAINTS];
```

删除表之前需要了解：

（1）基本表一旦被删除，则无法恢复。这意味着表中的数据和此表的定义将消失，且在此表上建立的索引、触发器等对象一般也不会存在。

（2）当删除表时，设计该表的视图、函数、存储过程、包将设置为无效。

（3）通常情况下，用户只能删除自己创建的表，若要删除其他的表，必须具有 DROP ANY TABLE 系统权限。

（4）若两张表之间存在主键或外键约束，必须删除子表后才能删除主表。

（5）若其他基本表引用了要删除的基本表，则这些表也可能被删除。

【例 5-9】 删除 Student 表。

```
DROP TABLE Student;
```

【例 5-10】 强制删除 Course 表。

```
DROP TABLE Course CASCADE CONSRAINTS;
```

5.2.2 视图的基本操作

在关系数据库中，视图也叫作窗口，用来操作基本表。视图和数据表一样，可以进行数据的增加、删除、修改、查询操作。简言之，视图就是对多张表进行 SELECT 查询的结果集。

对于视图和数据表的关系，有以下几点。

（1）视图是虚拟的表，本身并不独自占用物理空间，它是由创建它的数据表中的数据而形成的一个抽象的数据集合，是数据表中数据的子集。

（2）对视图的操作与对数据表的操作类似，也可对视图中的记录进行增加、删除、修改、查询操作，最常用的为查询操作。

（3）相同字段的值会被视图和该数据表共享，即若字段的值在数据表中发生变化，视图中对应的值也会发生改变，反之亦然。

（4）对视图中记录的各种操作会影响对应的数据表中的记录。视图只是操作基本表的窗口，若删除整个视图不会对数据表产生影响。

（5）需要多表关联查询时，可将多表关联查询的结果作为一个视图，以后查询只需通过视图进行即可，省去了每次都进行多表查询的麻烦。

5.2.2.1 视图的建立

1. 视图建立的语法

根据对基本表的查询定义了视图，其一般语法格式为：

```
CREATE VIEW <视图名> [(列名) [,<列名>...]]
AS SELECT 查询语句
[WITH CHECK OPTION]
[WITH READ ONLY];
```

其中，查询语句可以是任意复杂的子查询语句，但一般不能含有 ORDER BY 子句和 DISTINCT 短语；语法中选项 WITH CHECK OPTION 表示要保证更新、插入或删除的行满足视图定义中的谓词条件（即查询语句中的条件表达式），才能对视图进行 UPDATE、INSERT 和 DELETE 等操作；WITH READ ONLY 选项保证在视图上不能进行任何 DML（数据操纵语言）操作。若 CREATE VIEW 语句仅指定了视图名，即省略了组成视图的各个属性列名,则隐含该视图由子查询中 SELECT 子句目标列中的各个字段组成。

2. 视图建立的示例

1) 建立单表视图

单表视图即定义视图的查询语句只从一个表中读取数据。

【例 5-11】　建立某系(用 IS 表示)学生的视图,并且要求更新、插入时保证该视图中只有此系学生。

```
CREATE VIEW info_Student
AS SELECT Sdept, Sno, Sname, Sage
FROM Student                              /* 从 Student 表中读取数据 */
WHERE Sdept = 'IS'
WITH CHECK OPTION;
```

注意:建立此视图时必须先建立包含 Sdept、Sno、Sname、Sage 属性的 Student 表(可参照 5.2.1.2 基本表的创建中的示例)。定义视图时添加了 WITH CHECK OPTION 子句,意味着之后对视图的插入、更新操作必须满足 Sdept = 'IS'的条件。

2) 建立多表视图

多表视图包含组函数显示多张(两张或两张以上)表中的数据。要求建立视图时的子查询语句必须有多张表的连接语句。

【例 5-12】　建立某系(用 IS 表示)选修了某课程(用 DB 表示)的学生视图,包含学号、姓名和成绩。

```
CREATE VIEW info_db_Student(Sno, Sname, grade)
AS SELECT s. Sno, Sname, grade
FROM Student s, Course c, SC
WHERE Sdept = 'IS'
and Cname = 'DB'
and s. Sno = SC. Sno
and c. Cno = SC. cno;
```

注意:建立此视图时必须先建立包含所涉及属性的 Student、Course、SC 表(可参照 5.2.1.2 基本表的创建中的示例)。上述语句建立了一个多表视图,并分别给视图的各个列命名。

5.2.2.2　视图的删除

删除视图后,视图的定义将从数据字典中删除,不会影响基本表中的数据。由该视图派生出的其他视图或存储过程变为无效。与删除基本表类似,要删除视图,必须是视图的建立者或是拥有 DROP ANY VIEW 权限的用户。

删除视图的一般语法形式如下:

```
DROP VIEW <视图名>;
```

【例 5-13】　删除 info_Student 视图。

```
DROP VIEW info_Student;
```

5.2.3　索引的基本操作

当表的数据量较大时,进行查询操作会比较耗时,加快查询速度的有效手段就是建立索引。为提供多种存取路径,加快查找速度,用户可根据具体的应用环境在基本表上建立索引。

索引虽然能够加快数据库查询操作,但会占用一定的存储空间,基本表进行更新时,索引还要进行相应的维护。因此,索引不是越多越好,不合理地创建索引会增加数据库的负担,要根据实际应用的需要有选择地创建索引。

索引有多种类型,常见的索引包括顺序文件上的索引、散列(Hash)索引、B+树索引和位图索引等。目前 SQL 标准中没有涉及索引,但索引机制已受到大多数商用关系数据库管理系统的支持,只是关系数据库管理系统不同,支持的索引类型不一定相同。

通常情况下,对于较大的表才建立索引,建立和删除索引由建表的人(即数据库管理员或表的属主(Owner))负责完成。执行查询操作时关系数据库管理系统会自动选择合适的索引作为存取路径,用户不必对其做任何工作。索引属于内模式的范畴,是关系数据库管理系统的内部实现技术。

5.2.3.1　索引的建立

在 SQL 中,建立索引使用 CREATE INDEX 语句,其一般语法格式为:

```
CREATE [UNIQUE][CLUSTER][BITMAP] INDEX <索引名>
ON <表名>(<列名> [<次序>][,<列名> [<次序>]]…);
```

其中,"表名"是要建索引的基本表名。索引可在该表的一列或多列上建立,各列名之间用逗号分隔。每个"列名"后还可使用"次序"指定索引值的排列次序,可选 ASC(升序)或DESC(降序),默认为升序。

UNIQUE 表示要建立唯一性索引,即此索引的每一个索引值只对应唯一的数据记录;CLUSTER 表示要建立聚簇索引,即对磁盘上实际数据重新组织以按指定的一个或多个列的值排序;BITMAP 表示要建立位图索引,其关键字取值范围很小。默认表示建立非唯一索引。

【例 5-14】　为学生课程数据库中的 Student、Course 和 SC 三个表建立索引。要求为Student 表、Course 表和 SC 表分别按学号升序、按课程号升序、按学号升序及课程号降序建立唯一索引。

```
CREATE UNIQUE INDEX Stusno ON Student(Sno);
CREATE UNIQUE INDEX Coucno ON Course(Cno);
CREATE UNIQUE INDEX SCno ON SC(Sno ASC,Cno DESC);
```

5.2.3.2　索引的修改

对于已经建立的索引,如果需要对其重新命名,可使用 ALTER NDEX 语句对其进行修改。其一般语法格式为:

```
ALTER INDEX <旧索引名> RENAME TO <新索引名>;
```

【例 5-15】 将 SC 表的 SCno 索引名改为 SCSno。

```
ALTER INDEX SCno RENAME TO SCSno;
```

5.2.3.3　索引的删除

索引一经建立便由系统使用和维护,不需要用户做任何工作。索引的建立是为了减少查询操作的时间,但如果数据增加、删除、修改等操作频繁,系统会花费大量时间来维护索引,查询效率便会降低。可以适时删除一些不必要的索引。

在 SQL 中,删除索引使用 DROP INDEX 语句,其一般语法格式为:

```
DROP INDEX <索引名>;
```

【例 5-16】 删除 Student 表的 Stusname 索引。

```
DROP INDEX Stusname;
```

删除索引时,数据字典中有关该索引的描述会被系统自动删除。删除索引并不会影响表的使用,只是表的查询速度受到影响。与删除基本表和视图类似,若要删除视图,必须是视图的建立者或是拥有 DROP ANY VIEW 权限的用户。

5.3　SQL 的函数

Oracle 有多种内置函数,本节将重点讨论其中的两种:单行函数和组函数(聚组函数)。其中,单行函数是指当查询表或视图时每行都能返回一个结果,可用于 SELECT、WHERE、ORDER BY 等子句中。单行函数数量较多,只简单讨论其中常用的几种类型:数值型函数、字符型函数、日期型函数、转换函数。而组函数是作用在多行记录上返回一个结果,可用于带 GROUP BY 或 HAVING 子句的查询中。

介绍函数之前先要对 Oracle 的 DUAL 表和 scott 用户下的 emp 表和 dept 表进行简单了解。这三张表是 Oracle 中真实存在的,DUAL 表任何用户都可以读取,多数情况下可以用在没有目标的 SELECT 查询语句中,DUAL 表一旦被删除 Oracle 将无法启动。emp 表和 dept 表必须由 scott 用户读取。在下面的函数介绍中会用到这三张表作为测试语句的目标表。

5.3.1　单行函数

5.3.1.1　数值型函数

数值类型函数可以输入数字,并返回一个数值。其中常用的数值型函数如下。

1. ABS(< n >)

ABS(< n >)用于返回绝对值。该函数输入一个参数,参数类型为数值型。

【例 5-17】 返回 100 和 −100 的绝对值。

```
SELECT ABS(100),ABS( - 100) FROM DUAL;
```

2. SIGN(＜n＞)

SIGN(＜n＞)返回参数 n 的符号。正数返回 1,0 返回 0,负数返回－1。但如果 n 为 BINARY_FLOAT 或 BINARY_DOUBLE 类型时,n≥0 或 n＝NaN,函数会返回 1。

【例 5-18】　返回'9'、－9,0.00 的符号,结果为 1、－1 和 0。

```
SELECT SIGN('9'), SIGN( - 9),SIGN(0.00) FROM DUAL;
```

3. ROUND(＜n＞,＜integer＞)

它将数值 n 四舍五入成第二个参数指定的形式的十进制数。参数 integer 要求是整数, 如果不是整数,那么它将被自动截取为整数部分。当 integer 为正整数时,表示 n 被四舍五入为 integer 位小数。如果该参数为负数,则 n 被四舍五入至小数点向左 integer 位。

【例 5-19】　返回 100.23456 和 100.23456 四舍五入的结果,结果为 100.1246 和 100.23。

```
SELECT ROUND(100.23456,4),ROUND(100.23456,2.56) FROM DUAL;
```

4. SORT(＜n＞)

SORT(＜n＞)用于返回参数 n 的平方根。

【例 5-20】　返回数字 64 和 50 的平方根 8 和 7.07106781。

```
SELECT SQRT(64),SQRT(50) FROM DUAL;
```

5.3.1.2　字符型函数

单行字符型函数对字符数据进行操作,大多接收的是字符族类型的参数,一般情况下返回字符类型数据,也有返回数字类型数据的情况。常用的字符型函数如下。

1. INSTR(＜C1＞,＜C2＞[,＜I＞[,＜J＞]])

C1、C2 是字符串,I,J 是数字。该函数返回从 C1 的 I 位置开始搜索碰到第 J 次 C2 的位置。I 表示在 C1 中开始搜索的位置,如果 I 是负数,则表示从右到左搜索,位置按从左到右计算。J 表示碰到的次数。I 和 J 的默认值是 1。

【例 5-21】　返回 mississipi 字符串从第 3 个字符开始第 3 次出现字符 i 的位置,结果为 10。

```
SELECT INSTR('mississipi','i',3,3) FROM DUAL;
```

【例 5-22】　返回 mississipi 字符串从右边开始第 3 次出现字符 i 的位置,结果为 2。

```
SELECT INSTR('mississipi','i', - 2,3) FROM DUAL;
```

2. CONCAT(＜C1＞,＜C2＞)

C1、C2 是字符串。该函数返回添加 C2 到 C1 后的字符。若 C1 是 NULL 则返回 C2,若

C2 是 NULL 则返回 C1,若 C1、C2 都是 NULL 则返回 NULL。CONCAT 与连接运算符‖返回相同的结果。

【例 5-23】 将 slobo 和 svoboda 字符串拼接后输出。

```
SELECT CONCAT('slobo','svoboda') username FROM DUAL;
```

3. LENGTH(<C>)

C 是字符串,该函数用来返回字符串的长度。若 C 是 NULL,则返回 NULL。

【例 5-24】 返回字符串 ipso facto 的长度,结果为 10。

```
SELECT LENGTH('ipso facto')ergo FROM DUAL;
```

4. LOWER(<C>)

C 是字符串,该函数返回字符串的小写格式。此函数经常出现在 WHERE 子句中。

【例 5-25】 查询 emp 表中 ENAME 等于小写的 scott 的职工信息。

```
SELECT ename,job FROM scott.emp WHERE LOWER(ename) = 'scott';
```

5. SUBSTR(<C1>,<I>[,<J>])

C1 是字符串,I、J 是整数。该函数返回 C1 字符串中从 I 位置开始长度为 J 的字符串。若 J 为负数,则位置从右到左计算。假如 I≤0,则返回 NULL。J 的默认值是 1。

【例 5-26】 返回 message 字符串的前 4 位子串。

```
SELECT SUBSTR('message',1,4)sub FROM DUAL;
```

6. UPPER(<C>)

C 是字符串,返回字符串 C 的大写格式。此函数经常出现在 WHERE 子句中。

【例 5-27】 查询 emp 表中 ename 以大写的 KI 开头的职工信息。

```
SELECT ename,job,hiredate FROM scott.emp
WHERE UPPER(ename) LIKE 'KI%';
```

5.3.1.3　日期型函数

日期型函数用于操作日期、时间类型的相关数据,并返回日期或数字类型的数据。常用的日期型函数有以下几种。

1. SYSDATE 和 SYSTIMESTAMP

这两个函数没有参数,SYSDATE 可以得到系统的当前日期,是很常用的函数。SYSTIMESTAMP 时间包含时区信息,精确到微秒。返回类型为带时区信息的 TIMESTAMP 类型。

【例 5-28】 获取当前的系统日期及时间信息。

```
SELECT SYSDATE FROM DUAL;
SELECT SYSTIMESTAMP FROM DUAL;
```

2. ADD MONTHS(<D>,<I>)

D 是一个日期,I 是一个整数。此函数的功能是日期 D 加 I 个月。

【例 5-29】 从 emp 表查询就职时间超过 24 年的员工名单。

```
SELECT ename,hiredate FROM scott.emp
WHERE hiredate <= ADD MONTHS(sysdate, -288);
```

其中,负数代表系统时间(sysdate)之前的 24 年的时间-288 = -24×12。

3. LAST_ DAY(<D>)

D 是个一日期。此函数返回日期 D 的当月最后一天的日期。

【例 5-30】 计算当前月份的最后一天。

```
SELECT LAST_DAY(sysdate) dd FROM dual;
```

4. NEXT_ DAY(<D>,<DOW>)

此函数返回某日期后的下一个星期几的日期。D 是一个日期,DOW 是一个文本串,该文本串包含星期几的全拼或简写的字符串。

【例 5-31】 计算当前日期之后的第一个星期一的日期。

```
SELECT NEXT_DAY(sysdate,'星期一')FROM dual;
```

5.3.1.4 转换函数

转换函数可完成不同数据类型之间的转换,常用的转换函数如下。

1. TO_ CHAR(<X>[,<FMT[nlsparam]>])

X 是一个数值型数据,FMT 是要转成字符的格式,nlsparam 是由该参数指定 FMT 的特征,通常包括小数点字符、组分隔符、本地钱币符号等。该函数将一个数值型参数转换成字符型数据。

【例 5-32】 将 16.89 分别转换为字符格式和'99.9'的字符格式,结果为 16.89 和 16.9。

```
SELECT TO_CHAR(16.89),TO_CHAR(16.89,'99.9') FROM DUAL;
```

2. TO_ CHAR(<X>[,<FMT[nlsparam]>])

它同前面介绍的同名函数一样,只不过转换的对象变化了。X 是日期类型数据,FMT 是要转成字符的格式,nlsparam 是使用的语言类型。该函数将一个日期型数据转换成一个字符型数据。

【例 5-33】 将时间和当前日期中的月份以字符形式显示。

```
SELECT TO_CHAR(SYSDATE, 'YYYY - MM - DD'),
TO_CHAR(SYSDATE, 'HH24:MI:SS'),
TO_CHAR(SYSDATE, 'Month', 'NLS_DATE_LANGUAGE = ENGLISH') FROM DUAL;
```

3. TO_ DATE(< X >[,< FMT[nlsparam]>])

该函数可将字符型数据转换成日期型数据。X 是其中待转换的字符,类型可以是 CHAR、VARCHAR2、NCHAR、NVARCHAR2。FMT 表示转换的格式,nlsparam 是控制格式化时使用的语言类型。

【例 5-34】 将字符型数据以日期型数据显示,结果为 7 月。

```
SELECT TO_CHAR
(TO_DATE('2010 - 7 - 1', 'YYYY - MM - DD'), 'MONTH')
FROM DUAL;
```

5.3.1.5　NULL 函数

NULL 函数是用来处理空值比较好的选择。常用的空值处理函数如下。

1. COALESCE(expr)

此函数返回列表中第一个不为 NULL 的表达式。如果都为 NULL,则返回一个 NULL。

【例 5-35】 返回 NULL、9-9、NULL 中第一个不为 NULL 的表达式,结果为 0。

```
SELECT COALESCE (NULL, 9 - 9, NULL) FROM DUAL;
```

2. NVL(expr1,expr2)

NVL(expr1,expr2)替换 NULL 值,表示如果 expr1 为 NULL 值,则返回 expr2 的值,否则返回 expr1 的值。该函数要求两个参数类型一致,至少相互间能进行隐式转换,否则会提示出错。

【例 5-36】 查询 emp 表中 30 号部门职工每月的总收入。

```
SELECT ename, comm + sal, NVL(comm, 0) + sal
FROM scott.emp WHERE deptno = 30;
```

结果如下:

```
ENAME        COMM + SAL   NVL(COMM, 0) + SAL
----------   ----------   ----------------
ALLEN        1900         1900
WARD         1750         1750
MARTIN       2650         2650
BLAKE                     2850
TURNER       1500         1500
JAMES                     950
```

已选择 6 行。

5.3.2 聚组函数

聚组函数经常配合 GROUP BY 或 HAVING 子句使用,也可以单独使用。该类型的函数中除了 COUNT 函数外都会忽略列值为 NULL 的数据。聚组函数的返回值是根据一组输入得到的,在执行完查询并且所有行都取出时才能确定输入个数,而单行函数在查询之前就可以确定输入个数。常用的聚组函数如下。

1. AVG([distinct|all]expr)

该函数可求取指定列的平均值,表示某组的平均值,返回数值类型。其中,distinct 表示去除重复的值;all 表示所有的值,包括重复的值,也是默认值;expr 表达式只能是数值类型。该函数的返回值的精度与列的数据类型及是否有小数有关。

【例 5-37】 求 emp 表中所有职工的总工资和平均工资。

```
SELECT SUM(sal),AVG(sal),AVG(distinct sal) FROM scott.emp;
```

2. COUNT(* |[distinct][all]expr)

该函数可以用来计算记录的数量或某列的个数。函数中必须指定列名,或全部使用星号。其中, * 表示计算所有记录;distinct 表示去除重复的记录;all 表示所有的记录,是默认选项;expr 是要计算的对象,通常是表的列。

【例 5-38】 从 dept 表中查询所有的部门个数。

```
SELECT COUNT(DISTINCT deptno) FROM scott.dept;
```

【例 5-39】 从 emp 表中查询 30 号部门人数。

```
SELECT COUNT( * ) FROM scott.emp WHERE deptno = 30;
```

3. MAX([distinct|all]expr)和 MIN([distinct|all]expr)

MAX()函数可以返回指定列中的最大值,MIN()函数可以指定列中的最小值,通常都用在 WHERE 子句中的子查询。其中,distinct 表示去除重复的记录;all 表示所有的记录,是默认选项;expr 是表的列。

【例 5-40】 统计 10 号部门员工的人数、平均工资、最高工资、最低工资。

```
SELECT COUNT( * ),AVG(sal),MAX(sal),MIN(sal) FROM scott.emp WHERE deptno = 10;
```

4. SUM([distinct|all expr])

该函数不同于 COUNT()函数,它分组计算指定列的和,如果不使用分组,则函数默认把整个表作为一组。其中,distinct 表示去除重复的记录;all 表示所有的记录,是默认选项;expr 是表的列。

【例 5-41】 统计所有员工的平均奖金和奖金总额。

```
SELECT AVG(comm),SUM(comm)FROM scott.emp;
```

5.4　SQL 的数据查询

5.4.1　单表查询

单表查询是指仅涉及一个表的查询。

5.4.1.1　选择表中的若干列

选择表中的全部或部分列，为关系代数中的投影运算。

1. 查询指定列

有时用户只需要对表中的一部分属性列进行查询，可以通过在 SELECT 子句的目标列表达式中指定要查询的属性列。

【例 5-42】　查询全体员工的员工号与姓名。

```
SELECT empno,ename FROM scott.emp;
```

2. 查询全部列

有两种方法查询表中的所有属性列，若列的显示顺序与其在基表中的顺序相同，可以直接使用星号"*"作为目标列表达式，另一种方法就是在 SELECT 关键字后列出所有属性列名查询。

【例 5-43】　查询全体员工的详细信息。

```
SELECT * FROM scott.emp;
```

等价于

```
SELECT empno,ename,job,mgr,hiredate,sal,comm
FROM scott.emp;
```

3. 查询经过计算的值

SELECT 子句中，目标列表达式不仅可以是某表属性列，也可以是一个表达式。

【例 5-44】　查询全体员工的员工号、姓名及工资增加 200 元后的信息。

```
SELECT empno,ename,sal + 200 FROM scott.emp;
```

4. 使用别名来改变查询结果的列标题

有时列名意义不是很清楚，用户可以通过使用别名来改变查询结果的列标题。使用别名后，含常量、算术表达式、函数名的目标列，表达式的意思就更加清晰。使用方法为在列名后加一个空格，再加上其别名即可。

【例 5-45】 查询 10 号部门员工的姓名、工资加 200 元后的结果。

```
SELECT ename NAME, sal + 200 NewSalary
FROM scott.emp where deptno = 10;
```

其中,NAME 为 ename 的别名,NewSalary 为 sal+200 的别名。运行结果为:

```
NAME        NEWSALARY
----------  ----------
CLARK       2650
KING        5200
MILLER      1500
```

5.4.1.2 选择表中的若干元组

选择表中的满足所需条件的若干元组,为关系代数中的选择运算。

1. 消除取值重复的行

两个本来并不完全相同的元组在投影到指定的某些列上后,可能会出现相同的行,这种情况可用 DISTINCT 消除。

【例 5-46】 查询所有员工的"经理"编号,结果为 14 行数据。

```
SELECT mgr FROM scott.emp;
```

使"经理"编号不重复,结果为 7 行数据。

```
SELECT DISTINCT mgr FROM scott.emp;
```

2. 查询满足条件的元组

一般通过 WHERE 子句来查询满足所需条件的元组。WHERE 子句常用的查询条件如表 5-2 所示。

表 5-2 常用的查询条件

查 询 条 件	谓　　　词
比较	=、>、<、>=、<=、!=、NOT 等
确定集合	IN、NOT IN
确定范围	BETWWEN AND、NOT BETWWEN AND
字符匹配	LIKE、NOT LIKE
空值	IS NULL、IS NOT NULL
多重条件	AND、OR

(1)比较大小。

【例 5-47】 查询 30 号部门全体员工的名单。

```
SELECT ename FROM scott.emp WHERE deptno = 30;
```

【例 5-48】　查询工资在 2000 元以下的员工号及员工名。

```
SELECT empno,ename FROM scott.emp WHERE sal < 2000;
```

（2）确定集合。

【例 5-49】　查询 10 号部门和 30 号部门员工的员工号及员工名。

```
SELECT empno,ename FROM scott.emp WHERE deptno IN(10,30);
```

【例 5-50】　查询不是 10 号部门和 30 号部门员工的员工号及员工名。

```
SELECT empno,ename FROM scott.emp WHERE deptno NOT IN(10,30);
```

（3）确定范围。

【例 5-51】　查询工资在 1500 元以上 2000 元以下的员工号及员工名。

```
SELECT empno,ename FROM scott.emp WHERE sal BETWEEN 1500 AND 2000;
```

【例 5-52】　查询工资不在 1500 元以上 2000 元以下的员工号及员工名。

```
SELECT empno,ename FROM scott.emp WHERE sal NOT BETWEEN 1500 AND 2000;
```

（4）字符匹配。

谓词 LIKE 可以用来进行匹配字符串。其语法格式如下：

```
[NOT] LIKB '<匹配串>' [ESCAPE'<换码字符>']
```

其含义是查找指定的属性列值与匹配串相匹配的元组。其中，匹配串可以是一个完整的字符串，也可以是含有通配符％（百分号）和_（下画线）的字符串，百分号代表任意长度的字符串，下画线代表任意的单个字符。

【例 5-53】　查询所有 D 开头的部门地址对应的部门号和部门地址。

```
SELECT deptno,LOC FROM scott.dept WHERE LOC LIKE'D％';
```

【例 5-54】　查找所有 D 开头且长度为 6 个字符的部门地址对应的部门号和部门地址。

```
SELECT deptno,LOC FROM scott.dept WHERE LOC LIKE'D_％';
```

其中，下画线长度为 5。

若用户查询的字符串本身就含有％或_，需要使用 ESCAPE'<换码字符>'对％或_进行转义，其中换码字符为％或_，写在匹配串后即可。

（5）涉及空值的查询。

【例 5-55】　查询所有员工中没有奖金的员工号和员工名。

```
SELECT empno,ename FROM scott.emp WHERE comm IS NULL;
```

【例 5-56】　查询所有员工中有奖金的员工号和员工名。

```
SELECT empno,ename FROM scott.emp WHERE comm IS NOT NULL;
```

（6）多重条件查询。

存在多个查询条件时可用逻辑运算符 AND 和 OR 来连接，其中 AND 的优先级高于

OR,用户还可以用括号改变它们的优先级使 OR 的优先级高于 AND。

【例 5-57】 查询 10 号部门工资在 2000 元以下的员工号和员工名。

```
SELECT empno,ename FROM scott.emp WHERE deptno = 10 AND sal < 2000;
```

【例 5-58】 查询在 10 号部门或工资在 2000 元以下的员工号和员工名。

```
SELECT empno,ename FROM scott.emp WHERE deptno = 10 OR sal < 2000;
```

5.4.1.3 对查询结果排序

当没有指定查询结果的显示顺序时,通常系统将按元组在表中的先后顺序排列查询结果。当需要对查询结果进行指定时,用户可用 ORDER BY 子句指定查询结果按照一个或多个属性列的 ASC(升序)或 DESC (降序)排序,默认为升序。

【例 5-59】 查询 10 号部门员工的员工号及工资,查询结果按照工资的降序排列。

```
SELECT empno,sal FROM scott.emp WHERE deptno = 10 ORDER BY sal DESC;
```

当按多列进行排序时,第一列的值决定排列顺序,当第一列值相同时排列顺序由第二列的值确定,以此类推。

【例 5-60】 查询所有员工的员工号和工资,按工资的降序排列,若工资相同则按员工号的升序排列。

```
SELECT empno,sal FROM scott.emp ORDER BY sal DESC,empno ASC;
```

在查询语句中的排序方法还可以使用 SELECT 子句中列的位置,例如:

```
SELECT empno,sal FROM scott.emp ORDER BY 2 DESC,1 ASC;
```

5.4.1.4 对查询结果分组

表中的所有行都可以看作一个组处理。用户可以在 SELECT 子句中使用 GROUP BY 子句使行被划分为较小的组,并使用聚组函数汇总返回各个组的信息。此外,用户还可以使用 HAVING 子句限制返回的结果集。使用 WHERE 子句过滤表中的记录,使用 HAVING 子句过滤分组后产生的组。

欲将查询结果的每一行按列(一列或多列)取值相等的原则进行分组,可使用 GROUP BY 子句,值相等即为一组。若对查询结果进行分组,聚组函数将作用于各个组,使每个组都有一个函数值;若未对查询结果进行分组,聚组函数将作用于查询结果,导致整个查询结果只有一个函数值。

1. 单列分组查询

使用单列分组查询,按照某一个指定的列对查询结果进行分组。

【例 5-61】 查询各个部门号对应员工的人数和平均工资。

```
SELECT deptno,count( * ),avg(sal) FROM scott.emp GROUP BY deptno;
```

2. 多列分组查询

使用多列分组查询，即在 GROUP BY 子句中指定两个或多个分组列。

【例 5-62】 查询各个部门号和工种对应员工的人数和平均工资。

```
SELECT deptno,job,count( * ),avg(sal) FROM scott.emp GROUP BY deptno,job;
```

3. 使用 HAVING 子句限制返回的组

使用 HAVING 子句，只有满足条件的组才会被返回。

【例 5-63】 查询部门平均工资高于 1500 元的部门号、部门人数和部门平均工资。

```
SELECT deptno,count( * ),avg(sal) FROM scott.emp GROUP BY deptno HAVING avg(sal)> 1500;
```

4. 使用 ROLLUP（横向统计）和 CUBE（横、纵向统计）

【例 5-64】 查询各个部门中各个工种的平均工资、每个部门的平均工资、所有员工的平均工资。

```
SELECT deptno,job,avg(sal) FROM scott.emp GROUP BY ROLLUP(deptno,job);
SELECT deptno,job,avg(sal) FROM scott.emp GROUP BY CUBE(deptno,job);
```

5. 合并分组查询

使用 GROUPING SETS 子句可以将几个单独的分组查询合并成一个分组查询。

【例 5-65】 查询各个部门中各个工种的平均工资、每个部门的平均工资、所有员工的平均工资。

```
SELECT deptno,job,avg(sal) FROM scott.emp GROUP BY GROUPING SETS(deptno,job);
```

5.4.2 连接查询

针对一个表进行的查询比较简单，实践应用中的查询往往涉及多个表。连接查询是指一个查询同时涉及两个或两个以上的表。关系数据库中最主要的查询就是连接查询，其主要包括等值连接查询、非等值连接查询、自身连接查询、外连接查询、自然连接查询和复合条件连接查询等。

1. 等值连接查询与非等值连接查询

连接条件（连接谓词）是指查询的 WHERE 子句中用来连接两个表的条件，其一般语法格式为：

[<表名 1>.]<列名 1><比较运算符>[<表名 2>.]<列名 2>

其中，比较运算符主要为＝、＞、＜、＞＝、＜＝、！＝（或＜＞）等。此外连接条件还可以使用如下形式：

[<表名1>.]<列名1>BETWEEN[<表名2>.]<列名2>AND[<表名2>.]<列名3>

当连接条件中的比较运算符为"="时,称为等值连接。若使用其他比较运算符则均称为非等值连接。连接字段是连接谓词中的列名称,允许连接条件中的各连接字段类型名称不同,但必须是可用运算符比较。

【例5-66】 查询全体员工的员工号、员工名、工资、部门号、部门名。

```
SELECT empno, ename, sal, emp.deptno, dname
FROM scott.emp, scott.dept
WHERE emp.deptno = dept.deptno;
```

【例5-67】 查询10号部门员工的工资等级。

```
SELECT empno, ename, sal, grade
FROM scott.emp, scott.salgrade
WHERE sal > losal AND sal < hisal;
```

内连接(也称简单连接)会将两个或多个表进行连接,只能查询出与条件相匹配的记录,不匹配的记录无法查询出来,最常用的两个内连接为等值连接和不等值连接。

2. 自身连接查询

连接操作不仅可以在两个表之间进行,也可以是表的自身连接,即一个表与自己进行连接。自身连接其实就是一个等值连接。

【例5-68】 通过员工的编号找到其上级的编号。

```
SELECT e1.empno, e1.ename, e1.mgr, e2.empno, e2.ename
FROM scott.emp e1, scott.emp e2
WHERE e1.mgr = e2.empno;
```

注:自身连接 e1 和 e2 是 emp 表的别名。
测试命令:

```
SELECT * FROM scott.emp WHERE empno = 7902;
```

3. 外连接查询

通常的连接操作的输出结果只是满足连接条件的元组。外连接不仅返回满足连接条件的所有记录,而且也返回了一个表中未在另一个表中匹配的行记录。所以说外连接的查询结果是等值连接查询结果的扩展。

外连接的操作符是(＋)。该操作符放在连接条件中信息不完全(即没有匹配行)的一边。若外连接运算符(＋)在连接条件右边,称为右外连接,等同于 table1 RIGHT JOIN table2 ON…语句;若它出现在连接条件左边,称为左外连接,table1 LEFT JOIN table2 ON…语句。

【例5-69】 查询10号部门的部门名、员工号、员工名、所有其他部门的名称。

```
SELECT dname, empno, ename
FROM scott.dept
```

```
LEFT JOIN scott.emp
ON dept.deptno = emp.deptno AND dept.deptno = 10;
```

等同于

```
SELECT dname,empno,ename
FROM scott.dept,scott.emp
WHERE dept.deptno = emp.deptno( + )
AND emp.deptno( + ) = 10;
```

4. 自然连接查询

用户使用自然连接查询多个表时，会将第一个表中的列与第二个表中具有相同名称的列进行连接。用户不需要明确指定进行连接的列，系统会自动完成这一任务。

【例 5-70】 查询所在部门名为 SALES 的员工及部门情况。

```
SELECT empno,ename,job,sal,deptno,dname
FROM scott.emp NATURAL JOIN scott.dept
WHERE dname = 'SALES';
```

5.4.3　嵌套查询(子查询)

在 SQL 中，一个查询块就是一个 SELECT-FROM-WHERE 语句。嵌套查询(子查询)是指将一个查询块嵌套在另一个查询块的 WHERE 子句或 HAVING 短语的条件中的查询。

SQL 允许多层嵌套查询，即一个子查询中还可以嵌套其他子查询。使用子查询时需要注意，ORDER BY 子句只能对最终查询结果排序，即 SELECT 语句中在子查询中不能使用 ORDER BY 子句。

用户使用嵌套查询即可用多个简单查询构成复杂的查询，从而增强对 SQL 查询的操作能力。SQL 中"结构化"的含义所在便是以层层嵌套的方式构造应用程序。

1. 带有 IN 谓词的子查询

在嵌套查询中，子查询的结果往往是一个集合，这种情况下规定用谓词 IN 连接子查询，它是嵌套查询中最经常使用的谓词，NOT IN 与其对应。

【例 5-71】 查询与 10 号部门某个员工的工资和工种都相同的员工信息。

```
SELECT empno,ename,sal,job FROM scott.emp
WHERE (sal,job) IN (SELECT sal,job
FROM scott.emp WHERE deptno = 10);
```

2. 带有比较运算符的子查询

带有比较运算符的子查询是指父查询与子查询之间用比较运算符进行连接。用户能知晓内层查询返回的是可比较的值时，可使用>、<、=、>=、<=、!=或<>等比较运算符。

【例 5-72】 查询比 7934 号员工工资高的员工的员工号、员工名、工资信息。

```
SELECT empno, ename, sal FROM scott.emp
WHERE sal >(SELECT sal FROM scott.emp
WHERE empno = 7934);
```

3. 带有 ALL 或 ANY 的子查询

子查询返回单值时可用比较运算符,而返回多值时要用 ALL 或 ANY,如表 5-3 所示。

表 5-3 ALL 或 ANY 前的比较运算符及含义

ALL 或 ANY 前的比较运算符	含 义
>ANY、<ANY、=ANY、>=ANY、<=ANY	大于、小于、等于、大于或等于及小于或等于子查询结果集中的某个值
>ALL、<ALL、=ALL、>=ALL、<=ALL、<>ALL	大于、小于、等于、大于或等于、小于或等于或不等于子查询结果集中的所有值

不相关子查询是指不依赖于父查询的子查询。进行不相关子查询的过程为:先执行子查询,再执行父查询且子查询只能运行一次。子查询不依赖父查询,即它可以独立执行。以上三种情况的子查询都为不相关子查询。

【例 5-73】 查询比所有销售员工资都高的员工姓名、工种、工资。

```
SELECT ename, job, sal FROM scott.emp
WHERE sal > ALL (SELECT sal
FROM scott.emp WHERE job = 'SALESMAN');
```

查询比所有销售员工资都高的员工可做另一种理解:查询比工资最高的销售员工资高的员工。

【例 5-74】 查询比任意一个销售员工资高的员工姓名、工种、工资。

```
SELECT ename, job, sal From scott.emp
WHERE sal > any (select sal
FROM scott.emp WHERE job = 'SALESMAN');
```

查询比任意一个销售员工资都高的员工可做另一种理解:查询比工资最低的销售员工资高的员工。

4. 带有 EXISTS 的子查询

带有 EXISTS 的子查询返回结果为 TURE 或 FALSE。子查询至少返回一行时条件为 TRUE,否则为 FALSE。NOT EXISTS 与其对应。

【例 5-75】 若有平均工资不小于 1500 元的部门信息则查询所有部门信息。

```
SELECT * FROM scott.dept WHERE NOT EXISTS
(SELECT deptno FROM scott.emp
WHERE deptno = emp.deptno GROUP BY deptno
HAVING avg(sal) < 1500) AND EXISTS
(SELECT * FROM scott.emp WHERE emp.deptno = deptno);
```

相关子查询是指查询条件依赖外层父查询的某个属性值的子查询。进行相关子查询的过程为：先执行外层的主查询，再执行内层的子查询且子查询需多次运行。子查询依赖父查询，即它不能独立执行。带有 EXISTS 的子查询为相关子查询。

5.4.4　集合查询

SELECT 语句的查询结果是元组的集合，即对于多个 SELECT 语句的结果可进行集合操作。集合查询主要包括并操作(UNION)、交操作(INTERSECT)和差操作(EXCEPT)。

【例 5-76】　查询 10 号部门的员工号、员工名、工资和部门号以及工资大于 2000 元的所有员工的员工号、员工名、工资和部门号。

```
SELECT empno,ename,sal,deptno
FROM scott.emp WHERE deptno = 10
UNION SELECT empno,ename,sal,deptno
FROM scott.emp WHERE sal > 2000 ORDER BY deptno;
```

【例 5-77】　查询 30 号部门中工资大于 2000 元的员工号、员工名、工资和部门号。

```
SELECT empno,ename,sal,deptno
FROM scott.emp WHERE deptno = 30
INTERSECT SELECT empno,ename,sal,deptno
FROM scott.emp WHERE sal > 2000;
```

【例 5-78】　查询 30 号部门中工种不是 CLERK 的员工号、员工名和工种。

```
SELECT empno,ename,job
FROM scott.emp WHERE deptno = 30
MINUS SELECT empno,ename,job
FROM scott.emp WHERE job = 'CLERK';
```

5.5　SQL 的数据操纵

SQL 的数据操纵有三种：向表中插入若干行数据、修改表中的数据和删除表中的若干行数据，即插入数据、修改数据和删除数据。相对应的三类语句分别为 INSERT、UPDATE、DELELT。

5.5.1　插入数据

通常情况下，SQL 的数据插入语句 INSERT 有两种形式：一种是插入一个元组；另一种是插入子查询结果。后者可以一次插入多个元组。

1. 插入元组

插入元组的 INSERT 的一般语法格式为：

```
INSERT
INTO <表名> [<属性列 1> [,<属性列 2>]…]
```

```
VALUES (<常量 1 > [,<常量 2>] …);
```

其中,新元组的属性列 1 的值为常量 1,属性列 2 的值为常量 2,以此类推。若 INTO 子句有表中存在但插入操作时未体现的属性列,新元组将在这些列上取空值。若在表定义时对某属性列进行了 NOT NULL 约束,则它不能取空值,否则出错。

若 INTO 子句中没有指明任何属性列名,则新插入的元组必须在每个属性列上均有值。

【例 5-79】 向 emp 表中插入一行记录。

```
INSERT INTO scott.emp(empno,ename,sal,hiredate)
VALUES(1234,'JOAN',2500,'20 - 4 月 - 2007');
```

在 INTO 子句中指明在表 emp 中操作,括号内指出新增加的元组将在哪些属性上赋值,属性的顺序可以与创建表时的顺序不同。若 INTO 子句中没有指出属性名,表示新元组要在表的所有属性列上都指定值,属性列的次序要与创建表时的次序相同。VALUES 子句对新元组各属性赋值,字符串常量要用英文单引号括起来。

2. 利用子查询插入数据

子查询既可以嵌套在 SELECT 语句中构造父查询的条件,又可以嵌套在 INSERT 语句中生成要插入的批量数据。

插入子查询结果的 INSERT 一般语法格式为:

```
INSERT INTO <表名> [(<属性列 1 > [,<属性列 2 > …] )]子查询;
```

【例 5-80】 对每个部门,求员工的平均工资,并把结果存入数据库。

首先在数据库中建立一个新表,其中一列存放部门号,另一列存放相应的员工平均工资。

```
CREATE TABLE Dept_sal
(deptno NUMBER(2),
Avg_sal NUMBER(7,2));
```

然后,对 emp 表按部门分组求平均工资,再将相应的数据存入新表中。

```
INSERT INTO Dept_sal(deptno,Avg_sal)
SELECT deptno,AVG(sal)FROM scott.emp
GROUP BY deptno;
```

最后,可用查询语句验证。

```
SELECT * FROM Dept_sal;
```

5.5.2 修改数据

修改数据操作又称数据的更新操作,其一般语法格式为:

```
UPDATE <表名>
SET <列名> = <表达式> [,<列名> = <表达式>]…[WHERE <条件>];
```

其功能为修改指定表中满足 WHERE 子句条件的元组。其中 SET 子句中表达式的值用于取代原相应的属性列值。若省略 WHERE 子句,则要修改表中的所有元组。

1. 修改某一个元组的值

【例 5-81】 将员工号为 7844 的员工工资增加 100 元,奖金修改为 200 元。

```
UPDATE scott.emp SET sal = sal + 100,comm = 200 WHERE empno = 7844;
```

2. 修改多个元组的值

【例 5-82】 将 20 号部门所有员工工资增加 150 元。

```
UPDATE scott.emp SET sal = sal + 150 WHERE deptno = 20;
```

3. 含有子查询的修改语句

子查询可嵌套在 UPDATE 语句中构造修改的条件。

【例 5-83】 将 30 号部门的员工工资设置为 10 号部门平均工资加 300 元。

```
UPDATE scott.emp SET sal = 300 +
(SELECT avg(sal) FROM emp WHERE deptno = 10)
WHERE deptno = 30;
```

5.5.3　删除数据

删除数据语句的一般语法格式为:

```
DELETE FROM <表名> [WHERE <条件>];
```

其功能是从指定表中删除满足 WHERE 子句条件的元组。若省略 WHERE 子句则表示将删除表中所有元组,字典中仍会存在表的定义。即 DELETE 语句删除的是表中的数据,关于表的定义没有被删除。

1. 删除某一个元组的值

【例 5-84】 删除员工号为 1234 的员工信息。

```
DELETE FROM scott.emp WHERE empno = 1234;
```

2. 删除多个元组的值

【例 5-85】 删除 10 号部门所有员工信息。

```
DELETE FROM scott.emp WHERE deptno = 10;
```

3. 含有子查询的删除语句

子查询可以出现在 DELETE 语句中构造删除的条件。

【例 5-86】 删除比员工号为 7900 的员工工资高的员工信息。

```
DELETE FROM scott.emp
WHERE sal >(SELECT sal FROM
scott.emp WHERE empno = 7900);
```

5.6 SQL 的数据控制

SQL 的数据控制功能包括事务管理功能和数据保护功能,包括数据库的恢复、并发控制以及数据的安全性和完整性控制等。本节介绍 SQL 安全性控制,即权限的授权与回收。它是通过用户使用 SQL 语句实现权限的限制,以确保数据安全的重要措施。SQL 中使用 GRANT 和 REVOKE 语句实现对数据的操作权限控制。其中,GRANT 语句向用户授予权限,REVOKE 语句收回用户已经拥有的权限。

5.6.1 授权

权限是指执行相应的 SQL 命令或访问其他用户的对象的权利。

其中不同对象类型允许不同的操作权限,如表 5-4 所示,由表可知属性列与视图拥有的权限相同,即查询、插入、更新和删除,属性列或视图的 ALL PRIVILEGES 权限表示这四种权限的总和。而基本表拥有的权限分别为查询、插入、更新、删除、修改表结构及建立索引,而基本表的 ALL PRIVILEGES 操作权限表示这六种权限的总和。

表 5-4 不同对象类型允许的操作权限

对 象	对 象 类 型	操 作 权 限
属性列与视图	TABLE	SELECT、INSERT、UPDATE、DELETE、ALL PRIVILEGES
基本表	TABLE	SELECT、 INSERT、 UPDATE、 DELETE、 ALTER、 INDEX、 ALL PRIVILEGES
数据库	DATABASE	CREATETAB

Oracle 数据库中用户权限分为系统权限和对象权限。系统权限是指在数据库级别执行某种操作的权限,或针对某一类对象执行某种操作的权限。只有 DBA 才应当拥有 ALTER DATABASE 系统权限。通常情况下,应用程序开发者需要拥有 CREATE TABLE、CREATE VIEW、CREATE INDEX 等系统权限。普通用户一般只具有 CREATE SESSION 系统权限。本节将重点讨论对象权限,即对某个特定的数据库对象执行某种操作的权限。

SQL 中通过 GRANT 语句授权,其一般语法格式为:

```
GRANT <权限>[<权限>] …
ON <对象类型><对象名>[,<对象类型><对象名>] …
TO <用户>[,<用户>] …
[WITH GRANT OPTION];
```

其作用是将对指定操作对象的指定操作权限授予指定的用户。

发出 GRANT 语句的既可以是数据库管理员或该数据库对象创建者(即属主),还可以

是已经拥有该权限的用户。被授予权限的用户可以是具体的一个或多个用户,也可以是
PUBLIC(全体用户)。

若指定了 WITH GRANT OPTION 子句,则表示获得新权限的用户还可以将所获的
新权限再授予其他用户。若未指定 WITH GRANT OPTION 子句,则获得新权限的用户
只能使用该权限,不能再授予其他用户该权限。

对用户授权之前需要使用 CREATE USER 语句创建用户,其一般语法格式为:

```
CREATE USER <用户名> IDENTIFIED BY <口令>
DEFAULT TABLESPACE <默认表空间>
TEMPORARY TABLESPACE <临时表空间>;
```

若不设置默认表空间和临时表空间,则系统会采用默认值。

【例 5-87】 创建一个用户 user1,口令为 user1,默认表空间为 users,在该表空间的配额
为 20MB。

```
CREATE USER user1 IDENTIFIED BY user1
DEFAULT TABLESPACE users quota 20M on users;
```

【例 5-88】 将 scott 模式下的 emp 表的查询、插入、更新权限授予 user1 用户。

```
GRANT SELECT, INSERT, UPDATE
ON scott.emp TO user1;
```

【例 5-89】 将查询 emp 表权限授给所有用户。

```
GRANT SELECT ON scott.emp TO PUBLIC;
```

【例 5-90】 (省略了用户的创建)将 scott 模式下的 emp 表的查询、更新、权限授予
user2 用户,并允许将此权限再授予其他用户。

```
GRANT SELECT, INSERT, UPDATE
ON scott.emp TO user2;
WITH GRANT OPTION;
```

5.6.2　收回权限

可以由数据库管理员或其他授权者使用 REVOKE 语句收回授予用户的权限。
REVOKE 语句的一般语法格式为:

```
REVOKE <权限>[,<权限>]…
ON <对象类型><对象名>[,<对象类型> <对象名>]…
FROM <用户> [<用户>]…;
```

【例 5-91】 将用户 user1 对 emp 表的查询、插入、更新权限收回。

```
REVOKE SELECT, INSERT, UPDATE ON scott.emp FROM user1;
```

【例 5-92】 将所有用户查询 emp 表权限回收。

```
REVOKE SELECT ON scott.emp FROM PUBLIC;
```

取消授权有级联关系。若取消某个用户的对象权限,那么对于此用户使用 WITH GRANT OPTION 授予"继续授权"权限的用户来说,同样还会取消这些用户的相同权限。例如,user1 授权给 user2 并允许继续授权,user2 授权给 user3 和 user4 并允许继续授权,user1 向 user2 收回某种授予其的某种权限时,user3 和 user4 中的该种权限也一并被收回。

5.7　嵌入式 SQL

5.7.1　嵌入式 SQL 的处理过程

SQL 的特点之一是通过一种语法结构提供两种使用方式,即对于交互式和嵌入式两种使用方式,SQL 的语法结构基本一致。

交互式 SQL 是在联机终端上采用交互命令直接使用其语句,而复杂的检索结果往往不能通过用一条或几条交互式 SQL 语句完成,此时需要结合高级语言。嵌入式 SQL 是将 SQL 语句写入到应用程序设计语言的源代码中,此类被写入的应用程序设计语言称为宿主语言,如 C、C++、Java、Pascal 等,简称主语言。嵌入式 SQL 继承了宿主语言的过程控制性,使其与 SQL 的复杂结果集操作的非过程性结合,为用户提供了安全可靠的操作方式。

两种方式虽然语法结构基本一致,但当 SQL 语句在应用程序设计环境下时,有一些细节上的差别,因此 SQL 语句要做某些必要的扩充。

通常情况下,多数数据库管理系统对于嵌入式 SQL 的实现采用预编译处理方式,即由数据库管理系统的预处理程序对源程序进行扫描,识别出其中的 SQL 语句,并将其转换成主语言的函数调用语句,使宿主语言编译应用程序能够识别它们,然后用宿主语言的编译应用程序将预编译的结果编译为目标语言应用程序。

在嵌入式 SQL 中,为区分应用程序中的 SQL 语句与宿主语言语句,在所有 SQL 语句前都要加前缀。宿主语言不同,前缀也不同。当宿主语言为 C 或 Pascal 语言时,其一般语法格式为:

EXEC SQL < SQL 语句>;

若宿主语言为 Java,则称嵌入式 SQL 为 SQLJ,其一般语法格式为:

♯ SQL {< SQL 语句>};

5.7.2　嵌入式 SQL 语句与宿主语言之间的通信

将 SQL 嵌入高级语言中进行混合编程,其中 SQL 作为非过程化语言操纵数据库,高级语言作为过程化语言控制逻辑流程,此时应用程序中会含有两种不同语句,它们之间有三种通信的方式:通过 SQL 通信区、通过主变量和通过游标。

1. SQL 通信区(SQLCA)

执行 SQL 语句后,应用程序会收到系统反馈的若干信息,其中包括当前系统工作状态和语句执行中数据的描述。这些信息将继续送往 SQL 的通信区中,应用程序将这些状态信息从 SQL 通信区中取出,并根据这些信息决定接下来要执行的语句。

在应用程序中,使用 EXEC SQL INCLUDE SQLCA 对 SQL 通信区进行定义。SQL 通信区中有一个状态指示变量 SQLCODE,每次执行 SQL 语句后返回的代码在此变量中存放。若 SQLCODE 为预定义的常量 SUCCESS,则表示 SQL 语句成功,否则表示在 SQLCODE 存放错误代码,可根据错误代码查找问题。应用程序每执行完一条 SQL 语句之后都应对 SQLCODE 的值进行测试,通过测试结果分析该 SQL 语句执行情况并进行相应处理。

2. 主变量

在嵌入式 SQL 语句中通过宿主语言的应用程序变量可以输入、输出数据。主变量是指 SQL 语句中使用的宿主语言应用程序变量,主变量分为输入主变量和输出主变量两种。应用程序对输入主变量进行赋值,SQL 语句引用。SQL 语句对输出主变量赋值或设置状态信息,并返回给应用程序。一个主变量有可能既是输入主变量又是输出主变量。

一个主变量可以附带一个指示变量(Indicator Variable)。指示变量是一个整型变量,用来"指示"所指主变量的值或条件。

指示变量的用途:输入主变量可以利用指示变量赋空值;输出主变量可以被利用检测输出变量是否为空值,值是否被截断。

SQL 语句中,所有主变量和指示变量必须在 BEGIN DECLARE SECTION 与 END DECLARE SECTION 两个语句标识之间进行说明。

【例 5-93】 当 C 语言为主语言时,可用下列形式说明主变量。

```
EXEC SQL BEGIN DECLARE SECTION
Char number[8],name[10];
Char sqltate[6];
EXEC SQL END DECLARE SECTION;
```

说明之后的主变量可在 SQL 语句中任何一处允许使用表达式的地方出现,SQL 语句中的主变量名和指示变量前要加冒号":"作为前缀标志,以与数据库对象名(如表名、视图名、列名等)区别开。在 SQL 语句之外(主语言语句)使用主变量和指示变量可直接引用,不必加冒号前缀标志。

3. 游标

SQL 面向集合,宿主语言面向记录。即一条 SQL 语句可以产生或处理多条记录,一组主变量一次只能存放一条记录。为满足 SQL 语句向应用程序输出数据的要求,仅使用主变量是不够的,嵌入式 SQL 引入了游标的概念,集合和单记录这两种不同的处理方式需要用游标协调。

通过游标可以将集合操作转换为单记录处理操作。它是系统为用户开设的一个数据缓冲区,每个游标区都有一个名字,用来存放 SQL 语句的执行结果。用户可使用游标逐一获取记录,将其赋给主变量,并交由主语言做进一步处理。

使用游标的 SQL 语句可以显示查询结果,修改、删除当前元组。通过游标显示查询结果的步骤如下:

1）定义游标

一般用 DECLARE 语句为一条 SELECT 语句定义游标。游标的定义是一条说明性语句，SELECT 语句在关系数据库管理系统中并不执行。定义游标的一般语法格式如下：

```
EXEC SQL DECLARE <游标名> CURSOR FOR < SELECT 语句>;
```

2）打开游标

打开游标的实质是执行相应的 SELECT 语句，将查询结果取到缓冲区中，此时游标处于活动状态，指针指向查询结果集中的第一行。将定义的游标打开用 OPEN 语句，其一般语法格式如下：

```
EXEC SQL OPEN <游标名>;
```

3）推进游标指针并取当前记录

推进游标指针并取当前记录要使用 FETCH 语句，执行后游标指针会向前推进一条行，同时将缓冲区中的当前行取出，放到主变量以便主语言做进一步处理。FETCH 语句被用在循环执行中，逐条取出结果集中的行进行处理。其一般语法格式如下：

```
EXEC SQL FETCH <游标名>
INTO <主变量>[<指示变量>][,<主变量>[<指示变量>]…];
```

其中主变量要与 SELECT 语句中的目标列表达式具有一一对应关系。

4）关闭游标

关闭游标要使用 CLOSE 语句，释放结果集占用的缓冲区及资源。关闭游标后就不再与原来的查询结果集相联系。可以再次打开被关闭的游标，与新的查询结果相联系。CLOSE 语句的一般语法格式如下：

```
EXEC SQL CLOSE <游标名>;
```

通过游标修改、删除当前元组要使用 UPDATE 语句和 DELETE 语句，它们都是集合操作。若只想修改或删除其中某条记录，需要用带游标的 SELECT 语句查询所有满足条件的记录，并从记录中进一步找出将要修改或删除的记录，用 CURRENT 形式的 UPDATE 和 DELETE 语句对其进行相应的操作。即 UPDATE 语句和 DELETE 语句中要用 CURRENT 子句表示修改或删除游标指针指向的记录，即最近一次取出的记录，其一般语法格式如下：

```
WHERE CURRENT OF <游标名>;
```

当游标定义中的 SELECT 语句相当于定义了一个不可更新的视图，或该 SELECT 语句带有 UNION 字句或 ORDER BY 子句时，不允许使用 CURRENT 形式的 UPDATE 语句和 DELETE 语句。

【例 5-94】 此为一个简单的嵌入式 SQL 编程实例。要求依次检查某系的学生信息，并以交互方式更新某些学生年龄。

```
EXEC SQL BEGIN DECLARE SECTION;                /* 主变量说明 */
char deptname[20];
Char hsno[9];
```

```
char sname[20];
Char hssex[2];
Int HSage;
int NEWAGE;
EXEC SQL END DECLARE SECTION;              /*主变量说明结束*/
Long SQLCODE;
EXEC SQL INCLUDE SQLCODE;                  /*定义 SQL 通信区*/
Int main(void)                            /*C 语言主程序*/
{
Int count = 0;
char yn;                                  /*变量 yn 表示 yes 或 no*/
print("Please choose the department name(CS/MA/IS):");
scanf("%s",&deptname);                     /*为主变量 deptname 赋值*/
EXEC SQL CONNECT TO TEST@localhost:S4321 USER "SYSTEM"/"MANAGER";
/*连接数据库 TEST*/
EXEC SQL DECLARE SX CURSOR FOR             /*定义游标 SX*/
SELECT Sno,Sname,Ssex,Sage                 /*游标 SX 对应的语句*/
FROM Student
WHERE SDept = :deptname;
EXEC SQL OPEN SX;                          /*打开游标 SX,指针指向查询结果的第一行*/
for(;;)                                    /*循环结构以逐条处理结果集中的记录*/
{ EXEC SQL FETCH SX INTO :HSno,:HSname,:HSsex,:HSage;
/*推进游标并将当前数据放入主变量*/
if(SQLCA.SQLCODE!= 0)                       /*SQLCODE!= 0 即操作不成功*/
break;                                     /*利用 SQLCA 中的状态信息明确何时退出循环*/
if(count++ == 0)                           /*若为第一行,先打出行头*/
printf("n%-10s%-20s%-10s%-10s\n","Sno","Sname","Ssex","Sage");
print("%-10s%-20s%-10s%-10d\n",HSno,HSname,HSsex,HSage);    /*输出查询结果*/
print("UPDATE AGE(y/n)?");                 /*询问用户是否要更新该学生的年龄*/
do{ scanf("%c",&yn); }
while(yn!= N' && yn!= 'n' && yn!= Y" && yn!= 'y');
if(yn == 'y'||yn == 'Y')                    /*若选择要更新*/
{
printf("INPUT NEW AGE:");
scanf("%d",&NEWAGE);                        /*用户输入新年龄于主变量中*/
EXEC SQL UPDATE Student                     /*嵌入式 SQL 的更新语句*/
SET Sage = :NEWAGE
WHERE CURRENT OF SX;                        /*对当前游标指向的学生年龄进行更新*/
}}
EXEC SQL CLOSE SX;                          /*关闭游标 SX,且不再与查询结果对应*/
EXEC SQL COMMIT WORK;                       /*提交更新*/
EXEC SQL DISCONNECT TEST;                   /*断开数据库连接*/
}
```

5.8   实践项目

5.8.1   实践项目一

1. 实践名称

Oracle 数据库的创建及基本操作。

第 5 章实践一演示

2. 实践目的

➤ 熟练掌握基本查询方法；
➤ 熟练掌握筛选数据的方法。

3. 实践内容

(1) 进入数据库(自己之前创建好的数据库)。

(2) 查询所有列。

提示：查询前创建一张数据库中不存在的表，向其中插入数据，进行查询。

如：

```
Create table table1 (id int, name varchar2(20));
Insert into table1
Values(1, '张三');
Select * from table1;
```

(3) 查询特定列。

提示：采用 Desc 命令查看对象的结构。

如：

```
Desc table1;
```

(4) 排除重复行。

提示：采用 distinct 命令。

如：

```
Select distinct * from table1;
```

(5) 使用列别名。

如：

```
Select id * 5, name from table1;
Select id * 5 m_id, name from table1;
```

5.8.2 实践项目二

1. 实践名称

Oracle 数据库单表查询。

2. 实践目的

熟练掌握单表查询。

第 5 章实践二演示

3. 实践内容

(1) 查看.emp 数据表结构。

如：

```
Desc scott.emp;
Desc scott.dept;
Select empno, ename, job from scott.emp;
Select distinct job from scott.emp;            //在显示时去除相同的记录
```

（2）单条件查询。

如：

```
Select empno, ename, sal from scott.emp where sal <= 2500;
```

（3）组合条件查询。

如：

```
Select empno, ename, job from scott.emp where job > 'CLERK' and sal <= 2000;
```

（4）排序查询。

如：

```
Select empno, ename, job from scott.emp where job <= 'CLERK' order by job asc, sal desc;
```

（5）分组查询。

如：

```
Select empno, ename, job, sal from scott.emp group by job, empno, ename, sal having sal <= 2000;
```

（6）字段运算查询。

如：

```
Select empno, ename, sal, mgr, sal + mgr from scott.emp;
```

（7）变换查询显示。

如：

```
Select empno 编号, ename 姓名, job 工作, sal 薪水 from scott.emp;
```

（8）SQL 进行函数查询。

ceil(n)：取大于或等于数值 n 的最小整数。

如：

```
Select mgr, mgr/100, ceil(mgr/100) from scott.emp;
```

floor(n)：取小于或等于数值 n 最大整数。

如：

```
Select mgr, mgr/100, floor(mgr/100) from scott.emp;
```

mod(m,n)：取 m 整除 n 后的余数。

如：

```
Select mgr, mod(mgr,1000), mod(mgr, 100), mod(mgr,10) from scott.emp;
```

power(m,n)：取 m 的 n 次方。

如：

```
Select mgr, power(mgr,2), power(mgr,3) from scott.emp;
```

round(m,n)：四舍五入,保留 n 位。

如：

```
Select mgr, round(mgr/100,2), round(mgr/1000,2) from scott.emp;
```

sign(n)：n>0,取 1；n=0,取 0；n<0,取-1。

如：

```
Select mgr, mgr-7800, sign(mgr-7800) from scott.emp;
```

avg(字段名)：求平均值。

如：

```
Select avg(mgr) 平均薪水 from scott.emp;
```

count(字段名)或 count(*)：统计总数。

如：

```
Select count(distinct job) 工作类别总数 from scott.emp;
```

min(字段名)：计算数值型字段最小数。

如：

```
Select min(sal) 最少薪水 from scott.emp;
```

4. 实践总结

简述本次实践,自身学到的知识、得到的锻炼。

5.9 本章小结

本章介绍了标准 SQL,它是数据库操作的基础。SQL 可分为数据定义、数据查询、数据操纵、数据控制四大部分。本章除了介绍以上四部分,还对 SQL 的函数和嵌入式 SQL 做了简单介绍。

在 SQL 的数据定义中,介绍了对基本表、视图和索引的基本操作,即建立、修改和删除；SQL 函数部分包括了 Oracle 中常用的内置函数——单行函数和聚组函数及具体的常用函数的语法及用法；SQL 的数据查询是本单元要求重点理解、掌握和操作的部分,包括单表查询、连接查询、嵌套查询、集合查询等多种查询方式,并可通过相应语句对查询结果进行排序、统计和分组；SQL 的数据操纵部分包括对数据的插入、修改和删除操作；SQL 数据控制则介绍了如何授权和收回权限；最后介绍了嵌入式 SQL 的处理过程及它如何与主语言通信。

学习要求对本章内容进行实际操作,以更深入和透彻的理解。其中 SQL 的数据查询功能最丰富、最复杂,更应加强实践练习。

5.10　习题

一、简答题

1. 简述 SQL 的特点。

2. 简述 DDL、DML、DCL 的功能。

3. 简述嵌入式 SQL 语句如何与宿主语言通信。

二、单选题

1. 下面的 SQL 语句中,(　　)不是数据定义语句。
   A. CREAT TABLE　　　　　　　　B. DROP VIEW
   C. CREATE VIEW　　　　　　　　D. GRANT

2. 若要撤销数据库中已经存在的表 S,可用(　　)。
   A. DELETE TABLE S　　　　　　B. DELETE S
   C. DROP TABLE S　　　　　　　D. DROP S

3. 在标准 SQL 中,建立视图的命令是(　　)。
   A. CREATE SCHEMA 命令　　　　B. CREATE TABLE 命令
   C. CREATE VIEW 命令　　　　　D. CREATE INDEX 命令

4. SQL 是(　　)的语言,容易学习。
   A. 过程化　　　　B. 非过程化　　　　C. 格式化　　　　D. 导航式

5. 在视图上不能完成的操作是(　　)。
   A. 更新视图　　　　　　　　　B. 查询
   C. 在视图上定义新的表　　　　D. 在视图上定义新的视图

6. SQL 集数据查询、操纵、定义、控制功能于一体,其中 CREATE、DROP、ALTER 语句是实现(　　)功能。
   A. 数据查询　　　B. 数据操纵　　　C. 数据定义　　　D. 数据控制

7. 在 SQL 中的视图 VIEW 是数据库的(　　)。
   A. 外模式　　　　B. 模式　　　　C. 内模式　　　　D. 存储模式

三、判断题

1. 扩充表空间大小可以向表空间中增加数据文件或修改表空间属性为自动扩充等方法。　　　　　　　　　　　　　　　　　　　　　　　　　　　(　　)

2. 多个单列索引的效率要高于一个组合索引。　　　　　　　　　　　　(　　)

3. 带有错误的视图可使用 CREATE VIEW WITH ERROR 选项来创建。　(　　)

四、应用实践

1. 设教学数据库 Education 有三个关系:学生关系 S(SNO,SNAME,AGE,SEX,SDEPT)、学习关系 SC(SNO,CNO,GRADE)、课程关系 C(CNO,CNAME,CDEPT,

TNAME),要求查询以下问题。

（1）检索计算机系的全体学生的学号、姓名和性别。

（2）检索学习课程号为 C2 的学生学号与姓名。

（3）检索选修课程名为 DS 的学生学号与姓名。

（4）检索选修课程号为 C2 或 C4 的学生学号。

（5）检索至少选修课程号为 C2 和 C4 的学生学号。

（6）检索不学 C2 课的学生姓名和年龄。

（7）检索学习全部课程的学生姓名。

（8）查询所学课程包含学生 S3 所学课程的学生学号。

2. 说明下列语句的含义。

（1）SELECT ＊ FROM scott. empWHERE sal BETWEEN 1000 AND 2000;

（2）SELECT ＊ FROM scott. emp WHERE sal＞1000 AND sal＜2000;

（3）SELECT empno,ename,sal FROM scott. emp ORDER BY sal＊12;

3. 对于 scott 普通测试用户下的 emp 表和 dept 表,要求进行如下操作。

（1）统计 30 号部门员工的人数、平均工资、最高工资、最低工资。

（2）查询所有的部门个数。

（3）查询部门平均工资低于 1500 元的部门号、部门人数和部门平均工资。

（4）查询与 10 号部门某个员工的工资和工种都相同的员工信息。

（5）将 10 号部门所有员工工资增加 200 元。

（6）删除比员工号为 7934 的员工工资高的员工信息。

（7）创建一个表,保存工资高于 3000 元的员工的员工号、员工名和部门号。

第 三 篇

管理维护篇

本篇包括第6~8章，主要介绍数据库备份与恢复概述、数据库的物理备份与恢复、数据库的逻辑备份与恢复、恢复影响与恢复机制、数据泵的使用、网络服务结构、企业管理器、服务器端网络配置、客户端网络配置、错误异常处理、多线程服务器配置和网络安全、数据库安全性概述、用户管理、权限管理、角色管理及其他安全保护。

第6章

Oracle 10g数据库备份与恢复

学习目标
➢ 了解数据库备份与恢复概述
➢ 掌握数据库的物理备份与恢复
➢ 掌握数据库的逻辑备份与恢复
➢ 了解恢复影响与恢复机制

6.1 数据库备份与恢复概述

在使用一个数据库时,人们总是希望数据库中的内容是安全、可靠、正确的,但是由于计算机自身可能存在的系统故障(机器故障、介质故障、误操作等),使数据库在某些时候也会遭受到破坏,此时如何能够尽快地恢复数据就成为当务之急。如果平时对数据库有备份,那么此时恢复数据的难易程度也就显而易见了。由此可见,数据库的备份非常重要。

6.1.1 备份与恢复

Oracle数据库是由一组物理文件所构成的,其中包括联机重做日志文件、归档日志文件、参数文件、数据文件、控制文件、通过多路复用或系统镜像生成的联机日志文件副本、通过多路复用或系统镜像生成的控制文件副本。联机重做日志文件记录对数据库的所有修改;归档日志文件是对联机重做日志文件的复制,但要求数据库必须在归档模式下运行才能够产生归档日志文件;参数文件记录了数据库初始化参数的文件;数据文件包含了数据库中表数据、临时数据、索引数据、回退数据以及数据字典数据;控制文件是包含数据库物理结构在内的二进制文件。上述文件除了参数文件以外,其他内容基本上由系统自动维护。

维护数据库正常工作的基本前提就是这些物理文件必须同时出现,并且必须是一致的。丢失了其中任何一个文件,都会使数据库无法启动或在正常工作中产生中断,从而导致无法正常使用。

Oracle系统一般存在四类故障:事务故障、介质故障、系统故障和计算机病毒。事务故障和系统故障都不算很严重,可以用Oracle系统根据日志文件自动恢复,并且不会破坏数据库的物理文件。介质故障和计算机病毒相对来说比较严重,这将直接导致数据库物理文件不能读写和数据库无法正常启动。所以必须事先将此类文件备份到磁盘或磁带上,一旦文件遭到破坏不能正常启动数据库时,可以将这些备份文件的数据信息还原至原数据库系统进行恢复。

　　备份是将组成数据库的物理文件保存至一个外存(磁盘或者磁带)上,在物理文件被破坏时,可以用这些备份文件对其进行恢复。恢复是在数据库遭到破坏之后,将备份的数据库文件从磁盘或磁带复制至期望的位置,然后启动数据库进行数据恢复,使所有物理文件均达到完全一致的过程。Oracle 10g 数据库的备份方法可以分为物理备份和逻辑备份两类。物理备份通常有两种方式:冷备份和热备份。

6.1.2　恢复管理器的应用

　　恢复管理器(Recover Manager,RMAN)是一个与操作系统无关的数据库备份工具,它能够跨越不同的操作系统进行数据库的备份工作,RMAN 是通过启动操作系统进程,将数据库数据备份至磁盘或磁带上,与常用的数据库物理备份、数据库逻辑备份有所不同,它是使用数据库对数据库进行备份的原理,使用 copy 命令把数据库文件复制到磁盘或磁带上,使用 backup 命令对整个数据库、指控文件、日志文件或一个指定的表空间进行备份,backup 命令可以将数据库备份分为多个数据包,每一个包被称为一个备份子集,一个备份子集又可以分为多个备份片。RMAN 在连接至数据库时有两种方式:无恢复目录方式和有恢复目录方式。

1. RMAN 的配置

　　RMAN 在执行数据库的备份与恢复时,都要使用操作系统进程,启动操作进程是通过分配通道来实现的,每分配一个通道,RMAN 都会启动一个服务器进程,通道包括有自动通道分配与采用 RUN 命令进行手动通道分配,一个通道往往都是与一个设备相联系,RMAN 可以使用的通道包括磁盘与磁带,不过在 Oracle 10g 当中,数据库默认的是使用磁盘通道进行数据库备份,用户可以使用 config channel 命令指定磁盘与磁带类型的自动通道,在使用 backup、restore、recover 命令之前,可以不必定义通道,通过手动方式可以完成两种通道类型的定义:一种是定义数据库备份与恢复通道(run{allocate channel}…);另一种是定义恢复目录维护类型通道(Rman > allocate channel for maintenance…)。

2. 恢复管理器的特征

　　(1) 备份数据库、数据文件、控制文件、表空间、归档日志、spfile(不包括 init 文件、口令文件以及日志文件)。

　　(2) 管理备份和恢复任务。

　　(3) 可执行块级的增量备份与媒体恢复。

　　(4) 可检测环块。

　　(5) 用二进制压缩备份文件。

3. backup 命令语法

　　在利用恢复管理器进行备份的过程中,能够使用 backup 命令进行备份的对象:表空间、归档日志、数据文件、控制文件等。

　　命令语法:

```
Rman > backup < level >(< backup type >< option >);
```

各命令含义如下。

> <level>代表备份的增量级,可以取 full(完全备份),也可以取 incremental(增量备份)。增量备份共分为 4 级(1、2、3、4),归档日志不可以增量备份。

> <backup type>为需要备份的对象。

> <option>是可选项,主要的参数有:Tag(标记),Format(文件存储格式),Include Current Controlfile(备份控制文件),Filesperset(每个备份集所包含的文件),Channel(指定 backup 命令所用的通道),Delete(备份结束时,是否删除归档日志),Maxsetsize(备份集的最大尺寸),Skip(可以选择的备份条件 offline、readonly、inaccessible)。

在备份数据库时,如果不需要备份只读表空间可使用"Rman > backup database skip readonly;"命令。备份数据库但不备份离线表空间时可使用"Rman > backup database skip offline;"命令。备份数据库但不备份所有的只读表空间以及离线表空间时,可使用"Rman > backup database skip readonly skip offline;"命令。

6.2 数据库的物理备份与恢复

6.2.1 物理备份

物理备份是对组成数据库物理文件的备份,是一种比较常用的备份方法,一般按照预定的时间间隔进行。物理备份通常分为两种:冷备份和热备份。除此之外,可使用恢复管理器进行备份。冷备份(也称脱机备份)是指在数据库关闭的状态下,将组成数据库的所有物理文件全都备份至磁盘或磁带上。冷备份又分为存档模式下和非存档模式下的冷备份。热备份(也称为联机备份或 ARCHIVELOG 备份),是指在数据库打开的状态下,将数据库的控制文件、数据文件和归档日志文件全部备份至磁盘或磁带。在联机备份的同时允许用户进行操作,此时数据库对应的物理文件的内容也在不断变化,这些物理文件内容更新的前提是保留有关操作已经写入重做日志文件中。热备份要求数据库必须在存档模式下运行。

1. 非存档模式下的冷备份

1) 操作步骤

(1) 启动 SQL * PLUS,使用 SYS 身份登录。

(2) 使用"shutdown immediate;"命令关闭数据库。

(3) 复制物理文件(所有控制文件、数据文件、重做日志文件、初始化参数文件)至相应的磁盘。

(4) 使用"startup open;"命令重启数据库。

2) 脱机冷备份的特点

(1) 简便易学,操作非常快。

(2) 容易归档(简单复制即可)。

(3) 容易恢复到某个时间结点。

(4) 能与归档方法相结合,做数据库"最新状态"的恢复。

（5）低度维护，高度安全。

3）脱机冷备份的缺点

（1）单独使用时，只能提供到"某一时间点上"的恢复。

（2）在实施备份的全过程中，数据库必须做备份而不能做其他工作。

（3）若磁盘空间有限，只能复制到磁带等其他外部存储设备上，速度会很慢。

（4）不能按表或按用户恢复。

2. 存档模式下的冷备份

1）设置存档模式

（1）使用"archive log list;"命令查看数据库是否已经启动归档日志，如图 6-1 所示。

```
SQL> archive log list;
数据库日志模式                非存档模式
自动存档                       禁用
存档终点                       USE_DB_RECOVERY_FILE_DEST
最早的联机日志序列             1
当前日志序列                   3
SQL>
```

图 6-1　操作命令 1

（2）若归档日志没有启动，请使用"shutdown immediate;"先关闭数据库，如图 6-2 所示。

（3）使用"startup mount;"命令重新启动数据库，如图 6-3 所示。

```
SQL> shutdown immediate;
数据库已经关闭。
已经卸载数据库。
ORACLE 例程已经关闭。
```

图 6-2　操作命令 2

```
SQL> startup mount;
ORACLE 例程已经启动。

Total System Global Area   293601280 bytes
Fixed Size                    1248600 bytes
Variable Size                92275368 bytes
Database Buffers            192937984 bytes
Redo Buffers                  7139328 bytes
数据库装载完毕。
```

图 6-3　操作命令 3

（4）使用"alter database archivelog;"命令将数据库设置为存档模式，如图 6-4 所示。

（5）使用"alter database open;"命令打开数据库，如图 6-5 所示。

```
SQL> alter database archivelog;
数据库已更改。
```

图 6-4　操作命令 4

```
SQL> alter database open;
数据库已更改。
```

图 6-5　操作命令 5

2）操作步骤

（1）设置当前模式为存档模式。按上述方法进行设置，需要特别注意的是，在关闭数据库之前，需先修改归档日志存放路径，使用"alter system set log_archive_dest_10＝'location＝d:/orcl';"命令为归档日志文件强制设置存储路径。

（2）使用"alter system switch logfile;"命令进行日志切换，有几个日志文件组就切换几次，以便于将所有的日志信息都存储至归档文档（重复三次，保证数据都已被存档至归档日志文件）。

（3）关闭数据库,将组成数据库的所有物理文件完全备份至 d:\orcl\cold\目录下,归档日志文件备份至 e:\Oracle\arch 完成后,重启数据库。

3. 存档模式下的热备份

1）操作步骤

（1）确保数据库在存档模式下运行,提前打开监听进程。

（2）备份控制文件、部分或全部表空间。system 表空间只能进行联机备份,因为其中存放着数据字典信息不可脱机备份,users 表空间对应的三个数据文件进行脱机备份（非 system 表空间可以联机备份,也可脱机备份）。

（3）使用"alter system archive log current;"命令存档当前的联机日志文件,以便日后使用。或使用"alter system switch logfile;"命令切换所有联机日志文件（重复使用至无结果输出,保证数据都已被存档至归档日志文件）。

（4）备份归档日志文件。使用"alter database backup controlfile to 'd:\orcl\hot\control1.ctl';"命令产生二进制副本并存储在相应的目录下。

2）联机热备份的特点

（1）在表空间或数据文件级备份,备份时间短。

（2）备份时数据库仍可使用。

（3）可达到秒级恢复（恢复到某一时间点上）。

（4）可对几乎所有的数据库实体做恢复。

（5）恢复是快速的,大多数情况下在数据库仍在工作时恢复。

（6）调用快,使用方便。

3）联机热备份的缺点

（1）投资较大。

（2）因难于维护,操作要特别小心,不能出错,否则后果严重。

（3）若联机备份不成功,则所得结果不可用于时间点的恢复。

（4）当数据库负载较高时,进行联机备份操作必须十分小心。

4. 使用恢复管理器进行热备份

使用恢复管理器进行的热备份也属于物理备份范畴,在使用过程中,如果没有恢复目录,备份的信息将存放在备份数据库的控制文件内,这种备份成本低,安全性低。如果有恢复目录,数据的安全性会提高。同理,对应的成本也会增加。在数据库中,RMAN 用户和恢复目录在完成数据库安装时就已经存在,只需要手动解锁 RMAN 用户,利用 SQL * PLUS 登录修改其密码即可。

使用 RMAN 进行热备份的相关命令说明及格式如下。

1）使用 RMAN

```
C:\> RMAN target = sys/Oracle@orcl nocatalog(不使用恢复目录)
C:\> RMAN target = sys/Oracle@orcl catalog = rman/rman@oemrep(使用恢复目录)
```

2）需要删除和创建恢复目录

```
RMAN > drop catalog;
RMAN > create catalog tablespace tools;
```

3）备份前需要注册数据库

```
RMAN > register database;
```

4）查看恢复管理器的配置

```
RMAN > show all;
```

5）备份命令

（1）备份整个数据库。

```
RMAN > run{
Allocate channel cl type disk;
Backup full filesperset 3
(database format 'rm_ % s % p. % d');
Release channel cl;
}
```

备份集与备份段的含义：%p，piece 备份段号，%d，database 数据库名；%s，备份集号；%c，总是为 1；%u，自动生成 8 个字符的唯一名称，%t，时间。

默认的格式为%U＝%u_%p_%c。

（2）使用简化命令对整个数据库进行备份。

```
RMAN > backup database;
```

➤ 指定备份集的路径。

```
RMAN > backup database format 'c:\rman\db_ % U';
```

➤ 备份一个表空间。

```
RMAN > backup tablespace users format 'c:\rman\ts_ % U';
```

➤ 备份一个数据文件。

```
RMAN > backup datafile 'e:\Oracle\oradata\orcl\users01.dbf'format 'c:\rman \ df _ % U';
```

➤ 备份一个归档日志文件。

```
RMAN > backup filesperset 20 format 'c:\rman\al_ % U' archivelog all delete input;
```

➤ 备份控制文件。

```
RMAN > Backup current controlfile format 'c:\rman\ctl_ % U';
```

6）采用复制方式备份数据文件与控制文件

（1）复制数据文件。

```
RMAN > copy datafile 'e:\Oracle\oradata\orcl\users01.dbf' to 'c:\rman \ users01. dbf';
```

（2）复制控制文件。

```
RMAN > copy current controlfile to 'c:\rman\ctl.bak';
```

7）管理备份集命令

（1）查看数据库的备份。

```
RMAN > list backup of database;
RMAN > list backup of controlfile;
RMAN > list backup of archivelog all;
```

（2）查看废弃的数据库备份。

```
RMAN > report obsolete;
```

（3）删除废弃的数据库备份。

```
RMAN > delete obsolete;
```

8）管理备份脚本的命令

（1）创建脚本。

```
RMAN > create script MyBackup
{
Allocate channel cl type disk;
Backup full filesperset 3 (database format 'rm_ % s % p. % d');
release channel c1;
}
```

（2）执行脚本。

```
RMAN > run { execute script MyBackup; }
```

（3）修改脚本。

```
RMAN > replace script MyBackup { …}
```

（4）删除脚本。

```
RMAN > delete script MyBackup;
```

（5）查看脚本。

```
RMAN > print script MyBackup;
```

注意：脚本名区分大小写。

（6）查询备份内容：视图 RC_DATABAE、RC_STORED_SCRIPT、RC_STORED_
SCRIPT_LINE。

```
C:\> RMAN target = sys/Oracle@orcl catalog = rman/rman@oemrep cmdfile = c: \ rman. txt
```

6.2.2 物理恢复

Oracle 数据库物理恢复是针对组成的物理文件进行恢复,物理恢复又可分为非存档模式下的脱机物理恢复和存档模式下的联机物理恢复。数据库的恢复一般分为NOARCHIVELOG 模式和 ARCHIVELOG 模式。通常只是一个驱动器损坏,丢失驱动器上的文件,很少出现丢失整个 Oracle 数据库的情况,此时恢复数据库很大程度上取决于是否在 ARCHIVELOG 模式下运行,如果没有在此模式下运行,那么在恢复过程中只能通过最近一次备份来恢复数据库,备份之后的数据将全部丢失,并且要先关闭数据库才能进行后续操作,这在数据库的应用当中显然是不可取的。因此,在一般情况下都要求其在ARCHIVELOG 模式下运行。

脱机恢复:在组成数据库的所有物理文件中,有任何一个文件被损坏时,都必须在数据库关闭的状态下将全部的物理文件装入到对应的位置上进行恢复。

1. 非存档模式下的脱机恢复

操作步骤如下。

(1) 关闭数据库。

(2) 打开操作系统命令台,将整个数据库复原到最近的一次备份。

(3) 由于联机日志文件没被备份,不能与数据文件和控制文件一起作用。

(4) 用 RESETLOGS 模式打开数据库。

在冷备份的情况下,如果联机重做日志文件没有被覆盖,则可以恢复单个数据文件,并且不丢失数据;如果联机重做日志文件已被覆盖,则无法完成恢复单个数据文件。

2. 存档模式下的联机恢复

操作步骤如下。

(1) 启动数据库,设置其在存档模式下运行。

(2) 建立新用户 test 并对其授权。

(3) 在 test 用户中建立 test 表,并写入有效数据。

(4) 归档日志文件,以 sysdba 权限登录,重复使用"alter system switch logfile;"命令进行日志切换,直至无结果输出。

(5) 使用"shutdown;"命令关闭数据库,使用"host del e:\Oracle\oradata\orcl\users01.dbf;"命令删除 users01.dbf 文件。

(6) 使用"startup;"命令打开数据库,将存档模式下备份的 users01.dbf 文件装入对应的目录。

(7) 使用"recover database auto;"命令进行数据库恢复。

(8) 将文件 users01.dbf 置为 online 状态,重启数据库,查看恢复结果。

3. 用恢复管理器进行的物理恢复

1) 恢复命令

(1) 在备份集上复原一个数据文件。

```
RMAN> restore datafile 'e:\Oracle\oradata\orcl\users01.dbf';
```

(2) 实现恢复一个数据文件。

```
RMAN> recover datafile 'e:\Oracle\oradata\orcl\users01.dbf';
```

（3）在数据集上复原一个表空间。

RMAN＞restore tablespace users;

（4）实现恢复一个表空间。

RMAN＞recover tablespace users;

2）恢复实例

（1）在丢失单个的数据文件（假设 e:\Oracle\oradata\orcl\users01.dbf 数据文件丢失）情况下的恢复步骤。

```
RMAN＞restore datafile 'e:\Oracle\oradata\orcl\users01.dbf ';
RMAN＞recover datafile 'e:\Oracle\oradata\orcl\users01.dbf';
RMAN＞sql 'alter database open';
```

（2）在丢失多个数据文件（假设丢失的是 e:\Oracle\oradata\orcl\users01.dbf 和 e:\Oracle\oradata\orcl\ tools01.dbf 数据文件）情况下的恢复步骤。

```
RMAN＞restore datafile 'e:\Oracle\oradata\orcl\users01.dbf ';
RMAN＞recover datafile 'e:\Oracle\oradata\orcl\users01.dbf ';
RMAN＞sql 'alter database open';
```

这一步会出错，请继续恢复下一个数据文件。

```
RMAN＞restore datafile 'e:\Oracle\oradata\orcl\ tools01.dbf ';
RMAN＞recover datafile 'e:\Oracle\oradata\orcl\ tools01.dbf ';
RMAN＞sql 'alter database open';
```

（3）在有恢复目录的情况下丢失所有文件。

➢ 需要先对整个数据库进行备份：

RMAN＞backup database format'c:\rman\ % U';

➢ 在备份完成后一定要使用“SQL＞alter system switch logfile;”命令切换日志文件，直至无结果输出。然后关闭数据库，并删除所有的文件。
➢ 使用“SQL＞startup;”命令启动数据库。这一步会出错，然后进行恢复。
➢ 恢复控制文件。

RMAN＞restore controlfile;

➢ 恢复所有的数据文件。

```
RMAN＞restore database;
RMAN＞shutdown immediate;
RMAN＞startup;
```

➢ 最后两步需要使用 SQL ＊ PLUS 来完成。

SQL＞recover database until cancel using backup controlfile;

此处演示 recover database until cancel 的错误。

SQL > alter database open resetlogs;   //恢复完后要添加临时文件。

这里需要注意的是,要使用 resetlogs 的方式打开数据库,然后在恢复目录中重置目标数据库,否则是不能完成备份工作的。

RMAN > reset database;

(4) 基于时间点的恢复。

➢ 对整个数据库进行备份。

RMAN > backup database format 'c:\rman\ % U';

➢ 将数据库改成 MOUNT 状态。

RMAN > shutdown immediate;
RMAN > startup mount;

➢ 设置时间格式的环境变量,先退出

RMAN C:/> set nls_date_format = yyyy – mm – dd hh24:mi:ss

➢ 然后重新登录 RMAN。

RMAN > rum{
set until time '2004 – 9 – 13 14:28:00';
allocate channel cl type disk;
restore database;
recover database;
release channel cl;
}
SQL > alter database open resetlogs;

(5) 在线恢复。

先关闭数据库,然后删除数据文件 e:\Oracle\oradata\orcl\users01. dbf。将数据文件 e:\Oracle\oradata\orcl\ users01. dbf 脱机后启动数据库:

SQL > ALTER DATABASE DATAFILE 'e:\Oracle\oradata\orcl\users01.dbf 'OFFLINE;

恢复步骤:

RMAN > restore datafile 'e:\Oracle\oradata\orcl\ users01.dbf';

然后将数据文件在 SQL * PLUS 中进行联机:

SQL > ALTER DATABASE DATAFILE 'e:\Oracle\oradata\orcl\ sers01.dbf 'ONLINE;

6.3 数据库的逻辑备份与恢复

数据库 Oracle 9i 版本以前的逻辑备份与恢复,是使用数据库的实用工具 IMP 和 EXP 完成导入导出操作的,在 Oracle 9i 和 Oracle 10g 以后版本中仍然保留了这个功能,利用 EXP 可将数据从数据库中提取出来,利用 IMP 可将取出的数据送回 Oracle 数据库中去,可分为简单导入导出和增量导入导出。数据库的导入导出又分为四种方式,分别为全数据库方式(FULL)、用户方式(U)、表方式(T)、表空间方式。

逻辑备份与恢复的前提:数据库必须在归档状态下完成逻辑备份与恢复。因为如果这些命令处理不当将会造成数据库的故障,所以 Oracle 只允许通过命令的方式修改数据库工作模式。

6.3.1　逻辑备份

逻辑备份是利用数据库系统所提供的 EXPORT 工具,把组成数据库的逻辑单元存储到指定的文件中进行备份,EXPORT 工具的工作机制是利用 SQL 语句读出数据库数据,在操作系统层将数据、定义等存入二进制文件。它能够选择性导出指定用户、指定表乃至整个数据库,导出期间还可以选择是否导出与表有关的数据字典信息以及权限、索引等其他相关约束条件。导出共分为交互方式、命令行方式、参数文件方式三种。

交互方式:即先在操作系统提示符下输入 EXP,此时 EXPORT 工具会逐步根据系统的提示输入导出参数,最后根据用户回答写出相应内容。

命令行方式:将交互方式中用户回答的所有内容全部写在命令行上,每个回答都作为关键字值。

参数文件方式:将关键字和相应值存放在一个文件中,将此文件名作为命令行 PARFILE 关键字的值,对于文件内没有列出的关键字,系统将采用默认值。

操作步骤如下。

1. 使用 EXP 命令导出(备份)——用户方式

(1) 打开操作系统命令提示符,输入 cmd,按 Enter 键等待。

(2) 输入需要导出的文件格式。

exp (表)userid(表名) = system(用户)/orcl(口令) file = d:\impexp(地址)

(3) 提示成功终止导出,没有出现警告,则说明导出成功。

2. 用 EXP 命令实现逻辑备份——表方式

(1) 打开操作系统命令提示符,输入 exp,待数据库连接成功后,输入用户名及口令。

(2) 选用默认的缓冲区大小 4096B。

(3) 导出文件。在 EXPDAT.DMP >后输入文件地址。

(4) 选择导出类型。

(5) 导出权限、导出表数据、压缩范围均使用默认值 yes。

(6) 输入需要导出的表或其他信息。

(7) 按 Enter 键退出。

6.3.2　逻辑恢复

逻辑恢复是利用数据库系统提供的 IMPORT 工具将 EXPORT 工具存储在操作系统上的文件内容按逻辑单元进行恢复,根据写出模式的不同,又可选择性地装入整个数据库对象、某用户对象、某表对象或表空间上的对象。一般称其为数据库方式、用户方式、表方式、表空间方式。

1. 使用 IMP 工具进行导入(恢复)

(1) 打开操作系统命令提示符,输入 IMP(或 imp),注意 Oracle 数据库命令不区分大小写,按 Enter 键等待。

(2) 输入需要导入的文件地址,指定 FULL＝Y 或提供 FROMUSER/TOUSER 或 TABLES 参数,如:

```
imp userid = system/orcl ignore = y fromuser = impexp touser = t_impexp file = d:\impexp
```

(3) 若提示成功,则终止导入,导入完成。

2. 使用 IMP 命令,在交互方式下完成导入(恢复)备份表

(1) 打开操作系统命令提示符,输入 imp,待数据库连接成功后,输入用户名及口令。
(2) 输入导入文件地址、缓冲区大小(最小为 8192B)。
(3) 只列出导入文件的内容(yes/no): no＞。
(4) 忽略创建错误(yes/no): yes＞。
(5) 导入权限、导入表数据,但不导入整个导出文件。
(6) 输入用户名 scott,输入表(T)或分区(T: P)名称,如 dept、emp 等。

3. 逻辑恢复案例

(1) 在表不存在,删除了 scott 用户下的 emp 表和 dept 表的情况下。

```
c:\> imp userid = system/orcl@erp fromuser = scott tables = emp,dept file = c:\logback\ed.dmp
```

(2) 在表存在,但数据丢失的情况下。

```
c:\> imp userid = system/orcl@erp fromuser = scott tables = emp file = c:\logback\ed.dmp
ignore = y
```

(3) 当用户不存在,删除了 scott 用户的情况下,要先创建 scott 用户。

```
c:\> imp userid = system/orcl@erp fromuser = scott file = c:\logback\scott.dmp
```

(4) 整个库都丢失,要先创建一个同名数据库(若数据库不同名则无法恢复)。

```
c:\> imp userid = system/orcl@erp full = y file = c:\logback\full.dmp
```

6.4　恢复影响与恢复机制

在归档日志状态下,数据库会将联机重做日志复制到归档日志上。也就是说,数据库保留了外部的事物对数据的更改权。采用归档备份的优点有:可以进行完全恢复与不完全恢复;可以使联机热备份成为可能;可以使备用的数据库成为可能。

在非归档日志状态下,因为没有产生归档日志文件,所以对于数据库的更改也就没能被

完整地保存下来,这种做法虽然可以节省磁盘空间,以此提高系统的性能,但是却会使数据库处于一种危险的状态,一旦发生介质错误,将无法再对数据库进行恢复操作,从而造成了数据的丢失。

几种不同的恢复机制如下。

1. 完全恢复

完全恢复是从一个冷备份或热备份中恢复一个已经丢失的、较老但有效的复制数据文件,然后重新运用自恢复的数据文件得到备份以来所发生的一切变化。

2. 不完全恢复

如果有一个归档日志文件被遗失,那么在用户执行完全恢复的过程中,Oracle 将会停止恢复过程,并提示用户将遗失的文件放入归档日志目录当中,因为没有可用的此日志文件,所以用户需要让 Oracle 使用目前位置已经恢复的日志文件打开数据库,Oracle 不可以跳过一个归档日志并使用随后的日志继续进行恢复,如此一来只能执行不完全恢复。使用不完全恢复有三种方式:基于 Cancel 的恢复、基于 Time 的恢复和基于 SCN 的恢复。用户可以根据实际情况选择恢复方式。

1) 基于 Cancel 的恢复

使用基于 Cancel 的恢复机制能够将数据库恢复至错误发生前的某一状态。采用这种方法,Oracle 执行恢复进程,直到发出命令 CANCEL 时才会完成恢复。

(1) 先对数据库进行一次完全备份,包括数据文件、参数文件、控制文件、重做日志文件等在内。

(2) 在遇到数据文件或其他文件丢失时,先使用 SHUTDOWN IMMEDIATE 或者 SHUTDOWN ABORT 命令关闭数据库。

(3) 使用操作系统命令,将原来所备份的文件复制到对应的路径。

(4) 使用 STARTUP MOUNT 命令启动数据库。

(5) 使用 RECOVER DATABASE UNTLL CANCEL 命令对数据库进行恢复。

(6) 使用 RESETLOGS 或 NORESETLOGS 命令打开数据库。

通常情况下在执行完 RESETLOGS 或 NORESETLOGS 时都需要对数据库进行备份,这么做的原因是先前所做的数据库备份对于系统来说已经不可用了。

2) 基于 Time 的恢复

在使用基于 Time 的恢复方法对数据库进行恢复时,可以使数据库恢复到某一个特定的时间,具体的做法大致和基于 Cancel 的恢复机制相同,只是需使用如下命令来代替其操作(5)的命令:

```
RECOVER DATABASE UNTIL TIME '13-8-2018,23:27:49';
```

ALTER DATABASE OPEN RESETLOGS 和基于 Cancel 的恢复所不同的是,此处的结束恢复不使用 Cancel 键,而是以某一时间点为终点,但需注意的是,在操作如上命令进行恢复时,时间格式可能会存在差异,用户可以通过查询视图 NLS_DATABASE_PARAMETERS 获得相关的信息。

3）基于 SCN 的恢复

基于 SCN 的恢复机制能够使数据恢复至某一事物前。事物的具体信息可以通过查询 V＄LOG_HISTORY 视图来获得,具体的做法也与 Cancel 的恢复机制大致相同,同样地,使用如下命令代替其操作(5)的命令即可。

```
RECOVER DATABASE UNTIL CHANGE 87654321;
```

3. 备份测试

在实际的操作中,每一个用户或者站点都需要自己独特的备份恢复操作,因为是完全依赖于备份和管理方案,所以必须保证安全可靠性。使用一个没有经过测试的备份与恢复方案比没有方案要糟得多,所以最理想的情况就是有一台和需要被保护的机器完全一样的机器,用户使用它来进行备份与恢复的测试方案,通过将例程复制到测试系统上,来测试备份与恢复方案。

6.5　数据泵的使用

数据泵(Data Pump)是数据库 Oracle 10g 新增的一项数据逻辑备份的实用应用,它能够从数据库中高速导出或加载数据库,也可以自动管理多个并行的数据流,是一种新的导入和导出特性,它彻底改变了数据库用户习惯于使用过去几代数据库的客户/服务器工作方式。

数据泵技术相对应的是 Data Pump Export 和 Data Pump Import 工具。它的功能与前面介绍的 EXP 和 IMP 类似,所不同的是数据泵技术提供了许多新的特性,它能够高速并行地设计使得服务器运行时执行导入和导出任务快速装载或卸载大量数据;可以实现在开发环境、生产环境、测试环境以及高级复制或热备份数据库之间的快速数据迁移;可以中断导入导出作业;可以恢复作业的再执行,执行过程中修改作业属性,重启一个失败的数据库从中取出作业等;还可以实现部分或者全部数据库逻辑备份、跨平台的可传输表空间备份、数据库用户之间移动对象、数据库之间移动对象。

在 Oracle 10g 中,数据泵的使用有两种方式:一是用命令方式导入与导出;二是使用向导导入与导出。

6.5.1　导出

1. 用命令方式导出

使用 expdp 命令,导出 aku 用户的表 X 的步骤如下。

(1) 创建目录,用来存储数据泵导出的数据并赋予用户目录的读取权限。格式:

```
SQL > CREATE DIRECTORY dpump_dir as 'd:\AKU';
SQL > GRANT READ,WRITE ON DIRECTORY dpump dir TO ADMIN;
```

(2) 使用 expdp 命令导出数据。

```
C:\expdp aku/orcl dumpfile = xs.dmp directory =  dpump _dir tables = X job_nam e = X_job
```

2. 使用导出向导导出

（1）创建目录对象。

① 在 Oracle 企业管理器中，选择"方案"→"目录对象"→"目录对象搜索"。

② 单击"创建"按钮，进入"创建目录对象"，在"一般信息"页面输入"名称"和"路径"。单击"测试文件系统"按钮确保输入的路径信息有效。

③ 选择"权限"，指定或修改活动表中所列数据库用户的目录对象权限。

④ 选择"添加"→"选择"，为目录对象选择可访问它的数据库用户。

⑤ 选择 ADMIN→SYSTEM 用户，单击"确定"按钮。

⑥ 为 ADMIN 和 SYSTEM 用户对新建目录对象赋予读写权限。勾选"读访问权限"和"写访问权限"复选框，单击"确定"按钮，完成目录对象的创建。

（2）选择导出向导导出

① 使用 SYSTEM 用户、normal 身份登录企业管理，选择"数据移动"→"导出到导出文件"→"导出类型"→"方案"进行导出，在"主机身份证明"类别的用户名和口令文本框输入操作系统的用户名以及对应的密码。

② 单击"继续"按钮，选择"方案"→"添加"→"添加方案"，写入方案，选择 admin→"选择"→"下一步"→"选项"。该页面可以为导出操作设置线程选项、估计磁盘空间和指定可选文件。

③ 选择"高级选项"，设置从源数据库导出的内容、闪回操作等内容，下一步为导出文件指定目录名、文件名等相关信息。

④ 选择"立即提交作业"→"复查"→"提交作业"。待系统成功将作业导出后，进入"作业活动"，单击导出作业名称 admin，进入"作业运行情况"，查看导出的基本信息。

表 6-1 所示为 EXPDP 关键字。

表 6-1　EXPDP 关键字

关　键　字	描　　述
ATTACH	连接到现有作业
CONTENT	指定要导出的数据，其中有效关键字为：ALL、DATA_ONLY 和 METADATA_ONLY
DIRECTORY	供转储文件和日志文件使用的目录对象
DUMPFILE	目标转储文件（expdat.dmp）的列表
ESTIMATE	计算作业的估计值，其中有效关键字为 BLOCK 和 STATISTICS
ESTIMATE_ONLY	在不执行导出的情况下计算作业估计值
EXCLUDE	排除特定的对象类型
FILESIZE	以字节为单位指定每个转储文件的大小
FLASHBACK_SCN	用于将会话快照设置回以前的状态的 SCN
FALSHBACK_TIME	用于获取最接近指定时间的 SCN 的时间
FULL	导出整个数据库
HELP	显示帮助信息
INCLUDE	包括特定的对象类型
JOB_NAME	要创建的导出作业的名称

关　键　字	描　述
LOGFILE	日志文件名(export. log)
NETWORK_LINK	链接到原系统的远程数据库的名
NOLOGFILE	不写入日志文件
PARALLEL	更改当前作业的活动的数目
PARFILE	指定参数文件
QUERY	用于导出表的子集的谓词子句
SCHEMAS	要导出的方案的列表
STATUS	在默认值(0)将显示可用时的新状态的情况下,要监视的频率(以秒计)作业状态
TABLES	列出要导出的表的列表
TABLESPACES	列出要导出的表空间的列表
TRANSPORT_FULL_CHECK	验证所有表的存储段
TRANSPORT_TABLESPACES	要从中卸载元数据的表空间的列表
VERSION	要导出的对象的版本,其中有效关键字为 COMPATIBLE\LATEST 或任何有效的数据库版本

6.5.2　导入

1. 使用 IMPDP 导入

使用 IMPDP 可以将 EXPDP 所导出的文件导入到数据库。如果要将整个导入的数据库对象进行全部导入,还需要授予用户 IMP_FULL_DATABASE 角色。

使用 aku. dmp 导出文件导入表 X 的代码如下:

```
C:\> impdp aku/orcl dumpfile = aku. dmp directory = dpump_dir
```

2. 使用导入向导导入

(1) 选择"从导出文件中导入"→"文件"→"继续"→"读取导入文件"→"方案"→"添加"→"添加方案",该界面出现的方案是对应导出文件的。

(2) 勾选要进行导入的方案,选择"选择",单击"下一步"按钮,进入"重新映射"界面。在该界面指定将每个用户的数据导入同一个用户的方案,还是导入源用户和目标用户字段中指定的不同用户的方案。

(3) 单击"下一步"按钮,进入"选项"设置导入作业的最大线程数以及是否生成日志文件。如果勾选了生成日志文件,那么在目录对象下拉列表框中选择生成日志文件的存放路径,在"日志文件"文本框中输入日志文件名称。

(4) 在"选项"界面单击"显示高级选项"按钮,展开高级选项设置页面。在"高级选项"中可以设置从源数据库中如何导入数据、是否导入全部对象或只是有条件地导入;表存在时采取跳过、附加、截断或替换操作等。

(5) 单击"下一步"按钮,进入"调度"界面。该界面同导出的调度界面,以下步骤同导出基本相同,在此不再赘述。

表 6-2 所示为 IMPDP 关键字。

表 6-2　IMPDP 关键字

关　键　字	描　　述
FROMUSER	列出拥有者用户名
FILE	要导入的文件名
TOUSER	列出要导入的用户名
SHOW	仅看文件的内容
IGNORE	忽略所有的错误
COMMIT	是否及时提交数组数据
ROWS	是否要导出数据
DESTROY	是否覆盖原有的数据文件
INDEXFILE	是否写表和索引到指定的文件
SKIP_UNUSABALE_INDEXES	是否跳过不使用的索引
TOID_NOVALIDATE	跳过闲置的类型
COMPILE	是否编译过程和包
STREAMS_CCONFIGURATION	是否导入流常规元数据
STREAMS_INSTANTIATION	是否导入流实例元数据

数据泵技术是基于 EXP、IMP 的操作,主要用于对大量数据的作业操作。在使用数据泵进行数据导出与加载时,可以使用多线程并行操作。它与 EXP、IMP 技术的区别主要在于:更快速采用并行技术实现快速并行处理;基于服务器-服务器产生服务器进程负责备份和导入数据,并将数据备份在数据库服务端,服务器进程与 EXPDP 客户机所建立的会话无关;不但启动客户端进程建立会话,还控制整个导入导出过程;使用数据泵导出数据之前,必须创建目录对象;两种数据导出的数据格式不兼容。

数据泵技术存在如下优点。

(1)导入导出速度更快。

(2)重启失败的作业。

(3)实时交互。

(4)独立于客户机。

(5)支持网络操作。

(6)导入功能更加细粒度。

6.6　实践项目

6.6.1　实践项目一

1. 实践名称

Oracle 数据库中视图的基本操作。

第 6 章实践一演示

2. 实践目的

➢ 熟练掌握对表操作的方法；
➢ 熟练掌握对视图操作的方法。

3. 实践内容

（1）表管理：连接数据库，并且以 dba 身份登录。

（2）创建一个表空间，然后再创建一个用户，并且将 dba 身份授权给该用户。
提示：

```
Create tablespace ts8 datafile 'ts8.dbf' size 10M;
Create user u22 identified by orcl
Default tablespace ts8;
Grant dba to u22;
Conn u22/orcl;
```

（3）创建表 student，包括三个字段（id、name、address），每个字段都具有各自的属性。
提示：

```
create table student
(id char(5),
Name varchar(10),
Address varchar2(50));
```

（4）向表 student 中插入一条数据。
提示：

```
insert into student Values('1','lisi','山西太原迎泽大街 256 号');
Create table student_copy as select * from student;
Select * from student_copy;
Alter table student add telephone char(15);
Desc student;
```

（5）将表 student 重命名为 stu，并删除表 student_copy。

```
Rename student to stu;
Drop table student_copy;
Desc student_copy;
```

（6）视图管理：创建视图。
提示：

```
Create view stu_view
(name, telephone) as
Select name, telephone from stu;
Select * from stu_view;
```

（7）向视图插入数据。
提示：

```
Insert into stu_view
```

```
Values('王五','1374568912');
Select * from stu_view;
Column address format a20
```

含义：将 address 以 20 字符宽度进行显示，等同于

```
col address for a20
Select * from stu;
```

（8）删除视图 stu_view。

4．实践总结

简述在本次实践中自身学到的知识、得到的锻炼。

6.6.2　实践项目二

1．实践名称

第 6 章实践二演示

Oracle 数据库多表查询。

2．实践目的

熟练掌握多表查询与子查询。

3．实践内容

（1）自建两张表 table1、table2，并向表中插入数据，完成一个相等连接查询，相等连接的条件自设。

（2）利用上面建的两张表，再完成一个不相等连接查询。

（3）完成一个子查询，并说明功能。

4．实践总结

简述在本次实践中自身学到的知识、得到的锻炼。

6.7　本章小结

本章介绍了 Oracle 数据库的备份与恢复及物理文件。物理文件主要包括：数据文件、控制文件、联机重做日志文件、归档日志文件、参数配置文件、通过多路复用或系统镜像生成的联机日志文件副本、多路复用或系统镜像生成的控制文件副本等。

数据库备份与恢复是两个相对应的概念，备份是恢复的基础，恢复是备份的目的。数据库备份分为物理备份和逻辑备份。

物理备份是针对组成数据库的物理文件的备份。这是一种常用的备份方法，通常按照预定的时间间隔进行。物理备份通常有两种方式：冷备份与热备份。

逻辑备份是用 Oracle 系统提供的 EXPORT 工具将组成数据库的逻辑单元进行备份，将这些逻辑单元的内容存储到一个专门的操作系统文件中。

　　物理恢复是针对物理文件的恢复,其又可分为数据库运行在非归档方式下的脱机物理恢复和数据库运行在归档方式下的联机物理恢复。逻辑恢复是用 Oracle 系统提供的IMPORT 工具将 EXPORT 存在一个操作系统文件中的内容按逻辑单元进行恢复。

　　在服务器运行时,要使导入和导出更加快速或需要装载、卸载大量数据时,可选择数据泵操作方法。

6.8　习题

一、填空题

1. 在 Oracle 数据库系统中,逻辑备份的命令是_____,逻辑恢复的命令是_____。
2. 数据库的恢复一般分为_____和_____。
3. 在进行_____备份过程中,需要将数据库关闭。
4. 数据泵技术主要使用的工具是_____和_____。

二、应用实践

创建一个名为 teacher 的数据库,创建表 table1,表 table1 包含表 table2,数据自定义。

(1) 创建备份设备 backup。

(2) 将数据库 teacher 上的内容备份至 backup 上。

(3) 采用命令行方式,将表 table1 中 table2 备份至 d:\orcl\table3.emp。

(4) 导入 d:\orcl\table3.emp 中的 table2。

网络管理

学习目标

➤ 了解网络服务结构

➤ 掌握企业管理器使用方法

➤ 掌握服务器端的网络配置方法

➤ 掌握客户端网络配置方法

➤ 掌握异常处理

➤ 了解多线程服务器配置和网络安全

7.1 网络服务结构

Oracle 数据库是基于网络的数据库,数据库在完成数据共享、数据完整性控制、数据安全传输、多硬件平台间数据相互操作和跨操作系统平台等作业时,均需要通过网络作用于数据库来实现。Oracle 网络服务最基本的功能就是建立并维护客户端应用程序与数据库服务器之间的连接。

7.1.1 Oracle 网络服务基本概念

全局数据库名:使用域名结构命名的网络资源。其格式为:数据库名.域名,如 aku.xy。

网络服务名(也称 Net 服务名):是数据库服务器在客户端的名称,也称为数据库的逻辑表示或数据库别名,用来帮助客户端将应用程序准确地连接到指定的数据库服务器上。它封装了数据库名、主机地址、端口号和所使用的网络连接协议等信息,并通过命名的方法解析成连接描述符,以此来告诉 Oracle Net 应如何建立与 Oracle 服务器的连接,在应用程序和数据库建立连接时,连接字符串中网络服务名便会指出所要连接到的数据库服务器,在 SQL * PLUS 中登录命令格式为:

用户名/口令@数据库服务名 as sysdba;

监听程序:运行在服务器端的一个单独服务进程,是 Oracle 中最重要的服务器端网络组件。它通过监听端口来监视网络中来自客户端的连接请求,并校验其请求服务。验证通过后,为该用户重新请求启动一个新的服务器进程或连接转交给已存在的进程,即把连接交给服务器,由服务器端进程处理与 Oracle 数据库连接,随后不再参与此客户端与服务端之间的连接,转而继续监听其他客户的连接请求。

专用服务器进程:为每个客户机进程都启动一个一对一关系的服务器进程,监听程序将接收到的用户请求(客户机连接信息)直接传递到 Oracle 服务器进程。

共享服务器进程:此时客户机与调度器连接,一个调度器进程能够同时与多个客户机建立连接,当有用户请求时,监听程序首先将接收到的用户请求传递到调度进程(监听器将该客户机请求交给负荷最小的调度器进程),然后调度进程会将用户请求放置于系统全局区(SGA)的请求队列当中,最后由服务器进程来进行获取。

数据库服务名:是数据库呈现给客户端的方式,也是数据库服务的逻辑表示。

连接描述符:包含目标服务和网络路由信息,是网络连接目标的特殊格式描述。网络服务名映射到连接描述符。

连接字符串:连接字符串包含用户名、口令和连接标识符,是用户向需要连接的服务传递用户信息。

7.1.2　Oracle Net 及参数文件

Oracle Net 是 Oracle Net Service 中的一个组件,当客户端的应用程序和 Oracle 数据库服务器建立网络会话时,Oracle Net 将会成为客户端应用程序与数据库服务器之间的数据传递工具,建立和维护两者间的信息连接与交换。

客户端应用程序与数据库服务器间的网络会话是通过监听程序建立的,监听程序负责接收传入的客户端连接请求、管理这些请求并向服务器进行传送。监听程序作为客户端的请求中介,将请求传送给服务器。每次在客户端发出与服务器进行网络会话的请求时,监听程序就会接收到实际的请求,然后系统就会将客户端的信息和监听程序所接收到的信息相匹配,如果匹配成功,监听程序就会授权连接服务器。Oracle Net 允许各种服务进行连接,例如 Oracle 数据库、网关等。用户传递用户名、口令和所希望连接的服务标识符(目标服务、路径或网络路由,跨网络连接某一服务)来发出连接请求,可以使用不同的方法来指定连接标识符,最常用的就是使用网络服务名。例如,定义一个名为 Orcl_Oracleserver 的网络服务名,具体代码如下:

```
Orcl_Oracleserver =
 (DESCRIPTION = (ADDRESS_LIST = (ADDRESS = (PROTOCOL = TCP)
 (HOST = OracleServer)(PORT = 1521)))(CONNECT_DATA = (SID = orcl)
 (SERVER = DEDICATED)))
```

网络服务名 Orcl_Oracleserver 说明在位于 OracleServer 主机上的监听程序使用 TCP,在端口 1521 上监听对实例数据库 orcl 所发出的请求。

1. 网络配置文件

(1) listener.ora:监听程序配置参数文件,包含监听器名称、可接收的连接请求的协议地址、监听服务名以及控制参数。完成安装后,系统默认的配置信息名称为 listener,协议为 TCP/IP,端口为 1521。

监听器主要有如下特点。

① 监听程序进程可以同时监听一个或多个数据库。

② 一个数据库也可以被多个监听程序同时监听,为实现负载均衡,其监听规则是通过判断每个监听协议地址上的负载序列值,选择使用负载最低的监听程序。

③ 在连接过程中,如果出现故障可以实现故障的转移,也就是如果第 1 个监听失败,可以请求第 2 个监听。

④ 监听程序可监听多个协议。Oracle Net 中的监听程序的默认名称为 LISTENER。

⑤ 每个 listener.ora 文件中的监听程序的名称必须唯一。

(2) tnsnames.ora:客户端中存放网络服务名的地址,网络服务名包括的信息有服务名称(通常情况与数据库全局名相同)、到达指定服务的网络路由(监听程序的网络地址)。Oracle 网络所支持的命名方法有主机命名法、本地命名法、目录命名法和外部命名法。

(3) sqlnet.ora:用于主机命名法和目录命名法,为客户端提供命名解析,为服务器设定允许接收和拒绝的客户端连接功能。其主要作用是为用户端指定域、优先区别命名方法、通过特定的进程发送连接、使用日志和跟踪功能、使用特定协议参数限制对数据库访问等。

2．Oracle 数据库与异构数据库之间的通信

(1) 通信关系。

```
Oracle Net < - - > SQL server 数据库服务器
Oracle Net < - - > Oracle 数据库服务器
Oracle Net < - - > web 服务器 < - - > 互联网
```

(2) 服务器端必备的连接文件为 listener.ora、tnsnames.ora、sqlnet.ora,其位置在 D:\Oracle\product\10.2.0\db_1\NETWORK\ADMIN,当客户机端运行 Oracle 应用程序时,若监听端未启动或输入的网络服务名错误时,就会出现如下错误:

```
ERROR:ora - 12541:TNS:没有监听程序。
```

或

```
ERROR:ora - 12154:TNS:无法解析指定的连接标识符。
```

通信关系:

```
Oracle Net < - - > 客户端 < - - > Oracle Net
```

客户端必备的连接文件为 tnsnames.ora、sqlnet.ora。

7.2 企业管理器

企业管理器是 Oracle 的主要控制台,利用它能够实现很多数据库管理功能。在数据库 Oracle 10g 的系统当中共提供了两种企业管理器:一种是基于 Web 界面;另一种是 Java 图形界面的管理工具。其中主要的组件有 Management Server、Performance Manager、Oracle Net Manager。展开"网络"根目录就可以查看到事件、作业、报告定义、HTTP 服务器、数据库、监听程序、组以及结点 8 个子目录,主要用来对数据库的各种日常操作进行管理。其包含了例程、方案、安全性、存储、复制和工作空间等。

7.2.1　Enterprise Manager 10g

Enterprise Manager 10g 是 Oracle 10g 系统提供的新的管理工具（简称 EM），是 Oracle 企业管理（Enterprise Manager）的下一代产品，但与之有所不同的是，EM 为最基本的 Web 管理工具，用户可以将 Web 浏览器连接到 Oracle 数据库服务器，然后对 Oracle 数据库进行查看与管理操作。

在使用 Enterprise Manager 10g 工具时，在启动之前要先检查 Oracle 数据库的控制台服务 OracleDBConsoleorcl 是否被启动。若服务关闭，则应该先将其开启，然后再启动 EM 工具。注意，此处的 orcl 代表 Oracle 数据库的实例名（自己创建），如果默认的 Oracle 实例名不是 orcl 或者被改动，则服务名称将会发生相对的变化。

通过命令的方式启动 OracleDBConsoleorcl 服务，需先打开命令窗口，然后输入"emctl start dbconsole;"命令，如果显示了"Environment variable Oracle_SID not defined. please define it"字样，则需要对环境变量 Oracle_SID 进行设置，输入"set Oracle_sid＝orcl"（根据实际情况输入 Oracle 实例名）命令进行配置。在服务启动之后，在 Web 浏览器中可按照如下格式访问 EM。

```
http://< Oracle 数据库服务名>:< EM 端口号>/em
```

鉴于在不同的数据库中 EM 的端口号会有所不同，可以先在安装 Oracle 数据库目录下的.../install/portlist. ini 中查看相对应的 EM 端口号。

在打开 EM 到登录页面后，可以使用 SYS 的身份进行登录连接，在用户名文本框中输入 SYS，再输入对应的口令，"身份选择"组合框里提供了 NORMAL、SYSOPER、SYSDBA 三种身份，在此选择 SYSDBA，然后确定登录，进入 EM 主页面，在 Enterprise Manager 10g 中，用户可以通过四个页面对 Oracle 数据库进行监测与管理，分别是主目录、性能、管理与维护。

1. 主目录页面

在 Enterprise Manager 10g 主页面中能够查看到如下信息。

（1）一般信息。包括数据库实例的状态、实例名、开始运行的时间、主机（Oracle 数据库服务器）、版本、监听程序等在内的信息，单击"主机"后的超链接打开主机信息查看页面进行查看。主机信息的查看页面中，有主机的一般信息、配置信息、作业活动和预警等，其中比较常用的包括状态、时区、硬件平台、操作系统、引导时间、IP 地址、CPU 数量、磁盘空间以及内存大小等。

（2）主机 CPU。用户可以通过图形的方式来查看 Oracle 数据库服务器的 CPU 情况，包括总的 CPU 利用率与当前 Oracle 实例的 CPU 利用率，单击"加载"后的超链接，打开主机的性能页面。打开之后可以看到 CPU 占用率的图形、磁盘 I/O 占用率图形、内存占用率图形以及 CPU 的利用率（内存占用率）最大的前 10 个进程，这些数据为 Oracle 数据库管理员分析服务器性能提供了强有力的依据。

（3）活动会话数。能够显示当前所有的活动会话以及状态信息。

（4）SQL 响应时间。执行一组具有代表性的 SQL 语句所需要的平均时间。

（5）诊断概要。能够查看到数据库运行的概要信息，可以对预警信息进行扫描，显示 ORA 的错误信息。

（6）空间概要。能够查看到数据库空间的概要信息，包括数据库的大小、存在问题的表空间等。

（7）可用性。显示和可用性相关的信息，包括实例的恢复时间、上次备份所花的时间、可用的快速恢复区百分比以及闪回的事件记录等。

2. 性能页面

单击数据库实例 orcl 下的"性能"超链接，打开性能页面，可通过图形的方式查看主机的 CPU 利用率、平均活动会话数、实例的磁盘 I/O 以及实例吞吐量等一些数据，方便管理员查看数据库资源的使用情况，方便管理。

3. 管理页面

单击数据库实例 orcl 下的"管理"超链接，打开管理页面，此页面可以实现数据库管理、方案管理、Enterprise Manager 管理功能等。

4. 维护页面

单击数据库实例 orcl 下的"维护"超链接，打开维护页面，在此可以对 Oracle 数据库进行备份与恢复、设置备份和恢复的参数、导入导出数据、移动数据库文件和进行软件部署等。

7.2.2 Oracle Enterprise Manager

在对 Oracle 数据库进行管理时，通常会使用到 Oracle Enterprise Manager（OEM）。Oracle Enterprise Manager 是一个 Java 的图形界面管理工具，只有在安装了 Oracle 客户端的程序之后才能够正常使用 Oracle Enterprise Manager。

Oracle Enterprise Manager 是最常用的 Oracle 管理工具，它能够管理包括数据库、应用程序、服务等完整的 Oracle 环境。选择"开始"→ Oracle-OraClient10g _ home1 → Enterprise Manager Console，打开 EM 登录窗口，首先要将数据库添加到 Enterprise Manager 中，再输入 Oracle 数据库的主机名，如 Oracle Server，然后输入 Oracle 数据库 SID，如 orcl，此时系统会自动发现网络服务名，如 orcl_Oracleserver。

在输入完上述所有信息后，单击"确定"按钮，进入 Enterprise Manager，双击需要配置管理的数据库，系统将弹出登录对话框，验证用户的身份，用户可以选择三种身份连接至数据库，分别为 NORMAL、SYSOPER、SYSDBA，SYSOPER 和 SYSDBA 身份拥有数据库系统管理的最大权限。在前面已经介绍，在安装 Oracle 数据库服务器的时候，可以修改 SYSTEM 与 SYS 用户的口令（即密码），可以使 SYS 用户以 SYSDBA 的身份登录至 Enterprise Manager。

在 Oracle 企业管理器中，可以对数据库方案中的各种对象进行管理，如添加表、修改表、删除表等。可以将指定的用户名、口令（即密码）和角色作为首选身份证明保存至本地当中，用户的口令是进行加密存储的，当用户在进行数据库连接时，不再需要每次都输入用户名和口令（即密码），而是可以直接登录。这种简单的编辑本地首选身份证明的方法可以在登录窗口进行设置,选择"另存为本地首选身份证明",单击"确定"按钮,在连接数据库的同时将用户所输入的用户名、口令(即密码)以及角色作为本地连接的首选身份证明保存起来。还可以在 Enterprise Manager 中进行首选身份证明设置,在菜单中选择"配置"→"编辑"→"本地首选身份证明",在"本地首选身份证明"对话框中依次输入用户名、口令(即密码)、确认口令及角色,最后单击"确定"按钮,完成本地首选身份设置。

7.3 服务器端网络配置

服务器端的配置主要是监听程序的配置文件,包含监听协议、地址以及其他相关信息。配置文件保存在 listener.ora 文件中。

7.3.1 服务器端网络配置管理工具

1. Net Manager

Net Manager 是用来配置和管理 Oracle 网络环境的一种工具,可以对 Oracle Net 的概要文件(确定客户端如何连接至 Oracle 网络的参数文件,使用概要文件能够配置命名方法、时间的记录、追踪、外部命名参数以及 Oracle Advanced Security 的客户端参数),服务命名(创建或者修改数据库服务器的网络说明),监听程序(创建或者修改监听程序),Oracle Names Server(创建、修改或者设置 Oracle Names Server 的配置)等特性组件进行配置与管理。

Net Manager 使用的是文件夹式的层次结构,可以在导航中添加、删除、修改、查看所有文件夹对象。在嵌套列表中,单击任意对象,在右边将会显示出有关所选对象的全部信息,操作非常简便。在访问远端的数据库时,需要使用 Oracle 服务名标识远端数据库对其进行标识,服务命名也称为本地命名,是 Oracle Net 的一种命名方法。它的用途是将网络服务名解析为连接描述符,客户机使用此连接描述符来连接数据库或服务,服务命名的网络服务名、连接描述等都存储在 tnsnames.ora 文件中。

2. Net Configuration Assistant

客户端用户在网络环境下访问 Oracle 10g 数据库及其他服务时,需要使用网络配置助手,也就是这里所讲的 Net Configuration Assistant,连接远端数据库服务器。Net Configuration Assistant 可以完成如下配置。

(1)监听程序配置。此选项可以对监听程序进行创建、修改、删除或重命名等操作,监听程序是服务器中接收和响应客户端对数据库的连接请求进程。

(2)命名方法配置。此选项能够配置命名方法,用户连接数据库服务时,需要使用连接标识符,连接标识符可以是服务的实际名称,也可以是网络服务名。命名的方法是将连接标识符解析为连接描述符,它包含了服务的网络位置与标识。

(3)本地 Net 服务名配置。此选项可以创建、删除、修改、测试本地文件 tnsnames.ora 的连接描述符,从而对网络服务名进行配置。

(4)目录使用的配置。此选项能够配置对符合 LDAP 的目录服务器使用。LDAP 是轻型目录访问协议,用来访问联机目录服务。它是一个存储和目录访问的 Internet 标准。

7.3.2 服务器端监听程序配置管理

监听程序是驻留在服务器中的一个独立进程,能够监测到连接至数据库的所有信息。一个监听程序可以使用一个或多个监听协议,所有的监听协议也都存放在 listener.ora 文件内,监听程序的默认名为 LISTENER,网络协议默认为 TCP/IP,协议端口为 1521。在通常情况下,服务器需要多个监听程序对其进行监听,这样不仅可以均衡监听器的工作负担,而且可以降低单个监听器失效时对工作带来的影响,大大提高了服务器的可靠性。下面将用 Oracle Net Manager 和 Oracle Net Configuration Assistant 两种不同的方法演示如何在 Oracle 10g 中创建监听程序。

1. 使用 Net Manager 进行监听程序的创建

(1) 选择"开始"→Oracle-oraClient10g_home1→Net Manager,如图 7-1 所示。

(2) 选择"本地"→"监听程序",如图 7-2 所示。

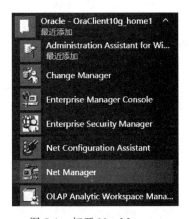

图 7-1 打开 Net Manager

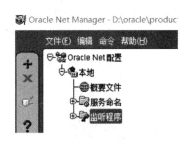

图 7-2 打开"监听程序"

(3) 单击左上角的"+"号,或选择"编辑"→"创建",来创建新的监听程序,如图 7-3 所示。

(4) 在创建时,页面会显示默认的监听程序名称 LISTENER,因为前期已经创建了该监听程序,所以监听名暂用 LISTENER1,监听器名称输入完之后,单击"确定"按钮,进入下一步,如图 7-4 所示。

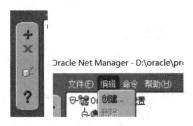

图 7-3 创建新的监听程序

图 7-4 输入监听程序名称

（5）在右侧更新出的页面中，单击"添加地址"按钮，选择协议（这里默认的是 TCP/IP），然后依次填写主机名、端口号，如图 7-5 所示。需要注意，此处的端口号不能与已经存在的监听器的端口相同。

（6）信息录入后，选择展开左上端的"文件"菜单，单击"保存网络配置"完成创建。

注意：如果在配置过程中出现错误，则需要进行重新配置，选中需要更改的监听程序名，按提示一步步修改项目，完成后保存退出。

2. 使用 ONCA 工具配置监听程序

操作步骤如下。

（1）选择"开始"→ Oracle-oraClient10g_home1→ Net Configuration Assistant（即以管理员身份运行）。

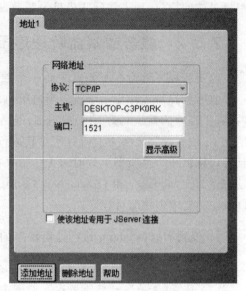

图 7-5　添加地址信息

（2）选择"监听程序配置"单选按钮，单击"下一步"按钮，如图 7-6 所示。选择"添加"单选按钮，单击"下一步"按钮，如图 7-7 所示。输入监听程序名，这里默认的是 LISTENER（如果该名称已被占用，则需选择新的合适名称），单击"下一步"按钮，如图 7-8 所示。接着选择网络协议，此处使用默认的"TCP"，单击"下一步"按钮，如图 7-9 所示。

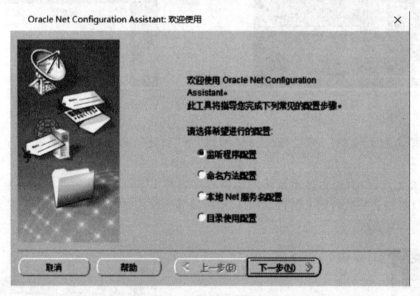

图 7-6　选择"监听程序配置"单选按钮

（3）接下来就要选择一个合适的端口号，这里使用标准端口号 1521，如图 7-10 所示。在是否配置另一个监听程序时选择"否"单选按钮，单击"下一步"按钮，如图 7-11 所示。单击"完成"按钮即可完成监听程序的配置，如图 7-12 所示。

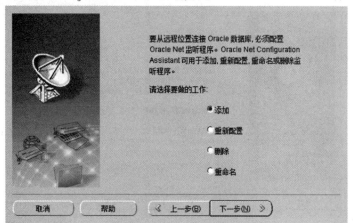

图 7-7 选择"添加"单选按钮

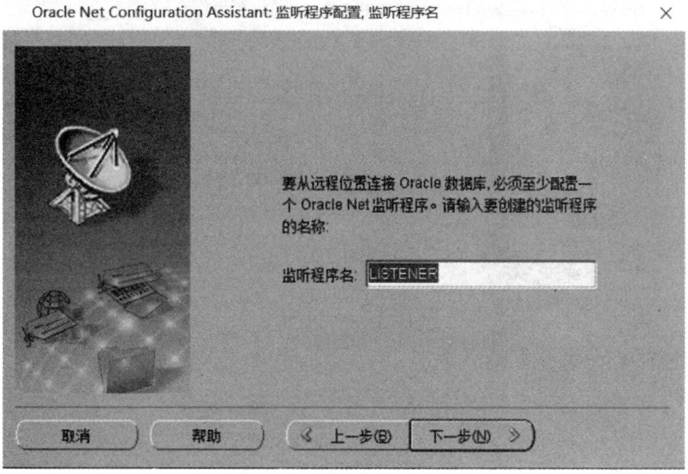

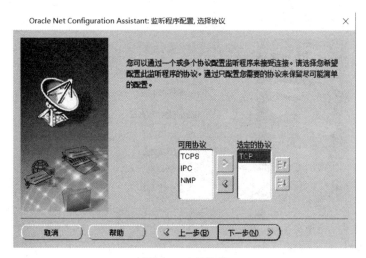

图 7-8 输入监听程序名

图 7-9 选择协议

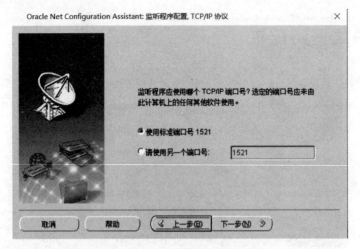

图 7-10　选择端口号

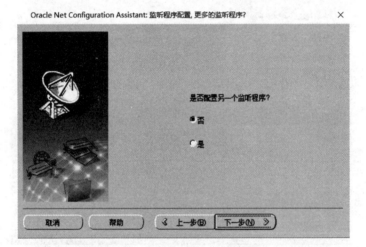

图 7-11　是否配置另一个监听程序

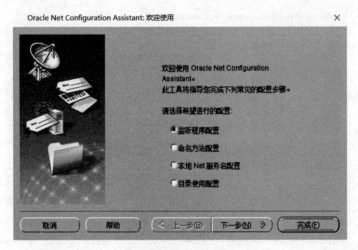

图 7-12　完成配置

7.4 客户端网络配置

客户端配置主要是配对网络服务名的配置文件,主要包括服务器地址、监听端口号以及数据库 SID 等信息,与服务器端的监听程序建立连接,配置信息保存在 tnsnames.ora 文件中。

7.4.1 网络服务名的配置

数据库系统管理员在日常管理中会发现,管理繁多的服务名是一项比较烦琐的事情,尤其在大型网络,用户甚至会忘记 tnsnames.ora 文件的副本具体对应哪一个网络服务名,更严重的是,服务名在服务器端发生改变后,所有的客户机都必须做出相应的更改,这对于一个大型网络而言是极其复杂的。此时,可以考虑使用 Oracle 所提供的命名服务器,它掩盖了繁杂的服务命名,客户机只需要了解一个或多个 Oracle 命名服务器信息,就可以连接到目标数据库,它主要广泛地应用于比较大的网络区域内。

1. 使用 Net Manager 创建网络服务名

(1) 选择"开始"→Oracle-oraClient10g_home1→Net Manager,如图 7-13 所示。

(2) 在弹出的页面展开"本地"目录,选择"服务命名",单击左上角"＋"号进行创建,如图 7-14 所示。

图 7-13 打开 Net Manager

图 7-14 选择"服务命名"

(3) 输入网络服务名(在此假定为 Oracle)、选择网络协议(这里默认为 TCP/IP)、输入主机名和端口号(默认值为 1521),如图 7-15 和图 7-16 所示。

(4) 单击"下一步"按钮,选择更高版本服务名。如果选择 8i 或更低版本时,则需要输入数据库系统标识符 SID。选择连接类型,这里选择"专用服务器",单击"下一步"按钮,如图 7-17 所示。

(5) 单击"测试"按钮可以进行测试,若出现错误,单击"更改登录"按钮,输入正确的用户名和口令后进行再次测试,测试成功后,单击"完成"按钮完成创建,如图 7-18 和图 7-19 所示。

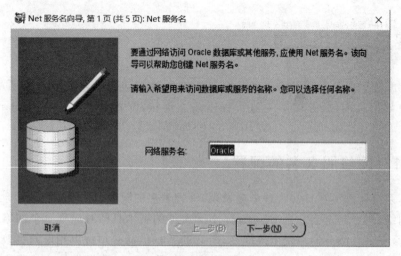

图 7-15　输入网络服务名

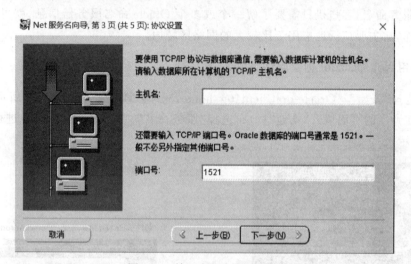

图 7-16　输入主机名和端口号

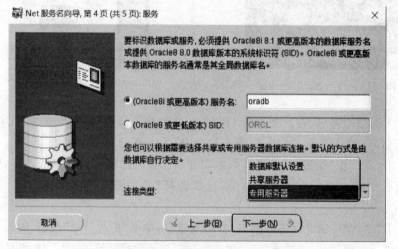

图 7-17　选择服务名和连接类型

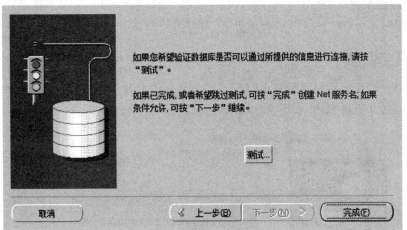

图 7-18 进行测试

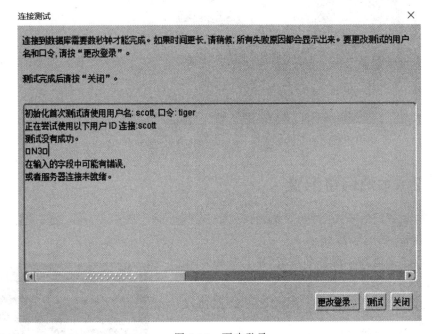

图 7-19 更改登录

如果单击"更改登录"按钮,输入了正确的用户名及口令时,仍然显示测试失败,则可能是如下原因。

① 指定的数据库服务没有启动或不存在。

② 服务器端与服务器间通信协议不匹配或存在网络故障,导致不能正常通信而连接失败。

③ 客户端与服务器所在的域不同,相互间访问存在权限问题。

(6) 重配网络服务名。如果网络服务名的配置不再适应实际情况、配置出错或者又需要连接到别的主机数据库上,则需要对其进行重新配置。

① 尝试更改网络服务名,在"服务标识"选项组中,修改服务名和连接类型。

② 在"地址配置"选项组中,修改协议、主机名、端口号。

③ 保存配置后,在"命令"→"测试服务"窗口进行测试。

2. 使用 ONCA 配置 Oracle Net 服务名

在使用 ONCA 配置网络服务名时,选择"命名方法配置"单选按钮,后续则相对简单,逐步操作即可,在此不再赘述,如图 7-20 所示。

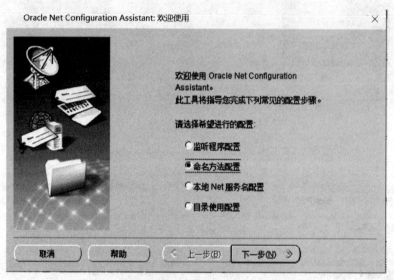

图 7-20　选择"命名方法配置"单选按钮

7.4.2　本地网络配置

(1) 选择"开始"→Oracle-oraClient10g_home1→Net Configuration Assistant(即以管理员身份运行),如图 7-21 所示。

(2) 选择"本地 Net 服务名配置"单选按钮,单击"下一步"按钮,如图 7-22 所示。

(3) 选择"添加"单选按钮,单击"下一步"按钮,如图 7-23 所示。

(4) 输入数据库服务名(全局数据库名称,可在服务进程中查看),或询问 DBA(Oracle 中默认的是 ORCL),如图 7-24 所示。

(5) 选择网络协议,通常情况下选择 TCP,如图 7-25 所示。

(6) 输入数据库所在的主机名,选择正确的端口号。Oracle 实例的默认标准端口是 1521,如图 7-26 所示。

图 7-21　打开 Net Configuration Assistant

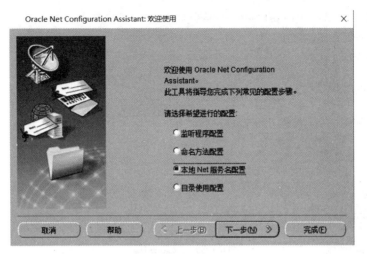

图 7-22 选择"本地 Net 服务配置"单选按钮

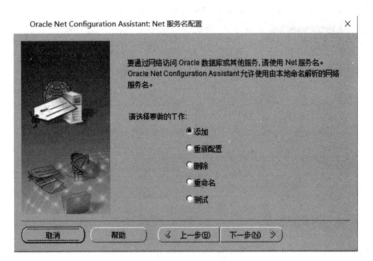

图 7-23 选择"添加"单选按钮

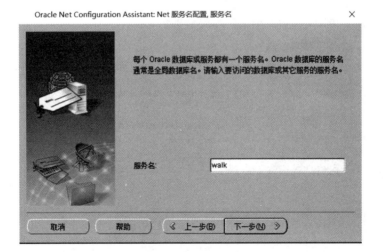

图 7-24 输入服务名

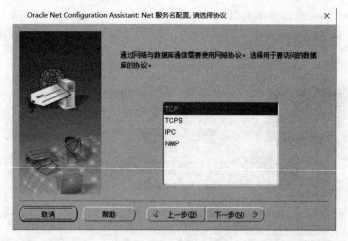

图 7-25　选择协议

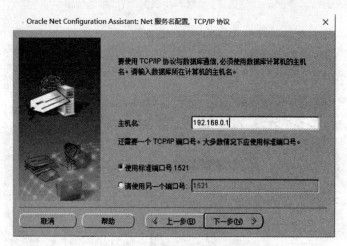

图 7-26　输入主机名和端口号

（7）选择"是，进行测试"单选按钮，单击"下一步"按钮，如图 7-27 所示。

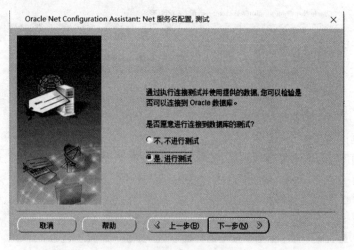

图 7-27　进行测试

（8）通过测试会出现如图 7-28 所示的界面。单击"更改登录"按钮，输入正确的用户名及口令，如图 7-29 所示，单击"确定"按钮会出现图 7-30 所示的界面，即完成配置。

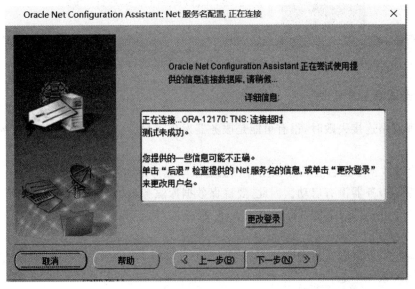

图 7-28　更改登录

图 7-29　输入用户名及口令

图 7-30　测试成功，完成配置

（9）单击"下一步"按钮，输入网络服务名（默认值即可），如果需要，再为其配置另一个 Net 服务名，单击"下一步"按钮，完成配置。

本地网络测试不成功的原因有两种：一是上述所讲到的用户名和口令输入错误，Oracle 一般提供默认的 SYSTEM 权限与初始密码，在进行安装数据库时，已修改相关密码，此时只需要输入密码即可完成测试；二是批量做的镜像安装，在不接外网的前提下，将 Net Manager 中主机名更改为本机 IP 地址或主机名，将 listener.ora 和 tnsnames.ora 文件的主机名和 IP 地址更改为本机主机名和 IP 地址。新建一个库，并用 Net Manager 测试即可。

7.5　错误异常处理

在进行服务器、客户端的网络配置过程中，难免会出现各种错误及异常，本节将介绍在配置过程中常见的错误及处理办法，并根据日志和追踪进行连接错误分析。

1. 服务器端异常处理

在出现网络连接失败时，很有可能是服务器发生了异常。这种情况下，可以按照如下方法进行解决。

（1）检查数据库是否启动。在用客户机登录数据库的时候，如果不能正常连接，很有可能是数据库的服务器没有启动。因此，要确保数据库服务器处于运行状态。

（2）检查监听器。监听器运行在 Oracle 服务端，为了保证监听器被唤醒，并可以监听所有服务，可使用 LSNRCTL 工具查看相关的信息。

（3）检查用户权限。用户在进行登录时，若是没有 CREATE_SESSION 权限，用户登录请求就会被系统拒绝。

（4）检查服务器端协议转接器。

2. 命名服务器异常处理

在命名服务器出现异常时，可以在 NAMESCTL 工具中检查命令服务器的状态和设置情况。使用命令：

```
C:\> namesctl namesctl > status
```

3. 客户机异常处理

当客户机发生异常时，一般情况是客户机设置出错或不能连接到监听器。例如：

（1）检查客户端是否可以连接到监听器，可以使用 TNSPING 工具进行确认。

（2）检查 NETWORK 文件位置。

7.6　多线程服务器配置和网络安全

7.6.1　多线程服务器配置

单进程 Oracle 是一种数据库系统，一个进程只能执行一个用户的应用程序，当用户在终端处断开时，进程将被中止。下面介绍一个专用服务进程响应用户应用程序时的过程。

（1）由客户端的应用程序向 Oracle 例程发出连接请求。

（2）服务器监听程序监测到此请求时，生成一个专用的服务进程来对用户发出请求时所提供的登录信息进行验证。

（3）用户在执行查询操作时，专用进程执行用户查询中所有的源代码应用程序。

（4）服务器进程执行 SQL 语句，并判断语句的操作是什么，如 SQL 语句中包含 SELECT，服务器就会执行查询操作。

由此可见，专用服务进程适合查询数据量大的用户连接。

7.6.2　高级网络管理

Oracle 数据库管理系统的安全机制，还提供了一套综合的安全特征来保护企业内部网络及网络连接的扩展联合网络，并且提供了集成网络加密与认证方法的单一签名服务和单一源点以及安全协议。通过集成工业的标准，数据库高级安全机制为 Oracle 网络以及更高层网络提供了特别的安全保障。

分布式环境下，随着数据分布面的增加，给数据库也带来了较为严重的安全威胁，如数据篡改、数据偷听、数据盗窃、伪造用户身份和同时管理多个口令。Oracle 的高级安全机制为保证数据的安全传输、保障数据不被泄露，提供了 RSA 和 DES 两种不同的加密算法，用户可任选其一。

7.7　实践项目

第 7 章实践演示

1．实践名称

Oracle 网络管理。

2．实践目的

➢ 熟练掌握服务器网络配置；
➢ 熟练掌握客户端网络管理。

3．实践内容

（1）创建一个名为 new 的监听程序，并通过 new manager 查看监听程序状态。

（2）以本地命名方式为主，配置本地 Net 服务。添加本地主机—数据库服务—监听程序的连接，并查看新建监听程序是否处于开启状态。

（3）查看 listener. ora、tnsnames. ora 文件的内容。

4．实践总结

简述本次实践自身学到的知识、得到的锻炼。

7.8　本章小结

本章主要介绍了 Oracle 网络体系服务结构和网络配置参数文件，运用两种不同的方法对服务器端网络的监听程序进行配置，对客户端网络服务名、本地网络以及多线程服务器进行配置,高级网络安全管理等。本地配置最为简单,几乎不用客户端做任何操作,Oracle 命名服务器适用于大型网络环境,但其配置最为复杂。系统运行若有大量用户对数据库数据进行访问,而每个用户都只是进行一些简单的操作,这时候就可以使用 Oracle 的多线程服务器。在操作过程中,出现连接问题时,根据 Oracle 提供的错误信息,分析判断是客户端、服务器或是中间件出现错误,或打开跟踪日志查找错误原因,即可修复数据库。数据库高级管理机制保护企业内部网络、网络连接时数据不被非法破坏,大大增加了数据库的安全性。

7.9 习题

一、选择题

1. 在登录到 Oracle 数据库企业管理器验证用户身份时,下列不属于可供选择的身份为(　　)。

   A. Normal　　　　　　　　　　　　B. SYSDBA

   C. SYSOPER　　　　　　　　　　　D. Administrator

2. 监听器配置信息的保存位置与名称分别是(　　)。

   A. 客户端,listener.ora　　　　　　　B. 服务器端,listener.ora

   C. 客户端,tnsnames.ora　　　　　　D. 服务器端,tnsnames.ora

3. 关于企业管理器控制台正确的说法是(　　)。

   A. 在本地进行身份验证,不需要提供口令

   B. 可以使用控制台创建新的数据库

   C. 可以使用控制台来配置网络服务

   D. 需要先配置网络服务名,然后才能连接数据库和服务器

4. 网络服务命名中进行的配置包括(　　)。

   A. 通信使用的协议

   B. 要连接的服务器主机名和数据库实例名

   C. 通信端口号

   D. 以上全部内容

5. 在使用 Net Manager 连接到远端数据库时,导致连接发生失败的原因不可能是(　　)。

   A. 用来测试的用户名不存在或者口令错误

   B. 远端的数据库管理人员人为地切断连接

   C. 指定的数据库服务没有启动或者不存在

   D. 客户端与服务器之间存在网络故障或者通信协议不匹配,导致不能正常通信

6. 通过网络连接的数据库,需要在客户端建立(　　)。

   A. 监听器进程　　　　　　　　　　B. HTTP 服务

   C. 实例服务　　　　　　　　　　　D. 网络服务名

二、填空题

1. 支持客户端的应用程序到 Oracle 数据库服务器网络会话的组件是_____。

2. 使用命令行方式启动 OracleDBAConsoleorcl 服务使用的命令是_____。

3. 在登录 SQL＊PlUS 页面时需使用_____默认端口号。

三、应用实践

配置名为 orcl 的数据库网络服务和本地服务，并保证网络测试成功。

第**8**章

安全管理

学习目标
➢ 了解 Oracle 数据库安全性概述
➢ 掌握用户管理、权限管理、角色管理
➢ 了解数据库其他安全保护

8.1 数据库安全性概述

对于所有的数据库而言,数据的安全性极其重要。安全性问题并不仅仅是数据库系统所独有的,而是所有的计算机系统都存在着各种各样的不安全因素。由于在数据库中存放着大量的数据,并且被众多最终用户直接共享,其安全性问题更为突出,防止数据被更改、泄露、破坏或不合法利用等,保护数据库的安全已经关系到每一位数据库用户。系统的安全保护措施是否有效便成为数据库系统的主要技术指标之一。

8.1.1 数据库的安全性控制

在一般计算机系统当中,安全措施是一级级一层层设置的,用户在请求进入计算机系统时,系统先对输入的用户标识进行身份鉴定。在合法的前提下,才允许用户进入计算机系统,进入之后,数据库管理系统还要进行存取控制操作,也就是仅允许用户进行一些合法的操作,操作系统也有自己的保护措施。

与数据库相关的安全性问题或技术主要包括用户身份鉴别、多层存取控制、审计、视图以及数据加密等。

对数据库产生威胁的安全性因素主要有如下几方面。

1. 非授权用户对数据库的恶意存取等破坏

一些存在其他目的的非法用户,在其他用户存取数据库时盗取用户名及口令,假冒合法用户偷取、修改甚至破坏该用户数据。为阻止对数据库的非法操作,保证数据在非授权的情况下不受影响,数据库安全管理系统提供的安全措施主要有用户身份鉴别、存取控制和视图等技术。

2. 数据库中机密信息或敏感数据被泄露

非法用户在谋取非法利益时往往盗窃数据库中特别重要的数据,一些敏感数据被暴露。为防止保密数据被非法泄露,数据库安全管理系统有强制存取控制、数据的加密存储与传输等技术。除此之外,一些安全性较高的部门还提供有审计功能,通过对审计日志的分析,可以对潜在的威胁提前加强防范,对非法用户入侵及信息破坏情况进行追踪,以便采取下一步措施。

3. 脆弱的安全环境

数据库的安全与计算机系统和计算机硬件、操作系统、网络系统等安全问题紧密相连。操作系统的安全性与网络协议安全的不足,都会造成数据库的安全性被破坏。所以加强计算机系统的安全性尤为重要,为此建立一套可信的计算机系统,用来测定产品的安全性能指标,以满足用户不同需求。

8.1.2 Oracle 认证方法

Oracle 数据库的认证指的是对请求使用数据、资源或应用程序的用户进行身份鉴别。通过确认后,为用户之后使用数据库操作提供可靠的连接关系。Oracle 提供的身份认证包括操作系统身份认证、网络身份认证、数据库身份认证、多层身份认证、管理员身份认证等多种认证方法。

(1) 操作系统身份认证:有些操作系统允许 Oracle 使用用户认证信息,用户一旦被操作系统所认证,就可以非常方便地连接到 Oracle,不再需要不断地输入用户名及口令,只需将其保存至数据库中即可。

(2) 网络身份认证:网络层的认证是由 SSL(Secure Sockets Layer,安全套接层)协议处理,它是一个应用层,可以用于对数据库用户的身份认证,网络层服务的身份认证使用的是第三方网络认证。

(3) 数据库身份认证:就是对请求服务器连接的用户所提供的用户名及口令进行认证。为建立数据库系统的身份验证机制,在初期创建用户时,需要将相应的用户名及口令存储在数据字典中,每次连接时,根据请求用户提供的信息与字典内所存的用户信息相匹配,配对成功则放行并授予权限,用户可以随时修改自己的密码。

关于数据库身份的认证,有以下几个重要概念需要了解。

① 连接中的密码加密。网络连接过程中,密码会被改进的 DES(Data Encryption Standard,数据加密标准)和 3DES(一种 DES 的改进)算法自动加密,此过程用户不会感觉到。

② 账户锁定。在 Oracle 数据库管理中,自由设置口令错误 n 次后用户将被系统锁定,在经过一段时间后自动解锁,或者可以由管理员手动解锁。管理员也可以手动锁定任意普通用户,此时的用户不会被自动解锁,只能由管理员手动解锁。

③ 密码生存周期。数据库的管理员可以指定用户的密码的生存周期。密码即将过期前存在一个过渡期,在用户每次登录时都会弹出警告提示,提示修改密码,修改期限过后,若没有修改密码则会被锁定,且只有在管理员手动解锁后才能够正常使用。

④ 检测历史密码。检测历史密码选项可以自由设置,用户在更换密码时,密码在指定的时间或指定的修改次数之内不能奏效或被更换。

⑤ 验证密码复杂度。为提高密码的复杂程度,不被非法者轻易盗走,验证密码要求用户指定的密码需要达到指定的要求,如长度不少于 8 位、不等于用户名、至少包含一个字母、由字母与数字共同构成等。

8.1.3 存取控制

在数据库安全管理中最重要的一点就是要确保仅已被授权的用户才有资格访问数据库数据。同时,未被授权或非法用户不被允许靠近数据,这就体现出了数据库的存取控制机制。其主要包括定义用户权限和合法的权限检查两部分,两者合称为数据库管理系统存取控制子系统。

用户是否被允许使用数据库数据并对某一数据做出操作的权利被称为用户权限,哪一用户应该授予哪种权限是由数据库管理者所决定的。为保证数据库管理员所做决定的执行,数据库管理系统提供了适当的语言来定义用户权限,定义后的用户权限被存储在数据字典中,被称为授权规则或安全规则。每当有用户对数据库提出存取请求时,数据库管理系统会先查找数据字典对该用户进行合法的权限检查,若用户的请求在权限内,则放行并允许访问;若超出定义权限,系统将拒绝此操作请求。

自主存取控制是指对于不同的数据库对象,用户有不同的存取权限,不同的用户对同一对象的存储权限也不尽相同。在自主存取控制中,用户可以将自身所拥有的权限授予其他用户,因此自主存取控制相对来说非常灵活。数据库系统中的存取权限如表 8-1 所示。

表 8-1 数据库系统中的存取权限

对 象 类 型	对　　象	操 作 类 型
数据库模式	模式	CREATE SCHEMA
	基本表	CREATE TABLE ALTER TABLE
	视图	CREATE VIEW
	索引	CREATE INDEX
数据	基本表和视图	SELECT INSERT UPDATE DELETE REFERENCES ALL PRIVILEGES
	属性列	SELECT INSERT UPDATE REFERENCES ALL PRIVILEGES

强制存取控制比自主存取控制具有更高级别的安全性。在自主存取控制中,用户可以自主地将存取权限授予任何人,但是缺乏数据安全保护机制。被授权者在得到数据存储权限后,若对数据进行备份或进行非法传播时,就会造成一系列不可避免的安全问题。强制存取控制是按照 TDI(Trusted Database Interpretation,可信数据库解释)/TCSEC(Trusted Computer System Evaluation Criteria,可信计算机系统评估准则)标准中安全策略的要求采取的检查手段,是在自主存取的基础上添加的二次检查,只有对 DAC(Digital to Analog Converter,数-模转换器)检查与 MAC(Mandatory Access Control,强制访问控制)检查均合格的情况下,数据库才会放行并允许其进行存取操作。强制存取实际上是对数据本身进行了密级标记,无论怎样复制,数据与标识都是一个不可分的整体,只有在符合安全密级要求

后才可操作。此类控制并不能够被用户所感知或进行直接操作,主要应用于军事、政府等密级较高的部门。

数据库管理系统所管理的主体是系统内的活动主体,包括数据库系统管理的实际用户,也包括代表用户的各进程。客体是系统内受主体操纵的被动实体,主要包括文件、基本表、索引和视图等。数据库管理系统为主、客体的每个值都指派了敏感度标记。主体敏感度标记也被称为许可证级别,客体敏感度被称为密级。

敏感度标记被分为若干级别,经常使用的有公开(P)、可信(C)、机密(S)、绝密(TS)。密级依次递增。强制存取控制机制就是将主体敏感度标识与客体敏感度标识进行对比,以此来决定主体是否能够存取客体。当主体密级大于或等于客体密级时,主体能够读取相应的客体,但当主体密级小于或等于客体密级时,主体才能写相应的客体。这是用户在对系统进行存取时所必须遵循的规则。对于第一点可能很容易理解,但为何仅在主体密级小于或等于客体密级时,主体才能写入相应的客体呢? 这是为了防止高密级主体恶意降低密级程度,将较高密级数据降低为公开级别,这样就会造成数据的泄露。系统的这条规则允许低级别用户写入高级别数据,这样一旦写入,该用户也将失去对该数据对象进行检索的权利。因此,这些规则也更高程度地保证了数据的安全性。

8.2 用户管理

用户是一组逻辑对象的所有者,任何请求进入数据库并对数据或对象进行操作都需要在数据库中有一个合法的用户名。Oracle 提供了多种用户类型,用来实现不同的管理职责。数据库用户就是其中一种,数据库用户通过应用程序和数据库打交道,用户最常用的权限有在权限的范围内添加、删除与修改数据库数据,还可以在数据库中生成统计报表。

8.2.1 用户的创建

用户的创建在数据库应用中非常常见,例如为某应用程序创建一个专有用户,以此访问与应用程序相关的数据库。用户的创建具体流程如下。

(1) 打开系统命令提示符,输入 cmd,单击“确定”按钮,如图 8-1 所示。

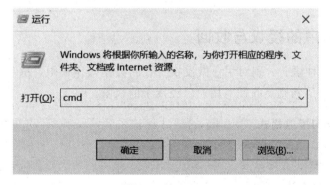

图 8-1　输入 cmd

（2）输入命令"sqlplus sys as sysdba;"，输入正确的口令进行数据库连接，如图 8-2 所示。

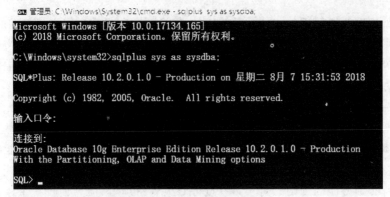

图 8-2　连接数据库

（3）输入命令"create user 用户名 identified by 密码;"进行用户创建，这里用户名和密码分别为 zx 和 aku，如图 8-3 所示。

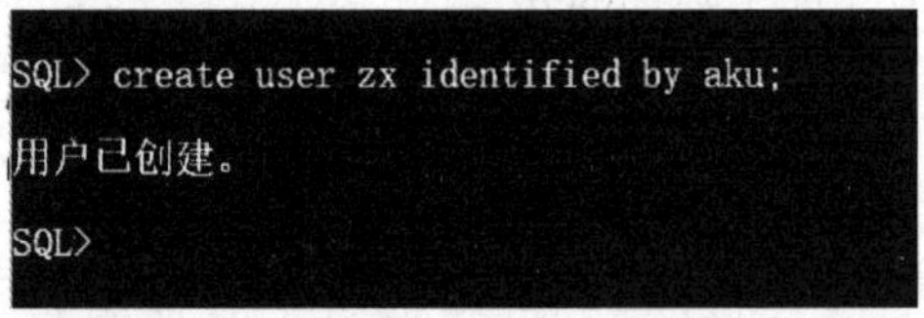

图 8-3　创建用户

（4）使用命令"alter user zx account unlock;"对用户进行解锁（因为不进行解锁更改会导致用户无法登录），如图 8-4 所示。

（5）为用户授权，这里先使用命令"grant create session to zx;"做一个允许登录授权，如图 8-5 所示。

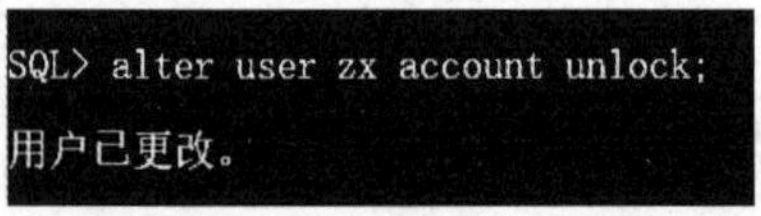

图 8-4　解锁用户　　　　　　　　　　图 8-5　授权用户

8.2.2　用户的授权与收回

SQL 提供了两种语句分别对用户做授权与收回数据操作权限，GRANT 语句是对用户授权，而 REVOKE 语句则是收回对用户已经授予的权限。

1. GRANT 语句授权格式

```
GRANT <权限>[,<权限>]…
ON <对象类型><对象名>[,<对象类型><对象名>]…
TO <用户>[,<用户>]…
[WITH GRANT OPTION];
```

此语句是对指定的用户授予指定操作对象的指定权限。有权利发出此语句的可以是数据库管理员,可以是数据库对象的创建者,也可以是拥有该权限的用户。被授予的可以是任意用户,也可以是全体用户。如果被指定了 WITH GRANT OPTION 子语句,则被授权的用户不仅自己可以使用该权限,也可以将该权限进行传递。允许将该权限授予第三方其他用户,但需要注意,此权限不能被循环授权,也就是不能授予该权限自身的父类或祖先。

【例 8-1】 将查询学生表 student 和修改学生信息的权限授予 A1、A2 用户,并允许其对其他用户授权。

```
GRANT SELECT,UPDATE ON TABLE student TO A1,A2 WITH GRANT OPTION;
```

【例 8-2】 A1 用户将对 student 表的查询权限授予 A3。

```
GRANT SELECT ON TABLE student TO A3;
```

2. REVOKE 语句权限收回格式

```
REVOKE <权限>[,<权限>]…
ON <对象类型><对象名>[,<对象类型><对象名>]…
FROM <用户>[,<用户>]…[CASCADE||RESTRICT];
```

【例 8-3】 收回 A2 对 student 表的修改权限。

```
REVOKE UPDATE ON TABLE student FROM A2 ;
```

【例 8-4】 收回 A1 对 student 表的查看权限。

```
REVOKE SELECT ON TABLE student FROM A1 CASCADE;
```

需要注意,在对 A1 用户进行权限收回时,由于 A1 已经将该权限授予 A3,需采用级联(CASCADE)法收回 A3 的 SELECT 权限,否则系统将拒绝执行此命令。此处默认值为 CASCADE,也有一些数据库管理系统的值默认为 RESTRICT,自动执行级联操作。对 A3 的权限收回仅仅是收回从 A1 直接或间接得到的权限,如果此时 A3 用户从其他用户处也得到了对表 student 的 SELECT 权限,则不影响使用。

SQL 提供的授权机制非常灵活,数据库管理员对此有着所有的控制权限,可以根据实际需求将权限授予其他用户,用户对自己所建的视图与表也有着所有的操作权,并可将权限授予其他用户,被授权用户若有许可,还可以自主将权限授予其他用户,这也就是 8.2.1 节所讲的自主存取机制。有必要时,还可以直接或间接将所授权出去的所有权利收回。

3. 创建数据库模式权限

前面所介绍的两种语句仅是向用户授权或收回数据操作权限,创建数据库模式的数据库对象权限还得由数据库管理员在创建用户时实现。CREATE USER 的语句格式如下:

```
CREATE USER< username >[WITH][DBA||RESOURCE||CONNECT];
```

只有数据库超级用户才有权利创建新的数据库用户,创建出的新用户具有 CONNECT、RESOURCE、DBA 三种权限,如果在上述创建中没有指明创建新用户的权限,则系统提供默认的 CONNECT 权限,仅有 CONNECT 权限的用户只能登录数据库,不可以创建新用户,也不可以创建基本表与模式。只有经过数据库管理员或其他用户的授权,获得相应的权限后才能拥有相应的操作权限。

获得 RESOURCE 权限的用户有创建基本表和视图的权限,可以成为所创建对象的属主,也就是有将该对象的存取权限授予其他用户的权限,但没有创建模式和新用户的权利。系统的超级用户拥有创建模式、基本表、视图以及新用户的权利。也就是说,拥有该权限的用户,拥有所有数据库对象的存取权限,还可将权限授予其他用户。

8.2.3　用户身份认证

用户的身份认证是数据库管理系统所提供的最外层安全保护措施。用户标识由用户名和用户标识号共同组成。每一个用户在系统中都存在一个用户标识。用户标识号在系统的整个生命周期中是唯一的,所有合法用户的标识也都被存储在系统内部,在用户请求进入系统时,先提供自己的用户名或身份,由系统进行核查,检验无误后放行并提供数据库管理系统权限。其实用户的身份鉴别有很多种,在一个系统中往往是多种方法相结合,以获得更高的安全性。常用的身份鉴别主要有如下方法。

1. 口令的静态鉴别

此方法是目前最常用的鉴别方法,静态口令由用户自己设定。在鉴别过程中,按照要求输入正确的用户名及口令,系统就会放行并赋予其操作权限。但是由于口令为静态不变的,用户设置密码时往往会过于简单,很容易被破解。因此,此方法虽然简单,但是安全性低,易被攻击。

2. 口令的动态鉴别

动态的口令鉴别方法是目前为止较为安全的方法。这种类型的口令是动态可变的,每次进行鉴别时都需要使用动态产生的新口令登录数据库管理系统,常用的方式如短信密码、动态令牌方式。这种方法较静态密码来说相对安全,破解的难度也大大增加。

3. 生物的特征鉴别

这是一种通过生物的特征进行认证的鉴别方法,对特征的要求具有唯一性,并且可测量、识别、存储、验证并相对稳定,如指纹、面部识别、语音等。通过对生物特征的图像处理和模式识别等技术的认证安全性较高。

8.2.4　用户的修改与删除

1. 修改用户密码

使用命令"ALTER USER 用户名 IDENTIFIED BY 新密码;"格式可修改用户密码。此方法应用于在用户忘记密码,请求系统重新设置密码时。管理员在进行安全身份验证后为其进行修改指定。

【例 8-5】 将 zx 用户密码修改为 akuorcl(假设 zx 用户已存在)。

```
ALTER USER zx IDENTIFIED BY akuorcl;
```

2. 设置密码过期

为保证数据库安全,管理员可设置密码生存周期,需要在指定的时间内对密码进行修改。可采用 PASSWORD EXPLRE 关键字进行设置。

【例 8-6】 将 zx 用户的密码设置为立即过期,令其下次登录时必须修改密码,否则无法登录:

```
ALTER USER zx PASSWORD EXPLRE;
```

3. 用户的锁定与解锁

在数据库使用过程中,对违反规则的用户进行锁定,致使其无法正常使用数据库对象,这里采用 ACCOUNT LOCK 关键字进行锁定;对于错锁或按规则锁定周期达到放锁条件时可对其进行解锁,可使用 ACCOUNT UNLOCK 关键字进行设置。

【例 8-7】 锁定 zx 用户,使其无法登录至数据库。

```
ALTER USER zx ACCOUNT LOCK;
```

【例 8-8】 解除对于 zx 用户的锁定。

```
ALTER USER zx ACCOUNT UNLOCK;
```

4. 用户的删除

对于违反相关规则致使需要删除的用户或用户自己申请注销的,可将其从数据库系统和字典中删除,具体使用 DROP USER 关键字进行操作。

【例 8-9】 将 zx 用户从数据库中删除。

```
DROP USER zx;
```

8.3 权限管理

数据库权限是指执行特定类型的 SQL 语句或者对另一用户进行访问的权利,包括连接到数据库、创建表信息、执行用户存储等过程。在 Oracle 数据库中存在两种用户权限:一种是系统权限,具备该权限的用户可以在数据库中执行一些特殊的操作;另一种是对象权限,可以访问并操纵特定的对象,如表、视图、序列、过程、函数以及应用程序包。

8.3.1 管理权限

1. 系统权限

系统权限可以像对象权限一样,授予用户角色和 PUBLIC。在 Oracle 中存在着百余种不同的权限,如向用户授予权限 GRANT、收回权限 REVOKE、修改表权限 ALGER TABLE 等,SYSDBA 权限是系统的最高权限。权限中 ANY 关键字表示用户在任何方案中都具备该种权限,可以对所有的数据库对象包括系统所属的字典对象进行操作,因此必须谨慎使用。

系统权限可分为如下几类。

(1) 允许执行系统范围内操作的权限,例如: CREATE TABLESPACE。

(2) 允许用户管理自己方案对象的权限,例如: CREATE TABLE。

(3) 允许管理所有方案的任意对象权限,例如: CREATE ANY TABLE。

使用 SQL 语句 GRANT 为用户授予系统权限,也就是 8.2.2 节所讲的用户的授权与收回,其命令格式为:

```
GRANT <系统权限> TO <用户名> [WITH ADMIN OPTION];
```

此选项应谨慎使用。

2. 对象权限

对象权限是对特定的表、视图、序列、函数等执行特定操作的权利。在使用 GRANT 命令授权时,所授权的对象权限必须在授予者方案中,或授予者必须具有 GRANT OPTION 权限。

授予对象权限所采用的命令规则,就是在用户管理中对用户进行授权的格式(这里不再赘述)。常见的数据对象权限有 SELECT(查询数据)、INSERT(插入数据)、UPDATE(修改数据)、DELETE(删除数据)。

8.3.2　Oracle 数据库管理员

Oracle 数据库非常庞大,每个数据库也都至少存在一个数据库管理员,但有的数据库可能拥有着众多的用户,需要一组数据库管理员共同完成对数据库的管理与维护。Oracle 管理员可以分为数据库管理员、网络管理员、应用程序管理员和安全员。数据库赋予各管理员特有的特殊权限,使其配合共同维护数据库安全。

数据库管理员职责如下。

(1) 安装和升级 Oracle 数据库服务器与其他应用工具。

(2) 控制、监视用户对数据库的访问,监视优化数据库行为。

(3) 管理用户,维护系统安全,确保 Oracle 的使用符合 Oracle 许可协议。

(4) 根据应用程序开发者的设计创建主要的数据库对象。

(5) 根据应用程序开发者提供的信息修改数据库结构。

(6) 为应用程序开发人员设计的应用程序创建主要的数据库存储结构。

(7) 分配系统的存储空间,计划数据库系统未来需要的存储空间。

(8) 做好备份与恢复数据库计划,维护归档数据,备份恢复数据库。

数据库管理员在进行基本的数据库操作时需要被赋予管理员权限,Oracle 为此提供了两种特殊的 SYSDBA 和 SYSOPER 系统权限,拥有这两种权限的用户可以在数据库关闭时访问数据库实例,对权限的控制也都完全在数据库之外进行。

拥有 SYSDBA 权限的数据库管理员权限如下。

① 启动和关闭数据库。

② 修改（ALTER DATABASE）、删除（DROP DATABASE）、创建（CREATE DATABASE）数据库。

③ 打开、连接、备份、修改字符集等。

④ 具有执行 ALTER DATABASE ARCHIVELOG 语句、ALTER DATABASE RECOVER 语句、CREATE SPFILE 语句的权限。

⑤ 允许用户执行基本操作任务，但不能查看用户数据的 RESTRICTED SESSION 权限。

⑥ 作为 SYS 用户进行数据库连接。

拥有 SYSOPER 权限的数据库管理员权限如下。

① 启动和关闭数据库。

② 使用 ALTER DATABASE 语句修改数据库，进行打开、连接、备份等操作。

③ 具有执行 ALTER DATABASE ARCHIVELOG 语句、ALTER DATABASE RECOVER 语句、CREATE SPFILE 语句的权限。

④ 允许用户执行基本操作任务，但不能查看用户数据的 RESTRICTED SESSION 权限。

8.3.3 管理员认证

因为数据库管理员拥有极高的管理权限，可以执行一些不被普通用户所允许使用的特殊操作，如数据库的关闭与启动。如果用户可以随意做出关闭数据库操作，那就将导致其他用户无法正常使用数据库。所以，Oracle 为数据库管理员提供了操作系统认证和密码文件认证两种安全认证方式。

操作系统认证方式通常需要先在操作系统中创建用户组，并对其授予 SYSDBA 权限，之后将数据库管理员用户添加到该组中，Oracle 为此提供了 OSDBA 和 OSOPER 两个特殊的用户组，在计算机操作系统当中，前者所对应的用户组为 OS_DBA，OSOPER 所对应的用户组为 OS_OPER。OSDBA 组的用户在利用 SYSDBA 身份登录数据库时，会被授予 SYSDBA 权限，OSOPER 组的用户利用 SYSOPER 身份进行连接时，用户拥有 SYSOPER 系统权限。倘若存在这两用户组之外的用户使用 SYSDBA 或 SYSOPER 身份请求连接至数据库，则会被拒绝访问，请求操作失败。

使用密码文件认证时，数据库可以跟踪所有拥有 SYSDBA 和 SYSOPER 权限的用户信息。在进行数据库连接时，用户提供正确的密码便可成功连接至数据库。这就要求用户必须拥有密码文件，系统默认的密码文件是 $Oracle_HOME\database\PWDorcl.ora，也可以使用 ORAPWD 命令来创建密码文件。具体格式如下：

```
ORAPWD FILE = filename PASSWORD = password ENTRIES = max_users
FORCE = < y/n >
```

其中，FILE 为密码文件的文件名；PASSWORD 代表 SYS 用户密码；ENTRIES 为特殊用户组的最大量；FORCE 选择是否覆盖已存在的密码文件。

8.4 角色管理

角色是数据库对用户的一种分类管理方式，不同角色拥有着不同的权限并对应着不同的用户，DBA 角色是 Oracle 数据库在创建时自动生成的角色，它包含着大多数数据库系统权限。因此，只有系统的管理员才能被授予 DBA 角色。

8.4.1 Oracle 系统角色

为方便管理用户，Oracle 提前预定义了一组系统角色，在没有特殊要求下，用户可不必自定义角色，只使用系统提供的预定义角色就可以了。使用"select * from DBA_ROLES;"命令，查看所有的角色信息，如图 8-6 所示。

```
SQL> select * from DBA_ROLES;

ROLE                           PASSWORD
------------------------------ --------
CONNECT                        NO
RESOURCE                       NO
DBA                            NO
SELECT_CATALOG_ROLE            NO
EXECUTE_CATALOG_ROLE           NO
DELETE_CATALOG_ROLE            NO
EXP_FULL_DATABASE              NO
IMP_FULL_DATABASE              NO
RECOVERY_CATALOG_OWNER         NO
GATHER_SYSTEM_STATISTICS       NO
LOGSTDBY_ADMINISTRATOR         NO

ROLE                           PASSWORD
------------------------------ --------
AQ_ADMINISTRATOR_ROLE          NO
AQ_USER_ROLE                   NO
GLOBAL_AQ_USER_ROLE            GLOBAL
SCHEDULER_ADMIN                NO
HS_ADMIN_ROLE                  NO
AUTHENTICATEDUSER              NO
OEM_ADVISOR                    NO
OEM_MONITOR                    NO
WM_ADMIN_ROLE                  NO
JAVAUSERPRIV                   NO
JAVAIDPRIV                     NO

ROLE                           PASSWORD
------------------------------ --------
JAVASYSPRIV                    NO
JAVADEBUGPRIV                  NO
EJBCLIENT                      NO
JAVA_ADMIN                     NO
JAVA_DEPLOY                    NO
CTXAPP                         NO
XDBADMIN                       NO
XDBWEBSERVICES                 NO
OLAP_DBA                       NO
OLAP_USER                      NO
MGMT_USER                      NO

已选择33行。
```

图 8-6　系统所有的角色信息

8.4.2 创建角色

前面已经阐述了如何去创建一个新的用户，但前面所创建的用户是系统默认的，在这里学习如何为指定的应用程序创建一个专有用户，用来访问与应用程序相关的数据库。

使用 SQL 语句的 CREATE ROLE 命令创建角色，例如：

```
CREATE ROLE myroll IDENTIFIED BY myrollpwd;
```

下面介绍在企业管理器 Enterprise Manager 上创建用户角色。

（1）以 SYS 用户登录到企业管理器上，打开管理页面。

（2）在"用户和权限"栏中选择"用户"，打开用户管理页面。

（3）单击"创建"按钮，打开"创建角色"页面，输入角色名。

（4）单击"确定"按钮，返回角色列表，单击所创建的角色。

8.4.3 角色管理

1. 角色的授权

对于新创建的角色，只有对其进行授权才有使用意义。可以使用 8.3.1 节所学的 GRANT 语句进行授权，也可以在企业管理器上进行相关操作。

（1）打开企业管理器，进入创建角色页面。

（2）单击"系统权限"，选择系统权限。

（3）单击"编辑列表"，打开"修改系统权限"，在系统权限中选择需要授予当前角色的权限。

（4）将其添加至所选系统权限列表框中，单击"确定"按钮保存。

2. 角色的管理

（1）使用 GRANT 命令为用户指定角色，将角色 CONNECT 指定给 zx 用户，命令：

```
GRANT CONNECT TO zx;
```

（2）使用 REVOKE 命令取消用户角色，撤回 zx 用户的 CONNECT 角色，命令：

```
REVOKE CONNECT FROM zx;
```

（3）使用 ALTER ROLE 命令修改用户角色，取消角色 MYROLE 的密码验证，命令：

```
ALTER ROLE MYROLE NOT IDENTIFIED;
```

（4）使用 DROP ROLE 语句删除指定角色，删除用户 MYROLE，命令：

```
DROP ROLE MYROLE;
```

8.5 其他安全保护

8.5.1 审计

前面所讲到的用户身份验证、存取控制是数据库安全保护策略的重要技术，但这些并不是全部。按照标准的安全策略要求，为了使数据库管理系统能够达到一定的级别，还需提供其他方面的相应支持。审计就是数据库管理系统中 C2 级以上的一项安全指标。在任何系统的安全管理中，都不能够保证绝对安全并完美无缺，非法用户总会想方设法去破坏、攻击，审计功能就是将用户对数据库所做的操作都记录下来并存放在审计日志中，审计员有权调用审计日志对来自所有用户对数据库的各种操作进行监控。在数据库被破坏后，可以有线索去寻找非法用户，并了解到对数据库所做的非法存取的时间及内容等有效信息，通过对审计日志的分析，还可以对数据库的潜在安全威胁提前采取措施来加以防范，约束用户可能存在的恶意操作。

可以对服务器、系统权限、语句、模式对象等事件进行审计，还可以对普通和特权用户行为、身份鉴别、各种表操作、自主或强制访问控制等事件进行审计，既可以审计成功操作，也可以审计失败操作。也正因为审计功能广，使用起来不仅费时间，更费空间，所以在数据库管理系统中，审计功能一般都是可选特征，数据库管理员可根据应用程序的安全性自由选择打开或关闭审计功能。因此，审计功能也一般用于政府、军事、银行等安全性能较高的部门。

1．审计事件的类别

审计事件具有多个类别，例如：

（1）服务器：包括数据库的启动、停止和数据库服务器配置文件等服务器发生的事件。

（2）系统权限：对系统所拥有的模式对象或者结构进行操作审计，对该操作的权限要求是通过系统权限获得的。

（3）语句：对 SQL 语句，例如 DDL、DQL、DCL、DML 语句的审计。

（4）模式对象：对包括表、视图、存储过程、函数等特定模式对象上进行的 SELECT 或 DML 操作审计，但不包括表的索引、约束、触发器、分区表等。

2．审计的功能

审计的功能主要有如下几点。

（1）提供基本的、可选的、有限的等多种审计查阅方式。

（2）提供有多套审计规则（为方便审计员管理，一般在数据库初始化时设定）。

（3）提供审计分析与报表，审计日志管理，查询审计设置及审计信息的记录视图等功能。

为防止审计员对审计记录的误删，审计日志必须在转储之后才能进行删除，对转储的审计文件要进行完整的保密保护，且只有审计员才有权查阅和转储审计记录，其他任意用户都不具备该权限。

审计一般分为用户级审计和系统级审计。用户级审计顾名思义就是所有用户都可设置的审计，主要应用于用户记录所有的对自己所建的表或视图进行的成功或不成功的访问要求及 SQL 操作的审计，而系统级审计只可以由管理员来设置，用来监测所有的无论成功与否的登录要求、监测授权、收回操作以及其他数据库级别下的权限操作。审计的设置与审计日志一般都在数据字典中存储，若要查看审计信息，必须先打开审计开关（将系统参数 audit_trail 设置为 true），然后在系统表 SYS_AUDITTRAIL 中查看。数据库提供了设计审计功能（AUDIT 语句）与取消审计功能（NOAUDIT 语句）。

8.5.2　视图与数据加密

1．视图

数据库还可以为不同的用户制订不同的视图，将数据对象限制于一定范围内。通过视图机制，将需要保密的数据对那些没有存取权限的用户隐藏起来，在一定程度上起到了很好的安全保护作用。视图机制还间接地提供了存取谓词的用户权限定义。例如：

```
/* 创建 aku_student 视图 */
CREATE VIEW aku_student AS SELECT * FROM student WHERE Sdept = 'aku';
/* 授予 A 用户检索权利 */
GRANT SELECT ON aku_student TO A;
/* 授予 B 用户增加、删除、修改、查询等所有权限 */
GRANT ALL PRIVILEGES ON aku_student TO B;
```

2. 数据加密

在政府、银行、军事等存在高敏感数据的机构中,还可以采用数据加密技术对其进行更高级别的安全保护。数据加密是一种防止数据在存储或传输途中失密的一种有效手段。加密的原理就是根据一定的算法,将可见的原始数据(明文)转换成不可识别的数据(密文),在不清楚解密算法的情况下,即使拿到数据也不能读出其中的内容,从而起到了很好的安全保护效果。

1) 存储加密

存储加密一般有透明和非透明两种加密方式。非透明存储加密由多个加密函数来实现。透明存储加密是内核级的保密方式,在数据写到磁盘时对数据进行加密,被授权用户在读取数据时再对其解密。正因为这种方式对用户是完全透明的,所以不需要修改应用程序,只需在创建表时,说明要加密字段即可。在对加密数据做任何操作时,数据库管理系统都会自动进行加解密工作。

2) 传输加密

在数据库用户与服务器进行数据传输时,如果采用明文传输,则很容易被非法用户盗取或拦截,并且可以读出其中的数据信息。这就存在着很大的安全隐患。为了保证两者间安全地交换数据,数据库管理系统提供了加密传输功能。

常见的传输加密方式有链路加密和端到端加密。链路加密是将传输数据在链路层进行加密,对组成传输信息的报头(路由选择信息)和报文(传送的数据信息)均进行加密。端到端加密是在发送端为传输数据加密,在接收端为其解密。由于其只能加密报文,不能加密报头,在发送端与接收端间的结点上不需要密码,因此很容易被非法用户监听并获得一些敏感数据。

8.6 实践项目

第 8 章实践演示

1. 实践名称

Oracle 数据库安全管理。

2. 实践目的

➢ 熟练掌握用户管理;
➢ 熟练掌握权限管理。

3. 实践内容

(1) 进入数据库。

(2) 创建一个用户 user1,口令为 user1,默认表空间为 users,该表空间的配额为 20MB,初始状态为锁定;创建一个用户 user2,口令为 user2,默认表空间为 users,该表空间的配额为 20MB,初始状态为解锁;创建一个用户 user3,口令为 user3,默认表空间为 users,该表空间的配额为 20MB,初始状态为锁定。

(3) 将 user1 口令修改为 newuser1,同时解锁;删除用户 user3。

(4) 查看数据库所有用户名,默认表空间。

（5）为用户 user1 授予 CREATE SESSION、CREATE TABLE、CREATE INDEX 系统权限；user1 获得权限后，为用户 user2 授予 CREATE TABLE 权限。

（6）收回 user1 的 CREATE INDEX 系统权限。

（7）将 scott 模式下的 emp 表的 SELECT、UPDATE 权限授予 user2 用户。把 SELECT 权限传递给 user1，并回收 user2 的 SELECT 权限。

（8）查看当前用户所具有的系统权限和对象权限。

4．实践总结

简述本次实践自身学到的知识、得到的锻炼。

8.7　本章小结

本章介绍了 Oracle 数据库安全性概述、用户管理、权限管理、角色管理及其他安全保护、对数据库产生威胁的因素以及系统为防范非法用户非法操作所提供的相关功能。

用户管理：为了保证只有合法身份的用户才能访问数据库，Oracle 数据库提供了多种用户认证机制，只有通过认证的用户才能访问数据库。为了防止非授权用户对数据库进行存取，在创建用户时必须使用安全参数对用户进行限制。用户的安全参数包括用户名、口令、用户默认表空间、用户临时表空间、用户空间存取限制和用户资源存取限制。

权限管理：用户登录数据库后，只能进行其权限范围内的操作。通过给用户授权或收回授权，可以达到控制用户对数据操作的目的。权限分为系统权限和对象权限。系统权限是指在系统级控制数据库的存取和使用的机制；对象权限指在对象级控制数据库的存取和使用的机制。

角色管理：通过角色方便地实现用户权限的授予与收回。角色是具有名称的一组相关权限的集合，角色属于整个数据库，而不属于任何用户。当建立一个角色时，该角色没有相关的权限，系统管理员必须将合适的权限授予角色。此时，角色才是一组权限的集合。

8.8　习题

一、简答题

1．简答系统权限与对象权限的区别。

2．简述角色的意义。

3．简述如何实现两个角色之间的继承。

二、单选题

1．创建密码文件的命令是（　　）。

A．ORAPWD
B．MAKEPWD
C．CREATEPWD
D．MAKEPWDFILE

2. 撤销用户指定权限的命令是(　　　)。

    A. REVOKE　　　　　　　　　　B. REMOVE RIGHT

    C. DROP RIGHT　　　　　　　　　D. DELETE RIGHT

3. 下面拥有所有系统级管理权限的角色是(　　　)。

    A. ADMIN　　　　　B. SYSTEM　　　　　C. SYSMAN　　　　　D. DBA

三、填空题

1. 向用户授权的命令是_____。

2. 创建用户的语句是_____；删除用户的语句是_____。

3. 修改角色的语句是_____。

4. 在 ALTER USER 语句中,使用_____关键词设置密码过期,锁定账户的关键字是_____。

四、应用实践

对下列两个关系模式：

职工(职工号,姓名,年龄,职务,工资,部门号)

部门(部门号,名称,经理名,地址,电话号)

请使用 SQL 的 GRANT 和 REVOKE 语句完成以下授权定义或存取控制功能。

(1) 用户 A1 对两个表有 SELECT 权限。

(2) 用户 A2 对两表有 INSERT 和 DELETE 权限。

(3) 每个用户对自己的记录都只有 SELECT 权限。

(4) 用户 A3 对职工表有 SELECT 权限,对工资字段具有更新权限。

(5) 将对职工信息的查询与更改权限授予角色 B1。

(6) 将角色 B1 授予用户 A4、A5,A5 将对职工姓名、工资的查看、修改权限授予 A6 用户。

(7) 撤销用户 A5 的修改权限。

第 四 篇

应用开发篇

本篇包括第9章和第10章，主要介绍PL/SQL简介、PL/SQL控制结构、PL/SQL出错处理、游标、存储过程函数、包、触发器以及Oracle数据库系统案例。

第 **9** 章

PL/SQL高级编程

学习目标

➤ 掌握 Oracle 数据库特有的 PL/SQL 过程化编程语言,包括变量类型、表达式、运算符

➤ 掌握 PL/SQL 控制结构

➤ 掌握 PL/SQL 出错处理、游标、存储过程函数的应用

➤ 掌握 PL/SQL 包、触发器的应用

9.1 PL/SQL 简介

    PL/SQL(Procedural Language/Structured Query Language)是数据库的一种应用程序设计语言,是 Oracle 在标准 SQL 上的过程性扩展。PL/SQL 不仅允许定义变量和常量,而且允许嵌入 SQL 语句、使用过程语言结构,同时也可以使用例外(Exception)处理编程过程中出现的错误,从而提供了更为强大的功能。它有很强的跨平台性,在允许运行 Oracle 的任何操作系统平台上都可以使用 PL/SQL。

    PL/SQL 是 Oracle 公司在标准 SQL 上进行过程性扩展而形成的可以在数据库上设计编程的语言。通过 PL/SQL 引擎执行,它不仅允许嵌入 SQL 语句,而且允许定义变量、常量,允许循环语句和条件分支语句,还允许使用 Exception 处理 Oracle 错误等,支持事务控制和 SQL 数据操作的命令。PL/SQL 可以存储在 Oracle 服务器中。用它可以实现复杂的逻辑判断,现已成为数据库开发人员必不可少的工具。本章将介绍 PL/SQL 的特点、相关方法等。

9.1.1 PL/SQL 的优势

    通过使用 PL/SQL,可以在一个 PL/SQL 块中包含多条 SQL 语句和 PL/SQL 语句。PL/SQL 具有以下一些优点和特征。

1. 可以提高应用程序的运行性能

    在编写 Oracle 数据库应用程序时,开发人员可以直接将 PL/SQL 块内嵌到应用程序中,PL/SQL 的语句块包含多条 SQL 语句,其最大优点是可以降低网络负载、提高程序性能。而相对于其他数据库(如 SQL Server、DB2 等),当应用程序访问 RDBMS(关系数据库管理系统)时,每次只能发送单条 SQL 语句。在这个过程中,客户端会数十次地连接数据库服务器,这就是它本身耗费资源的过程。

使用 PL/SQL 语句可包含若干条 SQL 语句,语句块可嵌入到应用程序中,同时也可以存储在 Oracle 服务器上。用户只需要连接一次就可把相应数据的参数传递进去,其他部分会在 Oracle 服务器的内部完成运行,最终返回结果。这在一定程度上节省了网络资源的开销。

2. 可以提供模块化的应用程序设计功能

当开发 Oracle 数据库应用程序时,为了精简客户端程序的开发和维护工作,在应用程序块中,实现一个或者多个功能,可以首先将企业规则及商业逻辑集成到 PL/SQL 子程序(过程、函数和包等)中,然后在应用程序中调用子程序实现相应的应用程序功能。

应用程序就可以直接调用某函数返回特定变量,而不需要专门编写其他应用程序代码,如果商业逻辑或企业规则发生改变,那么只需要新建子程序,不用修改客户端的应用程序代码。

3. 允许定义标识符

当使用 PL/SQL 开发应用模块时,为了让应用模块马上与应用环境实现数据交互,需要定义常量、变量、游标和例外等各种关系及标识符。例如,函数 get_deptno()中的 no 为输入参数,用于接收员工编号的输入值,而 deptno 变量则用于临时存储员工。

4. 具有过程语言控制结构

PL/SQL 是 Oracle 数据库在标准 SQL 上的过程性扩展,它不但允许在 PL/SQL 块内嵌入 SQL 语句,而且允许在 PL/SQL 块中使用多种类型的条件分支语句和循环语句,大大增加了 PL/SQL 的实用性,可以运用逻辑语句完成普通 SQL 语句达不到的复杂业务。

【例 9-1】　编程示例如图 9-1 所示。

```
SQL> DECLARE
  2  CURSOR emp_cursor IS SELECT ename,sal FROM emp FOR UPDATE;
  3  emp_record emp_cursor%ROWTYPE;
  4  BEGIN
  5  OPEN emp_cursor;
  6  LOOP
  7  FETCH emp_cursor INTO emp_record;
  8  EXIT WHEN emp_cursor%NOTFOUND;
  9  IF emp_record.sal<3000 THEN
 10  UPDATE emp SET sal=sal*0.2 WHERE CURRENT OF emp_cursor;
 11  END IF;
 12  END LOOP;
 13  END;
 14  /

PL/SQL 过程已成功完成。
```

图 9-1　编程示例 1

该 PL/SQL 块使用了循环(LOOP 语句)取得员工的姓名和工资,并且使用了 IF 条件控制语句判断员工工资,如果员工工资低于 3000 元,则给该员工增加 20%。

5. 具有良好的兼容性和可移植性

PL/SQL 是 Oracle 提供的用来实现应用模块的语言,在允许运行 Oracle 的任何平台上都可以使用 PL/SQL。不仅可在 Oracle 数据库中使用 PL/SQL 开发数据库端的过程、函数和触发器，也可以在 Oracle 所提供的应用开发工具 Developer 中使用 PL/SQL 开发客户端的过程、函数和触发器。它能成功地运行到不同的服务器。

6. 处理运行错误

当设计并发应用程序时，为了提高应用程序的健壮性，避免应用程序运行的异常问题，开发人员应想办法处理应用程序可能出现的各种运行错误。标准的 SQL 在遇到错误时会提示出现的异常，一旦有异常应用程序就会终止，调用者很难发现。通过使用 PL/SQL 所提供的例外(Exception)，开发人员可以集中处理各种 Oracle 错误(PL/SQL 错误)，从而简化了错误处理。

【例 9-2】 编程示例如图 9-2 所示。

```
SQL>  DECLARE
  2     name VARCHAR2(8);
  3     BEGIN
  4     SELECT ename INTO name FROM scott.emp WHERE empno=&no;
  5        dbms_output.put_line(name);
  6     EXCEPTION
  7        WHEN NO_DATA_FOUND THEN
  8           dbms_output.put_line ('该员工不存在!');
  9     END;
 10  /
输入 no 的值: 7784
原值    4:  SELECT ename INTO name FROM scott.emp WHERE empno=&no;
新值    4:  SELECT ename INTO name FROM scott.emp WHERE empno=7784;

PL/SQL 过程已成功完成。
```

图 9-2 编程示例 2

9.1.2 PL/SQL 的变量类型

在编程语言中使用最频繁的就是变量。变量就是它所表示的值是可以变化的；常量表示的值初始化以后，不能再改变。而 PL/SQL 是数据库的一个面向过程的语言，同样少不了变量，利用变量可以实现内部值的相互传递，最后将值返回到用户。

在 PL/SQL 中，可以使用 DECLARE 对变量进行声明，使用方法如下：

```
DECLARE
<变量名 1> <数据类型 1>;
<变量名 2> <数据类型 2>;
  ⋮
<变量名 n> <数据类型 n>;
```

在 DECLARE 块中可以同时声明变量和若干个常量。声明普通常量或变量时需要说明以下信息。

➢ 常量或变量的名称。
➢ 常量或变量的数据类型。

常量名和变量名的定义必须遵守 PL/SQL 标识符命名规则，包括以下内容。

➢ 标识符必须以字符开头。
➢ 标识符中可以包含数字(0～9)、下画线(_)、$ 和•。
➢ 标识符最大长度为 30。

➢ 标识符不区分大小写,如 TypeName 和 typename 是完全相同的。

➢ 不能使用 PL/SQL 保留字作为标识符名,例如不能声明变量名为 DECLARE。

PL/SQL 的数据类型与 Oracle 数据库的数据类型几乎完全相同,可以很方便地使用变量读取数据库中的数据。但是 PL/SQL 也有自己的专用数据类型。下面是 PL/SQL 中比较常用的几种数据类型。

➢ BLOB:二进制大对象,可以用来保存图像和文档等二进制数据。

➢ BOOLEAN:布尔数据类型,支持 TRUE/FALSE 值。

➢ CHAR:固定长度字符串。

➢ CLOB:字符大对象,可用来保存多达 4GB 的字符数据。

➢ DATE:存储全部日期的固定长度字符串。

➢ LONG:可变长度字符串。

➢ NUMBER:可变长度数值。

➢ RAW:二进制数据的可变长度字符串。

➢ VARCHAR2:可变长度字符串。

下面分别介绍声明常量和变量的具体方法。

1. 声明常量

声明常量的基本格式如下:

```
<常量名> constant <数据类型>:= <值>;
```

关键字 constant 表示声明的是常量。例如,要声明一个应用程序的版本信息常量 conversion,可以使用以下代码:

```
Conversion constant VARCHAR2(20) := '1.0.01';
```

定义常量 conversion,保存指定产品的版本信息,然后调用 dbms_output.put_line() 输出常量的值,编程示例如图 9-3 所示。

```
SQL> SET SERVEROUTPUT ON;
SQL> DECLARE
  2  conversion constant VARCHAR2(15) := '5.7.13';
  3  BEGIN
  4  dbms_output.put_line(conversion);
  5  END;
  6  /
5.7.13

PL/SQL 过程已成功完成。
```

图 9-3　编程示例 3

2. 声明变量

声明变量的基本格式如下:

```
<变量名> <数据类型> [(宽度):= <初始值>];
```

其中,宽度和初始值是可选项。

【例 9-3】 要声明一个变量 Database 保存数据库信息，可以使用以下代码，编程示例如图 9-4 所示。

```
SQL> SET SERVEROUTPUT ON;
SQL> DECLARE
  2  Database VARCHAR2(50) := ' Oracle 10g ';
  3  BEGIN
  4  dbms_output.put_line(Database);
  5  END;
  6  /
Oracle 10g

PL/SQL 过程已成功完成。
```

图 9-4 编程示例 4

9.1.3 PL/SQL 的表达式

数据库中通常用表达式来计算结果，特别是在常量和变量的使用过程中。它的表达式和普通编程语言的表达式很类似，可以将其分为如下三类。

➢ 数值表达式。
➢ 关系表达式。
➢ 逻辑表达式。

下面分别对这三类表达式进行介绍。

1. 数值表达式

数值表达式由常量、变量及函数，通过算术运算符连接而成。在 PL/SQL 中可以运用的算术运算符有＋（加号）、－（减号）、*（乘号）、/（除号）、**（乘方）。

这些运算符构成了 PL/SQL 中的基本运算。如果遇到对数据相对较高的要求，则需要使用数值类型的函数来辅助完成。以上运算符的优先级和平常接触的基础运算（优先级）是相同的。

2. 关系表达式

关系表达式是由关系运算符连接起来的字符或数值。关系运算符种类有很多，主要有以下几种：＝（等于）、<（小于）、>（大于）、<＝（小于或等于）、>＝（大于或等于）、!＝（不等于）及<>。很多关系表达式在 PL/SQL 的条件语句中使用，最后的结果是布尔类型值。

3. 逻辑表达式

逻辑表达式就是由逻辑符号和变量等组成的表达式。逻辑符号相对比较少，常见的主要有以下三种：AND（逻辑与）、OR（逻辑或）、NOT（逻辑非）。

9.1.4 PL/SQL 的运算符

任何编程都有属于它自己的语言以及相应的运算符，这种做法会使应用程序的效率大大提升。PL/SQL 中也有一些基本的运算符规则。

1. PL/SQL 中的字符集

➢ 大小写字母：A～Z,a～z。
➢ 数字：0～9。
➢ 空白：制表符、空格和回车。
➢ 数字符号：＋、－、* 、/、〈〉、＝。
➢ 标点符号：～、!、@、#、$ 、%、^、&、* 、()、_、|、{ }、[]、?、;、:、,、.、"、'。
注意：PL/SQL 字符集不区分大小写。

2. PL/SQL 中的标识符

标识符用于定义 PL/SQL 变量、常量、异常、游标名称、游标变量、参数、子应用程序名称及其他的应用程序单元名称等。

在 PL/SQL 应用程序中，标识符是以字母开头的，后边可以跟字母、数字、美元符号（$）、井号（#）或下画线（_），它的最大长度为 30 个字符，而且所有字符都是有效的。

例如，X、v_deptno、v_ $ 等都是有效的标识符，而 X＋y、_Temp 则是非法的标识符。

注意：如果标识符要区分大小写、使用预留关键字、包含空格等特殊符号，则需要用" "括起来，这叫作引证标识符。例如，标识符"My room"和"exception"。

9.2　PL/SQL 控制结构

在编写计算机应用程序时，任何计算机语言（例如 C、C++、Java、C # 等）都能处理各种基本的控制结构：条件结构、循环结构和顺序结构等，PL/SQL 也不例外。它不仅可以嵌入 SQL 语句，而且还支持条件分支语句（IF、CASE）、循环语句（LOOP）及顺序语句等。这些控制语句对 PL/SQL 编程起着非常重要的作用，本节就着重介绍它的逻辑控制语句。

9.2.1　条件结构

条件分支语句用于根据特定情况选择需执行的操作。在 Oracle 10g 之前执行条件分支操作都需要使用 IF 语句来完成，并且 PL/SQL 提供了三种条件分支语句：IF-THEN，IF-THEN-ELSE,IF-THEN-ELSIF。语法格式如下：

```
IF(condition) THEN < statements >;
[ELSIF (condition)THEN < statements >; ]
[ELSE < statements >; ]
END IF;
```

如上所示，当使用条件分支语句时，不但可以使用 IF 语句进行简单条件判断，而且还可以使用 IF 语句的二重分支和多重分支进行判断。

1. 简单条件判断（IF-THEN）

简单条件判断用于执行单一条件判断。如果满足特定条件，则会执行对应操作；如果不满足条件，则退出条件分支语句。简单条件判断是使用 IF-THEN 语句来完成的，其执行流程如图 9-5 所示。

如图 9-5 所示,当使用简单条件判断时,如果 condition 为 TRUE,那么 PL/SQL 执行器会执行 THEN 后的操作;如果 condition 为 FALSE 或 NULL,那么 PL/SQL 执行器会直接退出条件分支语句。该结构先判断一个条件是否为 TRUE,若条件成立则执行对应的语句块。具体语法是:

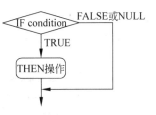

图 9-5 条件判断执行流程

```
IF  条件  THEN
...      ------ 条件结构体
END IF;
```

解释说明:

(1) 以 IF 关键字开始,以 END IF 关键字结束(注意,END IF 后面有一个分号)。

(2) 条件部分可以不使用括号,但是必须以关键字 THEN 来标识条件结束。如果条件成立,则执行 THEN 后到对应 END IF 之间的语句块内容;如果条件不成立,则不执行条件语句块的内容。

(3) 条件可以使用关系运算符和逻辑运算符。

【例 9-4】 编程示例如图 9-6 所示。

```
SQL> DECLARE
  2  v_sal NUMBER(8,3);
  3  BEGIN
  4  SELECT sal INTO v_sal FROM emp WHERE lower(ename)=lower('&&name');
  5  IF v_sal<1500 THEN
  6  UPDATE emp SET sal=v_sal+300 WHERE lower(ename)=lower('&name');
  7  END IF;
  8  END;
  9  /
原值   4: SELECT sal INTO v_sal FROM emp WHERE lower(ename)=lower('&&name');
新值   4: SELECT sal INTO v_sal FROM emp WHERE lower(ename)=lower('SCOTT');

PL/SQL 过程已成功完成。
```

图 9-6 编程示例 5

如上所示,在执行以上 PL/SQL 块时,首先会提示输入员工的名字 name,然后取得员工的工资;如果员工的工资低于 1500 元,则为其增加 300 元的工资。

2. 二重条件分支(IF-THEN-ELSE)

二重条件分支是指由条件来选择两种可能性。使用二重条件分支时,如果满足条件,则执行一组操作;如果不满足条件,则执行另外一组操作。二重条件分支是使用 IF-THEN-ELSE 来完成的,其执行流程如图 9-7 所示。

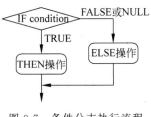

图 9-7 条件分支执行流程

如图 9-7 所示,在执行 IF-THEN-ELSE 语句时,如果 condition 为 TRUE,那么 PL/SQL 执行器会执行 THEN 后的操作;如果 condition 为 FALSE 或 NULL,那么 PL/SQL 执行器会执行 ELSE 后的操作。具体语法:

```
IF  条件  THEN
...      ------ 条件成立结构体
ELSE
...      ------ 条件不成立结构体
END IF;
```

解释说明：把 ELSE 与 IF-THEN 连在一起使用，如果 IF 条件不成立则会执行 ELSE 部分的语句。

【例 9-5】 编程示例如图 9-8 所示。

```
SQL> DECLARE
  2    mynum number := &num;
  3  BEGIN
  4    if mynum = 1then
  5      dbms_output.put_line('我是1');
  6    else
  7      dbms_output.put_line('我不是1');
  8    END IF;
  9  END;
 10  /
输入 num 的值： 1
原值   2：   mynum number := &num;
新值   2：   mynum number := 1;

PL/SQL 过程已成功完成。
```

图 9-8　编程示例 6

如上所示，在执行了以上 PL/SQL 块之后，输入 num 值。如果从控制台输入 1 则输出"我是 1"，否则输出"我不是 1"。

3. 多重条件分支（IF-THEN-ELSIF）

多重条件分支用于执行复杂的条件分支操作。当使用多重条件分支时，如果满足第一个条件，则执行第一种操作；如果不满足第一个条件，则检查是否满足第二个条件，如果满足第二个条件，则执行第二种操作；如果不满足第二个条件，则检查是否满足第三个条件，以此类推。多重条件分支是使用 IF-THEN-ELSIF 语句来完成的，其执行流程如图 9-9 所示。

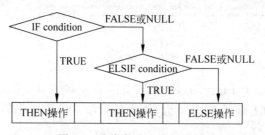

图 9-9　多条件分支执行流程

如图中所示，当执行 IF-THEN-ELSIF 语句时，如果第一个条件为 TRUE，那么 PL/SQL 执行器会执行第一个 THEN 后的操作；如第一个条件为 FALSE 或 NULL，那么 PL/SQL 执行器会判断第二个条件（ELSIF）；如果第二个条件为 TRUE，那么 PL/SQL 执行器会执行第二个 THEN 后的操作，以此类推，直到所有条件判断完成。如果所有条件都为 FALSE 或 NULL，那么 PL/SQL 执行器会执行 ELSE 后的操作。具体语法格式：

```
IF   条件   THEN
…        -----条件成立结构体
ELSIF   条件   THEN
…        -----条件成立结构体
ELSE
…        ------条件不成立结构体
END IF;
```

解释说明：PL/SQL 中的再次条件判断中使用关键字 ELSIF。

【例 9-6】 编程示例如图 9-10 所示。

```
SQL> DECLARE
  2    mynum number := &num;
  3  BEGIN
  4    if mynum <18 then
  5      dbms_output.put_line('未成年人');
  6    elsif mynum >=18 and mynum <40 then
  7      dbms_output.put_line('中年人');
  8    elsif mynum >=40 then
  9      dbms_output.put_line('老年人');
 10  END IF;
 11  END;
 12  /
输入 num 的值: 23
原值    2:    mynum number := &num;
新值    2:    mynum number := 23;

PL/SQL 过程已成功完成。
```

图 9-10 编程示例 7

如上所示，在执行以上 PL/SQL 块时，如果 mynum 为"小于 18 岁"，则为"未成年人"；如果 mynum 为"大于或等于 18 岁且小于 40 岁"，则为"中年人"；而对其他年龄，则其为"老年人"。

4. CASE 条件控制语句

CASE 语句是一种选择结构的控制语句。与 IF 语句类似，CASE 语句根据条件从多个执行分支中选择相应的执行动作，也可以作为表达式使用，返回一个值。具体语法格式：

```
CASE [selector]
WHEN 表达式 1 THEN 语句序列 1;
WHEN 表达式 2 THEN 语句序列 2;
WHEN 表达式 3 THEN 语句序列 3;
...          [ELSE 语句序列 N];
END CASE;
```

解释说明：如果存在选择器 selector，选择器 selector 与 WHEN 后面的表达式匹配，匹配成功就执行 THEN 后面的语句。如果所有表达式都与 selector 不匹配，则执行 ELSE 后面的语句。

【例 9-7】 编程示例如图 9-11 所示。

```
SQL> DECLARE
  2    v_deptno emp.deptno%TYPE;
  3  BEGIN
  4    v_deptno:=&no;
  5    CASE v_deptno
  6    WHEN 10 THEN
  7    UPDATE emp SET comm=150 WHERE deptno=v_deptno;
  8    WHEN 20 THEN
  9    UPDATE emp SET comm=120 WHERE deptno=v_deptno;
 10    WHEN 30 THEN
 11    UPDATE emp SET comm=90 WHERE deptno=v_deptno;
 12    ELSE
 13    dbms_output.put_line ('不存在该部门');
 14    END CASE;
 15    END;
 16  /
输入 no 的值: 10
原值    4: v_deptno:=&no;
新值    4: v_deptno:=10;

PL/SQL 过程已成功完成。
```

图 9-11 编程示例 8

执行以上 PL/SQL 块的时候,会提示用户输入部门号,同时会更新相应部门的员工补助。如果输入了除 10、20、30 之外的其他部门,则会显示信息"不存在该部门"。

9.2.2　循环结构

为了在编写的 PL/SQL 块中重复执行一条语句或者一组语句,可以使用循环结构。编写循环结构时,用户可以使用基本 LOOP 循环、WHILE 循环和 FOR 循环等三种类型的循环语句,下面分别介绍使用这三种循环语句的方法。

1. LOOP 循环

LOOP 循环是循环结构中最基本的循环。循环体在 LOOP 和 END LOOP 之间。在每个 LOOP 循环体中,首先执行循环体中的语句序列,执行完后再重新开始执行。其语法格式:

```
LOOP
statement1;
EXIT [WHEN condition];
END LOOP;
```

如上所示,当使用基本循环时,无论是否满足条件,语句至少会被执行一次。

解释说明: 在 LOOP 循环中可以使用 EXIT 或者[EXIT WHEN 条件]的形式终止循环,否则该循环就是死循环。

【例 9-8】　编程示例如图 9-12 所示。

```
SQL> create table temp(cola int);

表已创建。

SQL> DECLARE
  2  i INT:=1;
  3  BEGIN
  4  LOOP
  5  INSERT INTO temp VALUES(i);
  6  EXIT WHEN i=10;
  7  END LOOP;
  8  END;
  9  /
```

图 9-12　编程示例 9

如上所示,在执行以上 PL/SQL 块时,会使用基本循环为 temp 表插入 10 条数据(1,2,…,10),并且当 i=10 时会退出循环。

2. WHILE 循环

基本循环至少要执行一次循环体内的语句,而对于 WHILE 循环来说,先判断条件,条件成立再执行循环体。只有条件为 TRUE 时,才会执行循环体内的语句。WHILE 循环以 WHILE…LOOP 开始,以 END LOOP 结束。其语法格式:

```
WHILE condition
LOOP statement1; statement2;
END LOOP;
END;
```

如上所示，当 condition 为 TRUE 时，PL/SQL 执行器会执行循环体内的语句；而当 condition 为 FALSE 或 NULL 时，会退出循环，并执行 END LOOP 后的语句。

解释说明：当使用 WHILE 循环时，应该定义循环控制变量，并在循环体内改变循环控制变量的值。

【例 9-9】　编程示例如图 9-13 所示。

```
SQL>  DECLARE
  2    i INT :=1;
  3    BEGIN
  4    WHILE i<=10 LOOP
  5    INSERT INTO temp VALUES(i);
  6    i:=i+1;
  7    END LOOP;
  8    END;
  9    /

PL/SQL 过程已成功完成。
```

图 9-13　编程示例 10

如上所示，当执行以上 PL/SQL 块时，会使用 WHILE 循环为 temp 表插入 10 条记录（1,2,…,10），当 i=11 时会退出循环体。

3. FOR 循环

当使用基本循环或 WHILE 循环时，需要定义循环控制变量，并且循环控制变量不仅可以使用 NUMBER 类型，也可以使用其他数据类型。FOR 循环需要预先确定循环次数，可通过给循环变量指定下限和上限来确定循环运行的次数，然后循环变量在每次循环中递增（或者递减）。具体语法格式：

```
FOR counter in (REVERSE)
lowerebound, upperebound LOOP
statement1; statement2;
END LOOP;
```

解释说明：循环变量，该变量的值每次循环根据上下限的 REVERSE 关键字进行加 1 或者减 1；REVERSE，指明循环从上限向下限依次循环。

【例 9-10】　编程示例如图 9-14 所示。

```
SQL> BEGIN
  2    FOR i IN REVERSE 1..10 LOOP
  3    INSERT INTO temp VALUES(i);
  4    END LOOP;
  5    END;
  6    /

PL/SQL 过程已成功完成。
```

图 9-14　编程示例 11

如上所示，当执行以上 PL/SQL 块时，会为 temp 表插入 10 条记录。因为指定 REVERSE 选项，所以被插入数据的顺序为 10,9,…,1。

9.2.3　顺序结构

在应用程序顺序结构中有两个特殊的语句。PL/SQL 不但提供条件分支语句和循环控制语句,而且还提供了顺序控制语句 GOTO 和 NULL。但与 IF、CASE 和 LOOP 语句不同,通常情况下不使用 GOTO 语句和 NULL 语句。下面简单介绍如何在 PL/SQL 应用程序中使用 GOTO 语句和 NULL 语句。

1. GOTO 语句

GOTO 语句将无条件地跳转到标签指定的语句去执行。标签是用双尖括号括起来的标识符,在 PL/SQL 块中必须具有唯一的名称,标签后必须紧跟可执行语句或 PL/SQL 块。GOTO 语句不能跳转到 IF 语句、CASE 语句、LOOP 语句或者子块中。

2. NULL 语句

NULL 语句什么都不做,只是将控制权转到下一行语句。NULL 语句是可执行语句。NULL 语句在 IF 或者其他语句语法中要求至少需要一条可执行语句,但又不需要具体操作的地方。

9.3 PL/SQL 出错处理

用 PL/SQL 编写的应用程序在运行过程中,可能会出现错误及异常情况,有的错误来自本身,而有的错误来自人工自定义数据。例如,无法建立到 Oracle 的连接或用 0 做除数等。它也是 PL/SQL 中非常重要的一部分。异常处理代码在 EXCEPTION 块中实现,可以使用 WHEN 语句来定义异常处理。具体语法格式:

```
EXCEPTION
WHEN <异常情况名> THEN <异常处理代码>
WHEN <异常情况名> THEN <异常处理代码>
WHEN OTHERS THEN <异常处理代码>
```

解释说明:异常情况名是 Oracle 定义的异常情况下的标识,WHEN 语句中指定的异常情况发生时,THEN 关键字后面的异常处理代码会被执行。Oracle 会为每一个错误提供一个错误号,捕获异常。PL/SQL 定义的标准异常名如表 9-1 所示。

表 9-1 PL/SQL 标准异常名

异常情况名	ORA 代码	SQL 代码	说　　明
ACCESS INTO NULL	ORA-06530	-6530	试图赋值到一个未初始化的对象
COLLECTIONJS NULL	ORA-06531	-6531	试图使用未初始化的嵌入表或变长数组
CURSOR ALREADY OPEN	ORA-06511	-6511	试图打开一个已经打开的游标
INVALID NUMBER	ORA-01722	-1722	字符向数字转换失败
NO_DATA_FOUND	ORA-01403	100	执行了 SELECT INTO 语句,但是没有匹配的行数据
NOT LOGGED ON	ORA-01012	-1012	试图进行数据库操作,但没有登录
STORAGE ERROR	ORA-06500	-6500	存储空间错误
TIMBOUT ON RESOURCE	ORA-00051	-51	当 Oracle 等待分配资源时,资源已耗尽
P ROGRAM ERROR	ORA-06501	-6501	PL/SQL 内部错误

异常情况名	ORA 代码	SQL 代码	说 明
ROWTYPE MISMATCH	ORA-06504	-6504	PL/SQL 返回的游标变量和主游标不匹配
SUBSCRIPT_OUTSIDE_LIMIT	ORA-06532	-6532	使用的子脚本程序中用到的变长数组的范围已经超过该数组声明时所定义的范围
SYS INVALID ROWID	ORA-01410	-1410	试图将一个字符串传递给 ROWID,但操作失败
TOO MANY ROWS	ORA-01422	-1422	执行一条 SELECT INTO 语句,但返回了多行数据
ZERO DIVIDE	ORA-01476	-1476	试图用 0 做除数
INVALID CURSOR	ORA-Ol001	-1001	试图进行游标操作,但不能打开游标

【例 9-11】 异常处理编程示例如图 9-15 所示。

```
SQL> SET SERVEROUTPUT ON;
SQL> DECLARE
  2   x NUMBER;
  3   BEGIN
  4   x:= '123';    ------向NUMBER类型的变量x中赋值字符串,导致异常
  5   EXCEPTION
  6   WHEN VALUE_ERROR THEN
  7   DBMS_OUTPUT. PUT_LINE ('数据类型错误');
  8   END;
  9   /

PL/SQL 过程已成功完成。
```

图 9-15　编程示例 12

例子中首先声明了一个 NUMBER 类型的变量 x,然后将字符串常量"123"赋值给 x,从而导致异常发生,异常情况名为 VALUE_ERROR。

运行结果:

数据类型错误
PL/SQL 过程已成功完成。

【例 9-12】 数据库操作异常处理。

```
SET SERVEROUTPUT ON;
DECLARE
var_UserName VARCHAR(40);
BEGIN
SELECT UserName INTO var_UserName FROM Users WHERE UserType = 8;
EXCEPTION
WHEN NO_DATA_FOUND THEN
DBMS_OUTPUT. PUT_LINE('没有数据');
WHEN TOO_MANY_ROWS THEN
DBMS_OUTPUT. PUT_LINE('返回多行匹配的数据');
WHEN OTHERS THEN
DBMS_OUTPUT. PUT_LINE('错误情况不明');
END;
/
```

解析:这段代码从表 Users 中读取用户类型编号为 8 的用户名,并赋值到变量 var_UserName 中。此时可能存在三种情况。

> ➤ 会返回一行数据,并把结果赋值到变量 var_UserName 中。
> ➤ 如果没有满足条件的数据,则会引发 NO_DATA_FOUND 异常。
> ➤ 如果返回多行满足条件的数据,则会引发 TOO_MANY_ROWS 异常。

如果不是这三种情况导致的异常,则由 WHEN OTHERS THEN 语句处理,显示"错误情况不明"。根据数据库中的实际情况,代码运行结果:

```
返回多行匹配的数据
PL/SQL 过程已成功完成。
```

9.4　游标

存储数据是数据库创建的最基本意图,而它的存在必须体现在能进行访问。因为在关系数据库中,数据都是以行为单位存储。在 PL/SQL 中,另一个重要概念就是游标。游标是一种 PL/SQL 控制结构,可以对 SQL 语句的处理进行显示控制,便于对表的行数据逐条进行处理。游标并不是一个数据库对象,它只是存留在内存中。本节将对游标进行介绍。

使用游标的操作步骤如下。

(1) 声明游标。

(2) 打开游标。

(3) 取出结果,此时的结果取出的是一行数据。

(4) 关闭游标。

(5) 使用 ROWTYPE 数据类型。此类型表示可以把一行的数据都装进来。

9.4.1　游标的概念

游标就像程序设计语言中的指针。在使用 SELECT 语句查询数据库时,首先将查询返回的数据存于结果集中。用户在得到结果集后,游标变量利用自身属性需要逐行逐列地获取其中存储的数据,从而在应用程序中使用这些值。游标是一种定位并控制结果集的机制。

用数据库语言来描述,游标是映射在结果集中一行数据上的位置实体。有了游标,用户就可以访问结果集中的任意一行数据。将游标放置到某行后,即可对该行数据进行操作,最常见的操作是提取当前行数据。最重要的是,游标总是在 PL/SQL 编程中使用。

游标在 Oracle 数据库中可以分为两种类型:显式游标和隐式游标。

9.4.2　显式游标

显式游标使用的时候需要声明,并且使用之前需打开游标,在完成后需要关闭游标。使用显式游标需要以下四个步骤。

(1) 声明游标。使用 declare cursor 命令声明游标名及游标使用的查询语句。

(2) 打开游标。在游标被打开之后,才能对其进行数据操作。执行说明游标定义时的查询语句,把查询结果装入内存,游标将会位于(结果集)第 1 条记录的位置。

（3）读取数据。FETCH 语句是读取数据的主要语句，它只能从结果集的游标当前位置处读取数据，执行完成后游标再后移一行。

（4）关闭游标。释放结果集和游标占用的资源。

通常所说的游标是指显式游标。它可以使用户直接参与管理，从而使应用程序的结构和脉络更加清晰，便于控制。所以建议使用显式游标。

1. 声明游标语句 CURSOR

声明游标语句 CURSOR 的基本语法格式如下：

```
DECLARE CURSOR <游标的名字>
[ <参数列表>]
IS
< SELECT 语句>;
```

【例 9-13】 声明一个游标 Pro_My_Cur，读取指定类型的用户信息。

```
DECLARE CURSOR Pro_My_Cur(varch_Type NUMBER) IS
SELECT UserId, UserName FROM Users WHERE UserType = varch_Type;
```

解析：varch_Type 参数打开游标时指定，游标会根据其值决定结果集的相关内容。

注意：以上代码支持完整应用程序的声明部分。

2. 打开游标语句 OPEN

打开游标语句 OPEN 的基本语法格式如下：

```
OPEN <游标名> [<参数列表>];
```

【例 9-14】 打开游标 Pro_My_Cur，读取类型为 5 的用户信息。

```
OPEN Pro_My_Cur(5);
```

注意：显式游标一定要事先声明，才能使用 OPEN 语句打开，否则会出现错误。

3. 游标取值语句 FETCH

游标取值语句 FETCH 的基本语法格式如下：

```
FETCH <游标名> INTO <变量列表>;
```

【例 9-15】 在已经打开的游标 Pro_My_Cur 的当前位置读取数据。

```
FETCH Pro_My_Cur INTO varI,d varName;
```

注意：显式游标必须事先打开，才能使用 FETCH 语句取值，否则会出现错误。

4. 关闭游标语句 CLOSE

关闭游标语句 CLOSE 的基本语法格式如下：

```
CLOSE <游标名>;
```

【例 9-16】 关闭游标 Pro_My_Cur。

```
CLOSE Pro_My_Cur;
```

注意：显式游标使用完后，应该及时关闭，从而释放存储空间。

【例 9-17】 下面是以上四小部分的游标应用实例，完整代码如下：

```
SET ServerOutput ON;
DECLARE                         ------- 声明部分
varld NUMBER;
varName VARCHAR2 (50);
CURSOR Pro_My_Cur(varch_Type NUMBER) IS SELECT UserId, UserName FROM Users WHERE UserType =
varch_Type;
BEGIN
OPEN Pro_My_Cur (5);            ---- 打开游标,参数为5,表示读取用户类型编号为 5 的记录
FETCH Pro_My_Cur INTO varId, varName; ---- 读取当前游标位置的数据
CLOSE Pro_My_Cur;              --- 关闭游标
DBMS_OUTPUT.PUT_LINE ('用户编号:'||varld||',用户名:'|| varName);
END;
/
```

运行结果：

```
用户编号:5,用户名:Anonymous
PL/SQL 过程已成功完成。
```

9.4.3　隐式游标

隐式游标和显式游标有差异。隐式游标不需要声明，使用时也不需要执行打开和关闭操作。事实上，隐式游标就是在 SELECT 语句中增加 INTO 子句，把结果集自动读取到指定的变量中。隐式游标虽然不像显式游标有可操作性，但是在实际工作中也会经常用到。其主要包括两种形式：使用 Oracle 预定义的名为 SQL 的隐式游标和使用 DML 语句来进行循环的隐式游标。

隐式游标不受用户控制，这是和显式游标区分的关键。隐式游标主要有以下几个特点。
- 隐式游标的默认名称是 SQL；
- 隐式游标由 PL/SQL 自动管理；
- SELECT 或 DML 操作产生隐式游标；
- 隐式游标的属性值始终是执行最新的 SQL 语句。

【例 9-18】 使用 SELECT 语句声明隐式游标，从 HR. Departments 表中读取 Department_name 字段的值到变量 DepName。

```
SET ServerOutput ON;
DECLARE
DepName HR. Departments. Department_Name % Type;
BEGIN
SELECT Department_name INTO DeptName FROM HR. Departments WHERE DepartmentalD = 10;
DBMS_OUTPUT. PUTLINE( DepName);
END;
```

/

运行结果：

```
Administration
PL/SQL 过程已成功完成。
```

9.4.4 游标属性

Oracle 游标有四个属性，分别是％ISOPEN、％FOUND、％NOTFOUND 和％ROWCOUNT。在应用程序中使用这些属性，可以增加应用程序的完全性，避免出现错误，提高应用程序设计的灵活性。但是这四个属性在显式游标和隐式游标中代表的含义不同。

1．％ISOPEN 属性

对于显式游标，％ISOPEN 属性判断游标是否被打开。如果游标被打开，则 ISOPEN 等于 TRUE，否则％ISOPEN 等于 FALSE。

对于隐式游标，％ISOPEN 属性永远返回 FALSE，由 Oracle 本身控制。

2．％FOUND 属性

对于显式游标，％FOUND 属性判断游标所在的行是否有效。如果有效，则％FOUND 等于 TRUE，否则％FOUND 等于 FALSE。

对于隐式游标，此属性可以反映出 DML 操作的数据是否受到了影响。当有影响时该属性为 TURE，否则为 FALSE。除此之外，也可以反映出 SELECT INTO 语句是否返回了有效数据。

3．％NOTFOUND 属性

对于显式游标，％NOTFOUND 属性判断的是游标所在的行是否无效。如果无效，则％NOTFOUND 等于 TRUE，否则％NOTFOUND 等于 FALSE。

对于隐式游标，是％FOUND 属性的对立面。当 DML 操作没有影响数据以及 SELECT INTO 没有返回数据时返回 TRUE，否则返回 FALSE。％NOTFOUND 属性的使用方法与％FOUND 相似，只是功能正好相反。

4．％ROWCOUNT 属性

对于显式游标，％ROWCOUNT 属性在每次执行 FETCH 命令更新时，用于返回到当前位置为止游标读取的记录行数。

对于隐式游标，该属性可以反映出 DML 操作对数据影响的数量。

9.4.5 游标 FOR 循环

游标 FOR 循环是指显式游标的一种便捷使用方式，它使用 FOR 循环依次读取结果集中出现的行数据。FOR 循环要开始的时候，游标会被自动打开（这里不需要使用 OPEN 语句）；每一次循环，系统会自动读取游标当前行的数据（也不需要使用 FETCH 语句）；当要退出 FOR 循环时，游标将自动关闭（不需要使用 CLOSE 语句）。

　　游标 FOR 循环通常与 PL/SQL 的记录一起使用，所以首先要介绍 PL/SQL 记录的使用情况。PL/SQL 记录（Record）和 C 语言中的结构体大致相似，它是由一组数据项构成的逻辑单元。例如，要描述一个用户信息，可以根据由用户编号 UserId、用户名 UserName 和用户类型 UserType 等数据项组成的记录。

　　PL/SQL 记录并不会保存在数据库中，它和变量一样，会保存在内存空间中。在使用记录时，事先要定义记录的结构，以及它声明的记录变量。可以把 PL/SQL 记录看作是一个用户自定义的数据类型。它的具体语法格式：

```
TYPE <记录类型名> IS RECORD (字段声明[,字段声明]…);
```

　　在"字段声明"当中，需定义 PL/SQL 记录中的字段项和它的数据类型。数据类型可以是 Oracle 数据库中列数据类型，也可以是 PL/SQL 中自定义的数据类型。

　　定义记录变量的方法和定义普通变量的方法相同，具体语法格式如下：

```
<记录变量名> <记录变量类型>
```

　　【例 9-19】　声明记录类型 User_Record_Type 和定义记录变量 var_UserRecord，代码如下：

```
TYPE User_Record_Type IS RECORD
(UserIdUsers.UserId % Type,
UserName Users.UserName % Type);
var_UserRecord User_Record_Type;
```

　　在声明记录类时，用<方案名>.<表名>.<列名>%Type 来表示表中列的数据类型，也可以使用下面的方法访问记录中的字段：

```
<记录名>.<字段名>
```

　　例如，var_UserRecord. UserId 和 var_UserRecord. UserName。

　　如果要声明的记录类型与某个表或视图的结构完全相同，则可以直接使用%ROWTYPE 属性来定义记录变量，语法格式如下：

```
<变量>.<表名>. % ROWTYPE;
```

　　【例 9-20】　定义一个与表 User 结构完全相同的记录变量 var_UserRecord。

```
SET ServerOutput ON;
DECLARE -- 开始声明部分                    /*声明记录类型*/
TYPE User_Record_Type IS RECORD
(UserIdUsers.UserId % Type,
UserNameUsers.UserName % Type);              /*定义记录变量*/
var_UserRecord User_Record_Type;
/*定义游标,varch_Type 为参数,_指定用户类型编号*/
CURSOR Pro_My_Cur(varch_Type NUMBER) IS SELECT UserId, UserName FROM Users WHERE UserType =
varch_Type;
BEGIN                                  -- 开始程序体
```

```
IF Pro_My_Cur % ISOPEN = FALSE
Then OPEN Pro_My_Cur(1);
END IF;
LOOP
FETCH Pro_My_Cur INTO var_UserRecord; -- 读取当前游标位置的数据到记录变量 var_UserRecord
EXIT WHEN Pro_My_Cur % NOTFOUND;             -- 当游标指向结果集结尾时退出循环
dbms_output.put_line ('用户编号:'|| var_UserRecord. UserId ||,'用户名:'||var_UserRecord.
UserName);
END LOOP;
CLOSE Pro_My_Cur;                       -- 关闭游标
END;                                    -- 结束程序体
/
```

运行结果为：

```
用户编号:1,用户名:Lixiang
用户编号:2,用户名:ZhangSan
用户编号:4,用户名:WangWu
PL/SQL 过程已成功完成。
```

典型的游标 FOR 循环需要先对其游标进行声明，然后才可以使用。游标 FOR 循环的具体语法格式如下：

```
FOR <记录名> IN <游标名> LOOP
语句1;
语句2;
语句n;
END LOOP;
```

【例 9-21】 编程示例。

```
SET ServerOutput ON;
DECLARE
CURSOR Pro_My_Cur(varch_Type NUMBER) IS SELECT UserId, UserName FROM Users WHERE UserType =
varch_Type;
BEGIN                      -- 开始程序体
FOR var_UserRecord IN Pro_My_Cur(1) LOOP
dbms_output .put_line ('用户编号:'|| var_UserRecord .UserId || ',用户名:'|| var_UserRecord.
UserName);
END LOOP;
END;                      -- 结束程序体
/
```

运行结果：

```
用户编号:1,用户名:Jack
用户编号:2,用户名:Tom
用户编号:4,用户名:Mackical
PL/SQL 过程已成功完成。
```

要求：在游标 FOR 循环中直接使用 SELECT 子查询代替游标名。

解释说明：使用游标 FOR 循环可以简化游标的声明和使用，是一种很实用的方法。

9.5 存储过程函数 1

PL/SQL 与其他应用程序设计语言一样,它也可以把用户编写的应用程序存储起来,能够在需要的时候调用执行,提高代码的重用性和共享性。存储过程就是以一种形式存储的用户应用程序,它需要人为执行调用语句运行。

PL/SQL 有以下三种存储过程。

➤ 存储过程:一种基本的存储过程,由过程名、参数和程序体组成。

➤ 函数:与过程类似,只是函数有返回值。

➤ 包:一组相关的 PL/SQL 过程和函数,由包名、说明部分和包体组成。

本节将着重介绍基本的存储过程。

9.5.1 存储过程的简介

数据库的开发中,存储过程的使用是比较频繁的,与普通 SQL 语句相比有着无法替代的作用。如果经常需要执行某一特定操作,可以为这些操作建立过程,简化应用程序的开发和维护,同时提高应用程序的性能。

1. 存储过程的概念

存储过程就是一段存储在数据库中可以去执行某种功能的应用程序,它包含一条或者若干 SQL 语句,但是其定义方式和 PL/SQL 块、包等都有所区分。它是预定义、可重复的 PL/SQL 代码块,倾向于数据库操作,没有返回值。在数据库中,可以直接通过存储过程的名称调用一些系统默认的存储过程。同时,它也可以在其他编程语言中调用。

2. 存储过程的作用

(1)简化了复杂的操作。它可以把需要执行的若干 SQL 语句封装到一个独立的段中,用户在使用时只需调用这个段即可达到相应的目的,提高了使用率。

(2)增加了数据的独立性。利用存储过程可以把数据库系统的基础数据和应用程序分离开来,当基础数据的结构发生改变时,就能修改存储过程。这样一来基础数据的变化就是不可见的,因此无须修改应用程序代码。

(3)提高了安全性。使用存储过程有效地遏制了错误率。因为不使用存储过程,要想实现某项操作则需要执行若干条独立的 SQL 语句,执行步骤过多很可能增加出错率。

(4)提高性能。完成一项复杂的功能需要若干条 SQL 语句,而 SQL 语句每次执行都需要去编译,存储过程可以包含很多条 SQL 语句,并且创建完成之后只需要编译一次即可直接调用。这样大大地提高了性能。

3. 存储过程的创建

存储过程用于执行特定操作。如果在应用程序中经常需要执行特定的操作,可以基于这些操作建立一个特定的存储过程。其具体语法格式:

```
CREATE [OR REPLACE] PROCEDURE procedure_name (argument1 [model] datatype1, arguments [mode2]
datatype2, …)
IS [AS]
PL/SQL Block;
END;
```

如上所示，procedure_name用于指定过程名称；argument1、arguments等则用于指定过程的参数；IS或AS用于开启一个PL/SQL块。

注意：当指定参数数据类型时，不能指定其长度。另外，当建立过程时，既可以指定输入参数（ON），也可以指定输出参数（OUT）及输入输出参数（IN OUT）。

9.5.2 存储过程的创建

通过在存储过程中使用输入参数，可以将应用环境的数据传递到执行部分；通过使用输出参数，可以将执行部分的数据传递到应用环境。定义子程序参数时，如果不指定参数模式，则默认为输入参数；如果要定义输出参数，那么需要指定OUT关键字；如果要定义输入输出参数，则需要指定IN OUT关键字。

1. 创建（不带任何参数）存储过程

建立存储过程时，存储过程既可以带参数，也可以不带任何参数。下面以建立用于输出当前系统日期和时间的存储过程为例，说明建立该种存储过程的方法。

【例9-22】 编程示例如图9-16所示。

```
SQL> CREATE OR REPLACE PROCEDURE out_time
  2  AS
  3  BEGIN
  4  dbms_output.put_line(systimestamp);
  5  END;
  6  /

过程已创建。
```

图9-16 编程示例13

创建存储过程out_time之后，就可以调用该存储过程。在SQL＊PLUS环境中调用存储过程有两种方法：一种是使用execute（简写为exec）命令；另一种是使用call命令。

方法一：使用execute命令调用存储过程，编程示例如图9-17所示。

```
SQL> set serveroutput on
SQL> exec out_time
16-8月 -18 04.45.59.388000000 下午 +08:00

PL/SQL 过程已成功完成。
```

图9-17 编程示例14

方法二：使用call命令调用存储过程，编程示例如图9-18所示。

```
SQL> set serveroutput on
SQL> call out_time();
16-8月 -18 04.46.25.316000000 下午 +08:00

调用完成。
```

图9-18 编程示例15

2．创建存储过程：带有 IN 参数

创建存储过程时，通过使用输入参数，可将应用程序的数据传递到存储过程中。当给过程定义参数时，如若不指定参数模式，那么默认就是输入参数，另外也可以使用 IN 关键字显式地定义输入参数。下面以创建为员工插入数据的过程 ADD_EMPLOYEB 为例，说明创建带有输入参数的过程方法。

【例 9-23】　创建带有输入参数的过程方法示例。

```
CREATE OR REPLACE PROCEDURE add_employee (eno NUMBER, name VARCHAR2, sal NUMBER, job VARCHAR2
DEFAULT 'CLERK', dno NUMBER)
IS
e_integrity EXCEPTION;
PRAGMA EXCEPTION_INIT(e_integrity, - 2291);
BEGIN
INSERT INTO emp(empno, ename, sal, job, deptno)
VALUES(eno, name, sal, job, dno);
EXCEPTION
WHEN DUP_VAL_ON_INDEX THEN
RAISE_APPLICATION_ERROR( - 20000, '员工号不能重复');
WHEN e_integrity THEN
RAISE_APPLICATION_ERROR( - 20001, '部门号不存在');
END;
/
```

如上所示，因为在创建存储过程 ADD_EMPLOYEE 时，所有参数都没有指定参数模式，所以这些参数全部默认都是输入参数。当调用该存储过程时，除了具有默认值的参数之外，其余参数必须要提供数值。调用示例如下：

情况一：数据满足约束规则。

```
SQL > exec add_employee (1111, 'MARY', 2000, 'MANAGER', 10)
```

情况二：输入重复的员工号。

```
SQL > exec add_employee(1111, 'CLARK', 2000, 'MANAGER', 10)
BEGIN add_employee(1111, 'CLARK', 2000, 'MANAGER', 10);
END;
/
```

情况三：输入不存在的部门号。

```
SQL > exec add_employee(1112, 'CLARK', 2000, 'MANAGER', 15)
BEGIN
add_employee(1112, 'CLARK', 2000, 'MANAGERM');
END;
/
```

3．创建存储过程：带有 OUT 参数

存储过程不仅可以用于执行特定操作，而且也可以用于输出数据，在存储过程中输出数

据是使用 OUT 或 IN OUT 参数来完成。当定义输出参数时,一定要提供 OUT 关键字。下面以创建用于输出员工名和员工工资的储存过程为例,说明创建带有 OUT 参数的过程方法。

【**例 9-24**】 编程示例如图 9-19 所示。

```
SQL> CREATE OR REPLACE PROCEDURE query_employee (eno NUMBER,name OUT VARCHAR2,salary OUT NUMBER)
  2  IS
  3  BEGIN
  4  SELECT ename,sal INTO name,salary FROM scott.emp WHERE empno=eno;
  5  EXCEPTION
  6  WHEN NO_DATA_FOUND THEN
  7  RAISE_APPLICATION_ERROR (-20000,'该员工不存在');
  8  END;
  9  /
过程已创建。
```

图 9-19　编程示例 16

如上所示,因在创建过程 query_employee 时,没有给参数 eno 指定参数模式,所以默认为该参数是输入参数;参数 name、salary 指定了 OUT 关键字,所以这两个参数为输出参数。当在应用程序中调用该存储过程时,必须要定义变量接收输出参数的数据。下面是在 SQL * PLUS 中调用该过程的例子。

【**例 9-25**】 编程示例如图 9-20 和图 9-21 所示。

```
SQL> var name VARCHAR2(10)
SQL> var salary NUMBER
SQL> exec query_employee(7788,:name,:salary)

PL/SQL 过程已成功完成。
```

图 9-20　编程示例 17

```
SQL> PRINT name salary

NAME
--------------------------------
SCOTT


    SALARY
----------
      3000
```

图 9-21　编程示例 18

4. 创建存储过程:带有 IN OUT 参数

在定义存储过程时,不但可以指定 IN 和 OUT 参数,也可以指定 IN OUT 参数。IN OUT 参数也称为输入输出参数,当使用这种参数时,在调用存储过程之前需要通过变量给该种参数传递数据。在调用结束之后,Oracle 数据库会通过该变量将结果传递给应用程序。下面以计算两个数值相除结果的过程 calculate 为例,说明在过程中使用 IN OUT 参数的方法。

【**例 9-26**】 在过程中使用 IN OUT 参数的方法示例。

```
CREATE OR REPLACE PROCEDURE
calculate (num1 IN OUT NUMBER,num2 IN OUT NUMBER)
IS
vl NUMBER;
v2 NUMBER;
BEGIN
v1: = num1/num2;
v2: = MOD(num1,num2);
nu m1: = v1;
```

```
num2: = v2;
END;
/
```

如上所示,在过程 compute 中,num1、num2 为输入输出参数。当在应用程序中调用该过程时,必须要提供两个变量临时存放数值,在运算结束之后会将两数相除的商和余数分别存放到这两个变量。下面是在 SQL * PLUS 中调用该过程的相关例子。

【例 9-27】 在 SQL * PLUS 中调用过程示例。

```
SQL > var nl NUMBER
SQL > var n2 NUMBER
SQL > exec :nl: = 100
SQL > exec :n2: = 30
SQL > exec calculate(:nl/:n2)
SQL > PRINT  n1  n2
```

显示结果:

```
nl
----------------
3.33333333
n2
----------------
10
```

9.5.3　存储过程源代码的查看及删除

当创建存储过程之后,Oracle 数据库会将过程名、源代码及其执行代码存放到数据字典中。当调用存储过程时,应用程序会按照其执行代码直接执行,而不需要重新解析过程代码,所以使用子程序的性能要优于直接执行 SQL 语句,通过查询数据字典 USER_SOURCE,可以显示当前用户的所有的应用程序及其源代码。

【例 9-28】 显示当前用户的所有的应用程序及其源代码示例。

```
SOL > SELECT text FROM user_source WHERE name = 'ADD_EMP';
TEXT
-------------------------------------------------------------
PROCEDURE add_emp(dno NUMBER,dname VARCHAR2 DEFAULT NULL, loc VARCHAR2 DEFAULT NULL)
IS
BEGIN
INSERT INTO dept VALUES(dno,dname,loc);
EXCEPTION
WHEN DUP_VAL_ON_INDEX THEM
RAISE_APPLICATION_ERROR( - 20000,'部门号不能重复');
END;
```

注意:当过程不再需要时,用户可以使用 DROP PROCEDURE 命令来删除该过程。具体 SQL 语句如下:

```
SQL > DROP PROCEDURE add_emp;
```

9.6 存储过程函数 2

在 Oracle 数据库中,自定义函数其实就是一组 PL/SQL 语句的集合。函数倾向于数据处理运算,它的最大特征就是有返回值。通过自定义函数,PL/SQL 编程的应用可以得到极大扩展。当自定义的函数创建之后,相对于存储过程,它的调用方式也很简便。所以,函数也成为 PL/SQL 编程开发人员常用的方法之一。

9.6.1 函数的基本语法

函数用于返回特定数据。如果在应用程序中经常需要通过执行 SQL 语句来返回特定数据,那么可以基于这些操作创建特定的函数。通过使用函数,不但可以简化客户端应用程序的开发和维护,而且还可以提高应用程序的使用效率。

1. 函数创建的基本语法格式

```
CREATE [OR REPLACE] FUNCTION function_name
(argument1 [model] datatype1,
argument2 [mode2] datatype2, … )
RETURN datatype
IS | AS
PL/SQL Block;
```

如上所示,function_name 用于指定函数的名称。argument1、argument2 等用于指定函数的相关参数。

注意:当指定数据的类型时,不能指定其长度。RETURN 子句用于指定函数返回值的数据类型。IS 或 AS 用于开始一个 PL/SQL 块。

2. 创建第一个自定义函数

函数用于返回特定数据。所以当创建函数时,在函数头部必须包含 RETURN 子句,而在函数体内必须要包含 RETURN 语句返回数据。在 SQL * PLUS 中可以使用 CREATE FUNCTION 命令创建函数。

【例 9-29】 编程示例如图 9-22 所示。

```
SQL> CREATE FUNCTION annual_income(name VARCHAR2)
  2  RETURN NUMBER IS
  3  annual_salary NUMBER(7,2);
  4  BEGIN
  5  SELECT sal*12+nvl(comm,0) INTO annual_salary FROM  scott.emp WHERE lower( ename) =lower(name);
  6  RETURN annual_salary;
  7  END;
  8  /

函数已创建。
```

图 9-22 编程示例 19

如上所示,函数 annual_income()用于返回员工的全年收入(包括工资和奖金)。当调用该函数时,可以使用多种方法。在这里将使用 SQL * PLUS 绑定变量存放并输出结果,具体 SQL 语句如图 9-23 所示。

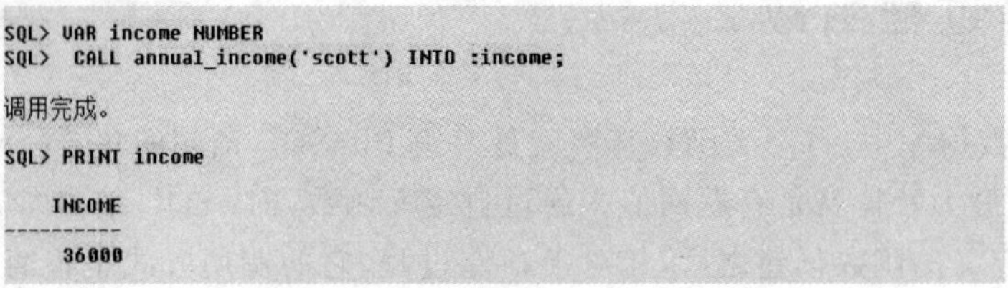

```
SQL> VAR income NUMBER
SQL> CALL annual_income('scott') INTO :income;
调用完成。
SQL> PRINT income

    INCOME
----------
     36000
```

图 9-23　编程示例 20

9.6.2　创建函数

通俗地讲,函数就是一个有返回值的过程。创建函数时,在函数头部必须要带有 RETURN 子句,在函数体内至少要包含一条 RETURN 语句。另外,当创建函数时,既可以指定输入参数(ON),也可以指定输出参数(OUT)及输入输出参数(IN OUT)。

1. 创建函数:不带任何参数

当创建函数时,函数既可以带有参数,也可不带参数。下面以创建用于显示当前数据库用户名的函数为例,说明创建该种函数的方法。

【例 9-30】　创建不带任何参数的函数示例。

```
CREATE OR REPLACE FUNCTION get_user
RETURN VARCHAR2
IS
v_user VARCHAR2(100);
BEGIN
SELECT username INTO v_user FROM user_useits;
RETURN v_user;
END;
/
```

创建函数 get_user()之后,就可以在应用程序中调用该函数。因为函数有返回值,所以只能调用表达式的一部分。具体代码如下。

情况一:利用变量接收函数的返回值。

```
SQL> var vl VARCHAR2(100)
SQL> exac :v1: = get_user
SQL> PRINT vl
SCOTT
```

情况二:在 SQL 语句中直接调用函数。

```
SQL> SELECT qet_user FROM dual;
GET USER
SCOTT
```

情况三:利用包 DBMS_OUTPUT 调用函数。

```
SQL> get serveroutput on
SQL> exec dbms_output.put_line('当前数据库用户:',||get_user)
当前数据库用户:SCOTT
```

2. 创建函数:带有 IN 参数

创建函数时,通过使用输入参数,可以将应用程序的数据传递至函数中,最终通过执行函数可以把相应结果返回到应用程序中。定义参数时,如果没有指定参数模式,则默认为输入参数,所以 IN 关键字既可以指定,也可以不指定。下面以创建函数返回员工工资的函数为例,说明创建带有函数(输入参数)的方法。

【例 9-31】 编程示例如图 9-24 所示。

```
SQL> CREATE OR REPLACE FUNCTION get_sal(name IN VARCHAR2)
  2   RETURN NUMBER
  3   AS
  4   v_sal emp.sal%TYPE;
  5   BEGIN
  6   SELECT sal INTO v_sal FROM emp WHERE upper(ename)=upper(name);
  7   RETURN v_sal;
  8   EXCEPTION
  9   WHEN NO_DATA_FOUND THEN
 10   RAISE_APPLICATION_ERROR(-20000,'该员工不存在');
 11   END;
 12   /

函数已创建。
```

图 9-24 编程示例 21

在创建函数 get_sal() 之后,就可以在应用程序中调用该函数。调用该函数的示例如下。

情况一:输入存在的员工,编程示例如图 9-25 所示。

情况二:输入不存在的员工,编程示例如图 9-26 所示。

```
SQL> var sal NUMBER
SQL> exec :sal:=get_sal('scott')

PL/SQL 过程已成功完成。

SQL> print sal

      SAL
-----------
     3000
```

图 9-25 编程示例 22

```
SQL> BEGIN
  2   :sal:=get_sal('mary');
  3   END;
  4   /
BEGIN
*
第 1 行出现错误:
ORA-20000: 该员工不存在
ORA-06512: 在 "SCOTT.GET_SAL", line 10
ORA-06512: 在 line 2
```

图 9-26 编程示例 23

3. 创建函数:带有 OUT 参数

通常情况下,函数只需要返回一个数据。如果希望使用函数同时返回若干个数据,例如,同时返回员工名和员工工资,那就需要利用输出参数。为了在函数中使用输出参数,必须要指定 OUT 参数模式。下面以创建用于返回员工所在部门名称和岗位的函数为例,说明创建带有 OUT 参数函数的方法。

【例 9-32】 创建带有 OUT 参数的函数示例。

```
CREATE OR REPLACE FUNCTION get_info(name VARCHAR2,title OUT VARCHAR2)
RETURN VARCHAR2 AS
```

```
deptname dept_dname % TYPS;
BEGIN
SELECT a,job,b.dname INTO title,deptname FROM emp a,dept b WHERE a.deptno = b.deptno AND upper
(a.ename) = upper(name);
RETURN deptname;
EXCEPTION
WHEN NO_DATA_FOUND THEN
RAISE_APPLICATION_ERROR( - 20000,'该员工不存在');
END;
/
```

在创建了函数 get_info()之后,就可以在应用程序中调用此函数。

注意:该函数带有 OUT 参数,所以不能在 SQL 语句中调用此函数,而必须要定义变量接收 OUT 参数和函数的返回值。在 SQL ∗ PLUS 中调用函数 get_info()的示例如下:

```
SQL > var job varchar2(20)
SQL > var dnarae varchar2(20)
SQL > exec :dname: = get_infc('scott',:job)
SQL > print dname job
```

显示结果:

```
DNAME
------------
RESEARCH
JOB
------------
ANALYST
```

4. 创建函数:带有 IN OUT 参数

创建函数时,不仅可以指定 IN 和 OUT 参数,也可以指定 IN OUT 参数。在使用这种参数时,调用函数之前需要通过变量给该种参数传递数据。Oracle 数据库会将函数的一部分结果在调用结束之后,通过该变量传递给应用程序。下面以计算两个数值相除的结果函数 result()为例,说明创建带有 IN OUT 参数的方法。

【例 9-33】 创建带有 IN OUT 参数的函数方法。

```
CREATE OR REPLACE FUNCTION result(num1 IN OUT NUMBER,num2 IN OUT NUMBER)
RETURN NUMBER AS
v_result NUMBER(6);
v_remainder NUMBER;
DEGIN
v_result: = num1/num2;
v_remaindex:: = MOD (num1,num2);
num2 : = v_remainder;
RETURN v_result;
EXCEPTION
WHEN ZERO_DIVIDE THEN
RAISE_APPLICATION_ERROR( - 20000,'不能除 0');
END;
/
```

注意：该函数带有 IN OUT 参数，所以不能在 SQL 语句中调用该函数，而必须使用变量为 IN OUT 参数传递数值并接收数据，另外还需要定义变量接收函数返回值。调用该函数的示例如下：

```
SQL> var result1 NUMBER
SQL> var result2 NUMBER
SQL> exec :result2:= 30
SQL> exec :result1:- result(100,:result2)
SQL> print result1 result2
```

显示结果：

```
RESULT1
---------
3
RESULT2
---------
10
```

9.6.3　函数调用限制

因为函数必须要返回数据，所以只能作为表达式的一部分调用。另外，函数也可以在 SQL 语句的以下部分调用：

> SELECT 命令的选择列表；
> WHERE 和 HAVING 子句中；
> CONNECT BY、START WITH、ORDER BY 以及 GROUP BY 子句中；
> INSERT 命令的 VALUES 子句中；
> UPDATE 命令的 SET 子句中。

注意：并不是所有函数都可以在 SQL 语句中调用，在 SQL 语句中调用函数有以下一些限制：

> 在 SQL 语句中只能调用存储函数（服务器端），而不能调用客户端的函数；
> 在 SQL 语句中调用的函数只能带有输入参数（ON），而不能带有输出参数（OUT）和输入输出参数（IN OUT）；
> 在 SQL 语句中调用的函数只能使用 SQL 所支持的标准数据类型，而不能使用 PL/SQL 的特有数据类型（例如 BOOLEAN、TABLE 和 RECORD 等）；
> 在 SQL 语句中调用的函数不能包含 INSERT、UPDATE 和 DELETE 语句。

9.6.4　函数源代码的查看及删除

与存储过程的操作方法相同，当创建函数之后，Oracle 数据库也会将函数名及与源代码相关的信息存放到数据字典中。通过查询数据字典 USER_SOURCE，可以显示当前用户的所有子程序及其源代码。

【例 9-34】　显示当前用户的所有子程序及其源代码示例。

```
SQL> set pagesize 50
```

```
SQL > SELECT text FROM user_source WHERE name = 'REASON';
TEXT
------------------------------------------------------------
FUNCTION reason
(num1 NUMBER,num2 IN OUT NUMBER)
RETURN NUMBER
AS
v_result NUMBER(10);
v_remainder NUMBER;
BEGIN
v_result: = num1/num2;
v_remainder: = MOD(num1,num2);
num2: = v_remainder;
return v_result;
EXCEPTION
WHEN ZERO_DIVIDE THEN
RAISE_APPLICATION_ERROR( - 20000,'不能除 0');
END;
------------------------------------------------------------
```

注意：当某函数不再需要时，可以使用 DROP FUNCTION 命令删除该函数。具体 SQL 语句如下：

```
SQL > DROP FUNCTION reason;
```

9.7 包

包（Package）是与逻辑组合相关的 PL/SQL 类型（如 RECORD 类型、TABLE 类型），PL/SQL 项（如游标、游标变量）及 PL/SQL 子程序（如过程、函数）。对于很多应用程序来讲，它并不是必须要创建的。但在有过程和函数的情况下，包是解决大多数问题的关键。通过使用 PL/SQL 包，不仅简化了应用设计，而且提高了应用性能，同时还可以实现信息的隐藏及子程序的重载等功能。本节将详细介绍开发 PL/SQL 包的方法。

9.7.1 包的简介及创建

包是一组相关类型的变量、常量、游标、存储过程、函数的集合。PL/SQL 的包由两部分组成：包规范（Package Specification，即说明部分）和包主体（Package Body，即包体）。在创建包时，首先要创建包规范，然后再创建包体。

1. 创建包规范

包规范实际是包和应用程序之间的接口，它是用来定义包的公用组件，包括常量、变量、游标、过程及函数等。包规范中所定义的公用组件不但可以在包内引用，而且也可以被其他子程序引用。通常使用 CREATE PACKAGE 语句来创建包的说明部分，其具体语法格式如下：

```
CREATE [ OR REPLACE ] PACKAGE <包名>
IS | AS [ <声明部分> ]
END [<包名> ];
```

解释说明：声明部分（包规范）可以包括类型、变量、过程、函数和游标的说明。

下面以创建用于维护 emp 表的包 EMP_PACKAGE 为例，说明创建包规范的方法。当定义该包规范时，需定义公用变量 g_deptno、公用过程 add_emp 和 fire_emp，以及公用函数 get_sal()，具体代码如图 9-27 所示。

```
SQL> CREATE OR REPLACE PACKAGE emp_package
  2  IS g_deptno NUMBER(3):=30;
  3  PROCEDURE add_emp(eno NUMBER,name VARCHAR2, salary NUMBER,dno NUMBER DEFAULT g_deptno);
  4  PROCEDURE fire_emp(eno NUMBER);
  5  FUNCTION get_sal(eno NUMBER) RETURN NUMBER;
  6  END emp_package;
  7  /
程序包已创建。
```

图 9-27　编程示例 24

当执行了上面的命令之后，会创建相应的包规范 emp_package，并且定义了全部的公用组件。但这只是定义了过程和函数的头部，没有编写对应过程和函数的可执行代码，因此公用的过程和函数只有在创建了包主体之后才能调用。

2. 创建包主体

包主体用于实现包规范所定义的过程和函数。当创建包主体时，私有组件是可以单独定义的，包括其变量、常量、过程及函数等，但在包主体中所定义的私有组件只能在包内使用，而不能由其他子程序引用。可以使用 CREATE PACKAGE BODY 语句来创建包主体部分，具体语法格式如下：

```
CREATE PACKAGE BODY <包名>
IS | AS
[ <声明部分>]
[ <过程体> ]
[<函数体> 1 [<初始化部分>]]
END [ <包名> ];
```

假如在创建包体 EMP_PACKAGE 时定义了函数 validate_deptno()，那么该函数只能在包 EMP_PACKAGE 内使用，不能被其他的子程序调用。当创建包时，为了实现信息隐藏，应该在包主体内定义一定的私有组件，为了实现包规范中所定义的公用过程和函数，必须创建包主体。创建包主体是使用命令来完成的。具体语法格式如下：

```
CREATE [OR REPLACE] PACKAGE BODY package_name
IS | AS
private type and item declarations
subprogram bodies
END package_name;
```

如上所示，package_name 用于指定包名，而用 IS 或 AS 开始的部分定义私有组件，并实现包规范中所定义的公用过程和函数。

注意：包主体名称与包规范名称必须相同。下面以实现包规范 emp_package 的公用组件，以及私有组件 validate_deptno 为例，说明创建包主体的方法。

【例 9-35】 创建包主体的方法示例。

```
CREATE OR REPLACE PACKAGE BODY emp_package IS
FUNCTION validate_deptno(v_deptno NUMBER)
RETURN BOOLEAN
IS
v_temp IMT;
BEGIN
SELECT 1 INTO v_temp FROM dept WHERE deptno = v_deptno;
RETURN TRUE;
EXCEPTION
WHEN NO_DATA_FOUND THEN
RETURN FALSE;
END;
PROCEDURE add_employee(eno NUMBER, name VARCHAR2, salary NUMBER, dno NUMBER DEFAULT g_deptno)
IS
BEGIN
IF validate_deptno(dno) THEN
INSERT INTO emp (empno, ename, sal, deptno)
VALUES(eno_name, salary, dno);
ELSE
raise_application_error ( - 20010,'不存在该部门');
END IF;
EXCEPTION
WHEN DUP_VAL_ON_INDEX THEN
RAISE_APPLICATION_ERROR( - 20011,'该员工已存在');
END;
PROCEDURE fire_employee(eno NUMBER) IS
BEGIN
DELETE FROM emp WHERE empno = eno;
IF SQL % NOTFOUND THEN
RAISE_APPLICATION_ERROR( - 20012, '该员工不存在');
END IF;
END;
FUNCTION get_sal(eno NUMBER) RETURN NUMBER
IS
v_sal emp.sal % TYPE;
BEGIN
SELECT sal INTO v_sal FROM emp WHERE empno = eno;
RETURN v_sal;
EXCEPTION
WHEN NO_DATA_FOUND THEN
RAISE_APPLICATION_ERROR( - 20012,'该员工不存在');
END;
END emp_package;
/
```

执行了以上命令之后，会创建包主体 EMP_PACKAGE，应用程序只能直接调用该包内的全部的公用组件,但私有函数 VALIDATE_DEPTNO()不能被应用程序调用。

3. 包组件的调用

对于包的私有组件,只能在包内调用,而且可以直接调用;而相对于包的公用组件,它既可以在包内调用,也可在其他应用程序中调用。利用包可以使函数和存储过程的管理层次更加清晰。

注意:当在其他应用程序中调用包的组件时,必须要加包名作为前缀。下面是关于函数和过程的使用方法。

调用包中的过程:

<方案名>.<包名>.<过程名>

调用包中的函数:

<方案名>.<包名>.<过程名>

包组件的调用是复杂多变的,主要有以下几种情况。

情况一:调用包的公用变量。

当在其他应用程序中调用包的公用变量时,必须要在公用变量名前加包名作为前缀,并且注意其数值在当前会话内一直生效。具体代码如下:

```
SQL> exec emp_package.g_deptno:-20
```

情况二:调用包的公用过程。

当在其他应用程序中调用包的公用过程时,必须要在公用过程名前加包名作为前缀。具体代码如下:

```
SQL> exec emp_package.add_employee(1111,'MARY',2000)
SQL> exec emp_package.add_employee(1112,'CLARK',2000,10)
```

当执行了以上两条命令之后,会为 emp 表增加两条记录(部门号分别为 20 和 10)。而如果输入的部门号或员工号有误,则会显示错误信息。具体代码如下:

```
SQL> exec emp_package.add_employee(1113,'BLAKE',2000,50)
BEGIN emp_package. add_employee(1113,'BLAKE',2000,50);
END;
/

SQL> exec emp_package.fire_employee(1113)
BEGIN
emp_package.fire_employee(1113);
END;
/
```

情况三:调用包的公用函数。

当在其他应用程序中调用包的公用函数时,需要在函数名之前加包名作为前缀。函数只能作为表达式的一部分来调用,所以应该定义变量接收函数的返回值。在 SQL * PLUS 中定义变量并输出数据的具体代码如下:

```
SQL > VAR salary NUMBER
SQL > exec :salary: = emp_package.get_sal(7788)
SQL > print salary SALARY 5000
```

情况四：在同一个包内调用包组件。

当调用同一包内的其他组件时，可以直接调用，不需要加包名作为前缀。下面以包 emp_package 的过程 add_employee 调用包私有组件 validate_deptno 为例，说明调用同一个包内其他组件的方法。

【例 9-36】　调用同一个包内其他组件的方法示例。

```
CREATE OR REPLACE PACKAGE BODY emp_package IS
PROCEDURE add_employee(eno NUMBER, name VARCHAR2,
salary NUMBER, dno NUMBER DEFAULT g_deptno)
IS
BEGIN
IF validate_deptno(dno) THEN
INSERT INTO emp (empno, ename, sal, deptno)
VALUES(eno, name, salary, dno);
ELSE
RAISE_APPLICATION_ERROR( - 20010,'不存在该部门');
EXCEPTION
WHEN DUP_VAL_ON_INDEX THEN
RAISE_APPLICATION_ERROR( - 20011,'该员工已存在');
END;
/
```

情况五：以其他用户身份调用包公用组件。

当以其他用户身份调用包的公用组件时，必须在组件名前加用户名和包名作为前缀（用户名.包名.组件名）。

【例 9-37】　以其他用户身份调用包公用组件示例。

```
SQL > connect sys/orcl@orcl as sysdba;
SQL > exec scott.emp_package.add_employee(1115,'SCOTT', 1200);
SQL > exec scott.emp_package.fire_employee(1115);
```

4. 包的源代码

当创建了包之后，Oracle 数据库会自动将包名及其源代码的信息存放到数据字典中。通过查询数据字典 USER_SOURCE，可以显示出当前用户的包及其源代码。

【例 9-38】　显示包的源代码示例。

```
SQL > SELECT text FROM user_source 2 WHERE name = 'EMP_PACKAGET' AND type = 'PACKAGE';
PACKAGE emp_package IS g_deptno NUMBER(5): = 50;
PROCEDURE add_employee(eno NUMBER, name VARCHAR2, salary NUMBER, dno NUMBER DEFAULT g_deptno);
PROCEDURE fire_employee(eno NUMBER);
FUNCTION get_sal(eno NUMBER) RETURN NUMBER;
END emp_package;
```

5. 包的删除

当包不再需要时,可以删除包。如果只删除包主体,那么可以使用命令 DROP PACKAGE BODY;如果同时删除包规范和包主体,那么可以使用命令 DROP PACKAGE。

【**例 9-39**】 删除包编程示例如图 9-28 所示。

```
SQL> DROP PACKAGE emp_package;
程序包已删除。
```

图 9-28 删除包编程示例 25

9.7.2 包的重载

重载(Overload)是指若干个具有相同名称的子程序。定义包时,如果要使用重载特性,可以让用户在调用同名组件时使用不同参数传递数据,从而方便用户使用。例如,当取得员工工资或要解雇员工时,有时希望既可以输入员工号,也可以输入员工名,此时就需要使用包的重载特征。

1. 创建包规范

在使用重载特性时,同名的过程与函数必须具有不同的输入参数。需要注意的是,同名函数返回的数据类型必须完全相同。下面以创建使用员工号和员工名取得员工工资、解雇员工的包规范为例,说明定义重载过程和重载函数的方法。

【**例 9-40**】 定义重载过程和重载函数的方法示例。

```
CREATE OR REPLACE PACKAGE overload
IS
FUNCTION get_sal(eno NUMBER) RETURN NUMBER;
FUNCTION get_sal(name VARCHAR2) RETURN NUMBER;
PROCEDURE fire_employee(eno NUMBER);
PROCEDURE fire_employee(name VAJRCHAR2);
END;
```

2. 创建包主体

当创建包主体时,必须要给不同的重载过程与重载函数提供相同的应用程序实现代码。下面以创建包主体 overload 为例,说明实现重载过程与重载函数的方法。

【**例 9-41**】 实现重载过程与重载函数的方法示例。

```
CREATE OR REPLACE PACKAGE BODY overload IS
FUNCTION get_sal(eno NUMBER) RETURN NUMBER IS v_sal emp.sal%TYPE;
BEGIN
SELECT sal INTO v_sal FROM emp WHERE empno = eno;
RETURN v_sal;
EXCEPTION WHEN NO_DATA_FOUND THEN
```

```
RAISE_APPLICATION_ERROR( - 20020, '该员工不存在');
END;
FUNCTION get_sal(name VARCHAR2) RETURN NUMBER
IS
v_sal emp. sal % TYPE;
BEGIN
SELECT sal INTO v_sal FROM emp WHERE upper(ename) = upper(name);
RETURN v_sal;
EXCEPTION WHEN NO_DATA_FOUND THEN
RAISE_APPLICATION_ERROR( - 20020, '该员工不存在');
END;
PROCEDURE fire_employee(eno NUMBER) IS
BEGIN
DELETE FROM emp WHERE empno = eno;
IF SQL % NOTFOUND THEN
RAISE_APPLICATION_ERROR( - 20020,'该员工不存在');
END IF;
END;
PROCEDURE fire_employee(name VARCHAR2) IS
BEGIN
DELETE FROM emp WHERE upper(ename) = upper(name);
IF SQL % NOTFOUND THEN
RAISE_APPLICATION_ERROR( - 20020,'该员工不存在');
END IF;
END;
END;
/
```

3. 调用重载过程和重载函数

创建了包规范和包主体之后,就可以调用包的公用组件。在调用重载过程和重载函数时,PL/SQL 执行器会自动根据输入参数值的数据类型确定要调用的过程和函数。

【例 9-42】 调用重载过程和重载函数示例。

```
SQL > VAR sal1 NUMBER
SQL > VAR sal2 NUMBER
SQL > exec :sal1: = overload. get_sal('scott')
SQL > exec :sal2: = overload. get_sal(7784)
SQL > PRINT sal1 sal2;
```

显示结果:

```
SAL1
--------------
5000
SAL2
--------------
1000
```

9.7.3 包的构造过程

在包中定义了全局变量以后，在某种情况下会需要初始化全局变量，此时可以调用包的构造过程。它类似于高级语言中的构造函数和构造方法（如 Java 语言），当在会话内出现第一次使用包的公用组件时，将自动执行其构造过程，并且该构造过程在同一会话中只会执行一次。下面用限制新老员工工资不能低于最低工资，同时不能超过员工的最高工资为例，说明使用包的构造过程具体方法。

1. 创建包规范

包的构造过程需要用作初始化包的全局变量，因此在定义包规范时应定义相关的全局变量。因为要限制员工工资在最低工资和最高工资之间，所以应该定义两个全局变量minsal 和 maxsal 分别存放员工的最低工资和最高工资。

【例 9-43】 创建包规范，如图 9-29 所示。

```
SQL> CREATE OR REPLACE PACKAGE emp_package IS
  2  minsal NUMBER(6,2);
  3  maxsal NUMBER(6,2);
  4  PROCEDURE add_employee(eno NUMBER,name VARCHAR2,
  5  salary NUMBER,dno NUMBER);
  6  PROCEDURE upd_sal(eno NUMBER,salary NUMBER);
  7  PROCEDURE upd_sal(name VARCHAR2,salary NUMBER);
  8  END;
  9  /
程序包已创建。
```

图 9-29　编程示例 26

执行了以上 PL/SQL 块之后，会建立包规范 emp_package，并定义两个全局变量minsal、maxsal 和两个公用过程 add_employee、upd_sal（重载过程）。

2. 创建包主体

为了在运行包组件时将员工的最低工资和最高工资分别赋值给全局变量 minsal 和maxsal，需要在包主体内编写构造过程。包的构造过程没有任何名称，它是在实现了包的其他过程之后，以 BEGIN 开始、以 END 结束的部分。

【例 9-44】 创建包主体示例。

```
CREATE OR REPLACE PACKAGE BODY empjpackage IS
PROCEDURE add_employee (cno NUMBER, name VARCHAR2,
salary NUMBER, dno NUMBER)
IS
BEGIN
IF salary BETWEEN minsal AND maxsal THEN
INSERT INTO emp (empno,ename,sal,deptno)
VALUES(eno,name,salary,dno);
ELSE
RAISE_APPLICATION_ERROR( - 20001,'工资不在范围内');
END IF;
EXCEPTION
WHEN DUP_VAL_ON_INDEX THEN
```

```
RAISE_APPLICATION_ERROR( -20003,'该员工已经存在');
END;
PROCEDURE upd_sal(eno NUMBER,salary NUMBER) IS
BEGIN
IF salary BETWEEN minsal AND maxsal THEN
UPDATE emp SET sal = salary
WHERE empno = eno;
IF SQL % NOTFOUND THEN
RAISE_APPLICATION_ERROR( -20003,'不存在该员工号');
END IF;
ELSE
RAISE_APPLICATION_ERROR( -20001,'工资不在范围内');
END IF;
END;
PROCEDURE upd_sal(name VARCHAR2,salary NUMBER) IS
BEGIN
IF salary BETWEEN minsal AND maxsal THEN
UPDATE emp SET sal = salary WHERE upper(ename) = upper(name);
IF SQL % NOTFOUND THEN
RAISE_APPLICATION_ERROR( -20004,'不存在员工名');
END IF;
ELSE
RAISE_APPLICATION_ERROR( -20001,'工资不在范围内');
END IF;
END;
BEGIN
SELECT min(sal),max(sal) INTO minsal,maxsal FROM emp;
END;
/
```

当执行了以上语句之后,会建立包主体 EMP_PACKAGE,其构造过程没有任何名称,它位于应用程序尾部,并以 BEGIN 开始(第 39 行),以 END 结束。

3. 调用包公用组件

在创建了包规范和包主体之后,就可以在应用程序中引用包的公用组件了。当在同一会话中第一次调用包的公用组件时,会自动执行其构造过程,而将来调用其他组件时则不会再调用其构造过程,所以构造过程也称为"只调用一次"的过程。当 salary 值在工资范围内时,将成功地执行相应过程。

【例 9-45】 调用包公用组件示例。

```
SQL > exec emp_package.add_employee(1111,'MARY',3000,20)
PL/SQL 过程已成功完成。
SQL > exec emp_package.upd_sal('mary',2000)
PL/SQL 过程已成功完成。
```

而当工资不在最低工资和最高工资之间时,则会提示错误信息。示例如下:

```
SQL > exec emp_package.upd_sal ('mary',5500)
BEGIN
```

```
emp_package.upd_sal('mary',5500)
END;
/
```

显示结果：

```
ERROR 位于第 1 行：
ORA-20001：工资不在范围内
ORA-06512：在"SCOTT.EMP_PACKAGE",line 36
ORA-06512：在 line 1
```

9.7.4　与开发相关的系统包

DBMS_SQL：能够生成动态的 SQL 语句；能够执行 DDL 语句。

包使用的主要步骤如下。

```
OPEN_DURSOR
PARSE
BIND_VARIABLE
EXECUTE
FETCH_ROWS
CLOSE_CURSOR
EXECUTE IMMEDIATE
EXECUTE IMMEDIATE dynamic_string [INTO {define_variable
[, define_variable] … | record}] [USING [IN|OUT|IN OUT] bind_argument
[, [IN|OUT|IN OUT] bind_argument] … ];
```

9.8　触发器

触发器是 Oracle 数据库中的另外一种重要对象。它类似于函数和过程，都需要声明。而触发器的本质是 PL/SQL 代码块，不需要手动触发，而是在指定的时机触发。本节主要介绍触发器的使用和作用。

9.8.1　触发器的基本概念

触发器执行的时候总要伴随一定的条件，并且由数据库自动调用和执行。触发器是一组完成特定功能的动作，即 DML 操作。它由 PL/SQL 编写并存储在数据库中，但触发器只能由数据库的特定事件来触发。触发事件的不同决定了触发器的不同，可以根据以下三个因素区分不同的触发器。

1. 触发事件

用户在指定的表或视图中的 DML 操作：INSERT（增加）操作、UPDATE（修改）操作、DELETE（删除）操作。

用户的 DDL 操作：CREATE（创建）操作、ALTER（修改）操作、DROP（删除）操作。

数据库事件操作:主要有用户的登录和注销(LOGON/LOGOFF)、数据库的打开和关闭(STARTUP/SHUTDOWN)、特定的错误消息(ERRORS)等。

2. 触发时间

BEFORE:在指定的事件发生之前执行触发器。

AFTER:在指定的事件发生之后执行触发器。

3. 触发级别

行触发:对触发事件影响的每一行执行触发器。

语句触发:对于触发事件只能触发一次,而且不能访问受触发器影响的每一行的值。

9.8.2　触发器的创建及使用

创建触发器的一般语法格式:

```
CREATE [OR REPLACE] TRIGGER trigger_name
{BEFORE │ AFTER │ INSTEAD OF}
{INSERT │ DELETE │ UPDATE}
[OF column [, column ] …]
}
ON {[schema.] table_name │ [schema.] view_name}
[REFERENCING {OLD [AS] old │ NEW [AS] new│ PARENT as parent}]
[FOR EACH ROW ] [WHEN condition] trigger_body;
```

其中:

➤ BEFORE 和 AFTER 指出触发器的触发时序分别为前触发和后触发方式,前触发是在执行触发事件之前触发当前所创建的触发器,后触发是在执行触发事件之后触发当前所创建的触发器。

➤ INSTEAD OF 选项使 Oracle 激活触发器,而不执行触发事件。只能对视图和对象视图建立 INSTEAD OF 触发器,而不能对表、模式和数据库建立 INSTEAD OF 触发器。

➤ FOR EACH ROW 选项说明触发器为行触发器。

➤ REFERENCING 子句说明相关名称。在行触发器的 PL/SQL 块和 WHEN 子句中可以使用相关名称参照当前的新、旧列值,默认的相关名称分别为 OLD 和 NEW。在触发器的 PL/SQL 块中应用相关名称时,必须在它们之前加冒号(:),但在 WHEN 子句中则不能加冒号。

➤ WHEN 子句说明触发约束条件。condition 为一个逻辑表达时,其中必须包含相关名称,而不能包含查询语句,也不能调用 PL/SQL 函数。WHEN 子句指定的触发约束条件只能用在 BEFORE 和 AFTER 行触发器中,不能用在 INSTEAD OF 行触发器和其他类型的触发器中。

➤ 行触发器和语句触发器的区别:行触发器要求当一个 DML 语句操作影响数据库中的多行数据时,对于其中的每个数据行,只要它们符合触发约束条件,均激活一次触发器；而语句触发器将整个语句操作作为触发事件。当它符合约束条件时，激活一次触发器。当省略 FOR EACH ROW 选项时，BEFORE 和 AFTER 触发器为语句触发器，而 INSTEAD OF 触发器则为行触发器。

➢ 当一个基表被修改（INSERT/UPDATE/DELETE）时要执行的存储过程，执行时根据其所依附的基表改动而自动触发，因此与应用程序无关，用数据库触发器可以保证数据的一致性和完整性。

每张表最多可建立如下 12 种类型的触发器：

```
BEFORE INSERT
BEFORE INSERT FOR EACH ROW
AFTER INSERT
AFTER INSERT FOR EACH ROW
BEFORE UPDATE
BEFORE UPDATE FOR EACH ROW
AFTER UPDATE
AFTER UPDATE FOR EACH ROW
BEFORE DELETE
BEFORE DELETE FOR EACH ROW
AFTER DELETE
AFTER DELETE FOR EACH ROW
```

【例 9-46】 创建一个触发器 MyFirstTrigger，它的作用是当表 USERMAN. UserType 中 TypeId 列的值发生变化时，自动更新表 USERMAN. Users 中的 UserType 列的值，从而保证数据的完整性。

```
CREATE OR REPLACE TRIGGER USERMAN.MyFirstTrigger
AFTER UPDATE ON USERMAN.UserType
FOR EACH ROW
BEGIN
UPDATE USERMAN.Users SET UserType = :new.TypeId WHERE UserType = :old.TypeId;
END;
/
```

在这段应用程序代码中有两个新的概念，:new 和:old。它们是两个虚拟的表，:new 表示执行 INSERT、UPDATE 和 DELETE 操作后的新表；:old 表示执行 INSERT、UPDATE 和 DELETE 操作之前的旧表。通过使用这两个表，可以分别访问到触发器执行前后表数据的变化。

9.8.3　触发器的类型

触发器在数据库里以独立的对象存储。它与存储过程有所区别，存储过程通过其他应用程序来启动运行或直接启动运行，而触发器由一个事件来启动运行。即触发器是当某个事件发生时自动地隐式运行的。并且，触发器不能接收参数。所以运行触发器就叫触发或点火（Firing）。Oracle 数据库事件指的是对数据库的表进行的 INSERT、UPDATE 及 DELETE 操作或对视图进行类似的操作。

Oracle 数据库将触发器的功能扩展到了触发 Oracle 数据库，如数据库的启动与关闭等。

1. DML 触发器

Oracle 数据库可以在 DML 语句中进行触发,可以在 DML 操作前或操作后进行触发,并且可以对每个行或在语句操作上进行触发。

2. 替代触发器

替代触发器不能直接对由两个以上的表建立的视图进行操作,是 Oracle 10g 专门为进行视图操作的一种处理方法。

3. 系统触发器

Oracle 10g 提供了第三种类型的触发器——系统触发器。它可以在 Oracle 数据库的事件中进行触发,如 Oracle 数据库的启动与关闭等。

9.8.4　触发器的组成

触发事件:即在何种情况下触发 TRIGGER,如 INSERT、UPDATE、DELETE。

触发时间:即该 TRIGGER 是在触发事件发生之前(BEFORE)还是之后(AFTER)触发,也就是触发事件和该 TRIGGER 的操作顺序。

触发器本身:即该 TRIGGER 被触发之后的目的和意图,正是触发器本身要做的事情。例如,PL/SQL 块。

触发频率:说明触发器内定义的动作被执行的次数。即语句级(STATEMENT)触发器和行级(ROW)触发器。

语句级(STATEMENT)触发器:是指当某触发事件发生时,该触发器只执行一次。

行级(ROW)触发器:指当某触发事件发生时,对受到该操作影响的每一行数据,触发器都单独执行一次。

9.8.5　创建 DML 触发器

为了确保数据库数据满足特定的商业规则或企业逻辑,可以使用约束、触发器和子程序实现。约束性能最好,实现最简单,所以首选约束;如果使用约束不能实现特定规则,那么应该选择触发器;如果触发器仍然不能实现特定规则,那么应该选择子程序(过程和函数)。DML 触发器可以用于实现数据安全保护、数据审计、数据完整性、参照完整性、数据复制等功能,下面通过示例说明如何实现这些功能。

触发器名与过程名和包名不一样,它是单独的名字空间,因而触发器名可以和表或过程有相同的名字,但在一个模式中触发器名不能相同。

1. 触发器的限制

➢ CREATE TRIGGER 语句文本的字符长度不能超过 32KB。

➢ 触发器体内的 SELECT 语句只能为"SELECT…INTO…"结构,或者为定义游标所使用的 SELECT 语句。

> ➤ 触发器中不能使用数据库事务控制语句 COMMIT、ROLLBACK、SVAEPOINT。
> ➤ 由触发器所调用的过程或函数也不能使用数据库事务控制语句。
> ➤ 触发器中不能使用 LONG、LONG RAW 类型；触发器内可以参照 LOB 类型列的值,但不能通过:NEW 修改 LOB 列中的数据；触发器所访问的表受到表的约束限制。

问题:当触发器被触发时,要使用被插入、更新或删除的记录中的列值,有时要使用操作前、后列的值。

实现:

::new 修饰符访问操作完成后列的值。

::old 修饰符访问操作完成前列的值。

触发器值特性如表 9-2 所示。

表 9-2 触发器值特性

特　　性	INSERT	UPDATE	DELETE
OLD	NULL	有效	有效
NEW	有效	有效	NULL

【例 9-47】 建立一个触发器,当职工表 emp 被删除一条记录时,把被删除记录写到职工表删除日志表中去。

```
CREATE TABLE emp_his AS SELECT * FROM EMP WHERE 1 = 2; CREATE OR REPLACE TRIGGER del_emp
BEFORE DELETE ON scott.emp FOR EACH ROW
BEGIN ----- 将修改前数据插入到日志记录表 del_emp ,以供监督使用。
INSERT INTO emp_his(deptno , empno, ename , job ,mgr , sal , comm , hiredate )
VALUES( :old.deptno, :old.empno, :old.ename , :old.job, :old.mgr, :old.sal, :old.comm, :old.
hiredate );
END;
DELETE emp WHERE empno = 7788; DROP TABLE emp_his;
DROP TRIGGER del_emp;
```

2. 创建替代触发器 INSTEAD_OF

INSTEAD_OF 用于对视图的 DML 触发,由于视图有可能是由多个表进行连接(Join)而成,因而并非是所有的连接都是可更新的。但可以按照所需的方式执行更新,例如下面的情况:

```
CREATE OR REPLACE VIEW emp_view AS
SELECT deptno, count( * ) total_employeer, sum(sal) total_salary FROM emp GROUP BY deptno;
```

在此视图中直接删除是非法的:

```
SQL > DELETE FROM emp_view WHERE deptno = 10; DELETE FROM emp_view WHERE deptno = 10;
```

显示结果:

ERROR 位于第 1 行：

ORA-01732：此视图的数据操作非法，但是可以创建 INSTEAD_OF 触发器来为 DELETE 操作执行所需的处理，即删除 EMP 表中所有基准行语句：

```
CREATE OR REPLACE TRIGGER emp_view_delete INSTEAD OF DELETE ON emp_view FOR EACH ROW
BEGIN
DELETE FROM emp WHERE deptno = :old.deptno; END emp_view_delete;
DELETE FROM emp_view WHERE deptno = 10; DROP TRIGGER emp_view_delete;
DROP VIEW emp_view;
```

3. 创建系统事件触发器

Oracle 数据库提供的系统事件触发器可以在 DDL 操作或数据库系统上被触发。DDL 操作如 CREATE、ALTER 及 DROP 等。而数据库系统事件包括数据库服务器的启动或关闭、用户的登录与退出、数据库服务错误等。创建系统触发器的具体语法格式如下：

```
CREATE OR REPLACE TRIGGER [schema.] trigger_name {BEFORE|AFTER} {ddl_event_list|database_
event_list}
ON { DATABASE | [schema.] SCHEMA } [ WHEN_clause]
trigger_body;
```

其中，ddl_event_list 指一个或多个 DDL 事件，事件间用 OR 分开；database_event_list 指一个或多个数据库事件，事件间用 OR 分开。

系统事件触发器既可以建立在一个模式上，又可以建立在整个数据库上。当建立在模式上时，只有模式所指定用户的 DDL 操作和所导致的错误才激活触发器；当建立在数据库上时，该数据库所有用户的 DDL 操作和他们所导致的错误，以及数据库的启动和关闭均可激活触发器。在数据库上建立触发器时，要求用户具有 ADMINISTER DATABASE TRIGGER 权限。下面给出系统触发器的种类和事件出现的时机（前或后），如表 9-3 所示。

表 9-3 系统触发器的种类与触发时机

事　件	允许的时机	说　明
启动 STARTUP	之后	实例启动时激活
关闭 SHUTDOWN	之前	实例正常关闭时激活
服务器错误 SERVERERROR	之后	只要有错误就激活
登录 LOGON	之后	成功登录后激活
注销 LOGOFF	之前	开始注销时激活
创建 CREATE	之前，之后	在创建之前或之后激活
撤销 DROP	之前，之后	在撤销之前或之后激活
变更 ALTER	之前，之后	在变更之前或之后激活

系统触发器可以在数据库级（Database）或模式级（Schema）进行定义。数据库级触发器在任何事件都激活触发器，即触发对象为整个数据库中所有用户产生的每个指定事件；而模式触发器只有在指定的模式所产生的触发事件发生时才触发，默认为当前用户模式。

4. 系统触发器事件属性

除 DML 语句的列属性外,其余事件属性值可通过调用 Oracle 数据库定义的事件属性函数来读取。

5. 使用触发器谓词

Oracle 数据库提供三个谓词 INSERTING、UPDATING、DELETING,用于判断触发了哪些操作,如表 9-4 所示。

表 9-4　谓词触发的操作

谓　　词	行　　为
INSERTING	如果触发语句是 INSERT 语句,则为 TRUE,否则为 FALSE
UPDATING	如果触发语句是 UPDATE 语句,则为 TRUE,否则为 FALSE
UPDATING	如果触发语句是 DELETE 语句,则为 TRUE,否则为 FALSE

6. 重新编译触发器

如果在触发器内调用其他函数或过程,则当这些函数或过程被删除或修改后,触发器的状态将被标识为无效。当 DML 语句激活一个无效触发器时,Oracle 数据库将重新编译触发器代码。如果编译时发现错误,则将导致 DML 语句执行失败。在 PL/SQL 应用程序中可以调用 ALTER TRIGGER 语句重新编译已经创建的触发器,格式为:

```
ALTER TRIGGER [schema.] trigger_name COMPILE [ DEBUG]
```

其中,DEBUG 选项是要编译生成 PL/SQL 应用程序所使用的调试代码。

9.9　实践项目

第 9 章实践演示

1. 实践名称

Oracle 数据库高级编程。

2. 实践目的

熟练掌握 PL/SQL 块中定义和使用变量、编写可执行语句。

3. 实践内容

(1) 用 PL/SQL 实现冒泡排序。

(2) 自建一张表,表中有排序前的数据及排序后的数据。

4. 实践总结

简述本次实践自身学到的知识、得到的锻炼。

9.10 本章小结

本章介绍了 PL/SQL 高级编程中的控制结构、错误处理、游标、存储过程函数、包、触发器等重要知识点以及它们的使用方法。本章从基础开始讲解,不仅介绍了概念和作用,而且还比较详细地介绍了如何创建和操作各种类型的存储过程。本章的示例比较丰富,相信对基础较弱者有很大的帮助。PL/SQL 的使用方式灵活多变,学习者在实际开发中应该运用多角度的使用方式,以达到融会贯通的目的。

9.11 习题

一、编写应用程序块

1. 编写一个应用程序块,接收用户输入的一个部门号,dept 表中显示该部门的名称与所在位置。

2. 编写一个应用程序块,利用%type 属性,接收一个员工号,从 emp 表中显示该员工的整体薪水(即薪水加佣金)。

3. 编写一个应用程序块,接收一个员工号与一个百分数,emp 表中将该员工的薪水增加输入的百分比。

二、游标应用

1. 通过使用游标来显示 dept 表中的部门名称。

2. 使用 FOR 循环,接收一个部门号,从 emp 表中显示该部门的所有员工的姓名、工作和薪水。使用带参数的游标,实现第 2 题。

3. 编写一个 PL/SQL 应用程序块,从 emp 表中对名字以 A 或 S 开始的所有员工按他们基本薪水的 10%给他们加薪。

4. 在 emp 表中对所有员工按他们基本薪水的 10%给他们加薪,如果所增加后的薪水大于 5000 卢布,则取消加薪。

三、PL/SQL 表(存储过程和函数)应用

1. 创建一个过程,能向 dept 表中添加一个新记录(IN 参数)。

2. 创建一个过程,从 emp 表中带入员工的姓名,返回该员工的薪水值(OUT 参数),然后调用过程。

3. 创建一个函数,以部门号作为参数传递并且使用函数显示部门名称与位置,然后调用此函数。

四、包/触发器应用

1. 创建在 dept 表中插入和删除一个记录的数据包,它有一个函数(返回插入或删除的部门名称)和两个过程,然后调用包。

2. 创建触发器

（1）新建一个部门平均工资表，编写触发器实现当员工表中新增、删除数据或者修改工资时，重新统计各部门平均工资。

提示：

```
create table avg_sal(deptno ,avg_s)
as select deptno,avg(sal) from emp group by deptno;
```

（2）创建一个替代触发器，通过更新视图来更新基本表（如通过向视图插入一条记录，来实现对部门表和员工表插入数据的操作）。

提示：

```
create view emp_dept (empno,ename,deptno,dname)
as select empno,ename,dept.deptno,dname
from emp.dept where dept.deptno = emp.deptno;
```

（3）创建一个行级别触发器，将从 emp 表中删除的记录输入到 ret_emp 表中。

（4）创建一个行级别触发器，停止用户删除员工名为"SMITH"的记录。

（5）创建一个语句级别触发器，不允许用户在 Sundays 中使用 emp 表。

第10章 Oracle数据库系统案例

学习目标
➢ 掌握数据库设计整体开发过程
➢ 设计实现某个数据库实例

本章通过系统案例来讲解 Oracle 10g 数据库的应用：一是图书进销存管理系统；二是选课管理系统。通过本章的学习，读者可以自行分析现实生活中类似的数据库系统，并通过 Oracle 数据库完成实际系统的项目开发与设计，从而提高自己的综合实践能力。

随着信息时代的发展，书店图书的信息化管理也应与时俱进。为了让管理员从繁重的工作中解脱出来，管理员在使用信息化管理系统后能高效、准确地对所有图书进行管理，需开发一款图书进销存管理系统。

10.1 案例1——图书进销存管理系统

10.1.1 数据库 E-R 图设计

10.1.1.1 需求分析

1. 目标

需求分析简单地说就是分析用户的需要。需求分析是设计数据库的起点，需求分析是否能准确反映用户的实际需要，将直接影响到后面各个阶段的设计，并影响到系统是否合理和实用。

2. 任务

目前市面上流行的进销存管理系统较多。但是，对于书店图书的进销存系统来说，不需要大型的数据库系统，只需要一个操作方便、功能实用、能同时满足进销存分析管理及需求的系统即可。因此，主要任务是开发一个功能实用、操作方便、简单明了的图书进销存管理系统。图书进销存管理系统的用户要求系统具有良好的可靠性和可操作性，它的各种基本操作容易为管理者所掌握，有较好的完全性，并要求系统具有高效率、易维护、可移植性较好等特点。

该系统由售书管理模块、出库管理模块、库存管理模块、数据统计模块、入库管理模块和订书管理模块六部分组成,可以完成图书的进货、出货、查询等基本操作,完成阶段的销售情况、财务利润等。通过对基本操作的查询,用户可以掌握图书受欢迎的程度,并能够对图书情况进行统计,从而适应市场的需求并进行规划决策。

3. 业务流程图

业务流程图是一种表明系统内各个单位、人员之间业务关系、作业顺序和管理信息流动的流程图,通过它能够使分析人员找出业务流程中的不合理迂回等。业务流程图的层次简单,可读性强;采用系统外部实体,单据、报表、账目,数据流,处理四种符号来表示各项内容。具体的相关符号说明如下:

系统外部实体   单据、报表、账目   数据流   处理

通过对书店的处理内容、处理顺序、处理细节和处理要求等各环节的调查和分析,弄清各个环节所需要的信息内容、信息来源、流经取向、处理方法、计算方法、提供信息的时间和信息表示形态(报表、表单、表格、输入输出内容、屏幕显示)等,并且把相关的调查结果用"业务流程图"表示出来,如图 10-1 所示。

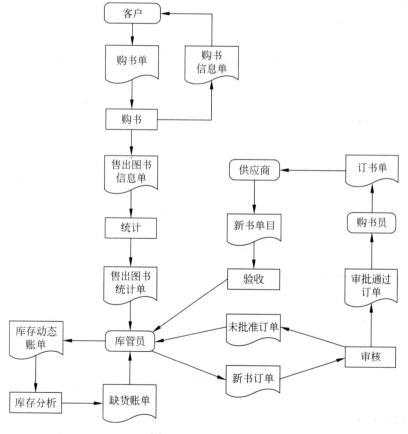

图 10-1 业务流程图

4. 数据流程图

使用业务流程图来描述管理业务虽然形象地表达了信息的流动和存储状况,但是仍旧没有完全脱离一些物质要素,而只是仅仅得到了一个现行系统的物理模型。为了用计算机对信息进行管理,必须舍去物质,抽象出信息流,详细调查数据及数据流程。

数据流程图是一种能全面地描述信息系统逻辑模型的主要工具,它可以用少数几种符号综合地反映出信息在系统中的流动、处理和存储情况。根据上面业务流程图的描述,从系统的科学性、管理的合理性、实际运行的可行性角度出发,自顶向下对系统进行分解,导出了图书管理系统的系统关联图、系统顶层图和系统分解图。

数据流程图由外部实体、处理(数据加工)、数据存储、数据流四部分组成。符号表示如下:

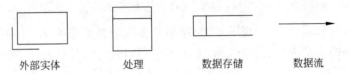

外部实体　　　　　处理　　　　　数据存储　　　　数据流

此外,为了规范化系统开发流程,有必要给数据流程图上的每个元素编上相应的编号,在编号之前冠以字母,以此来区分不同元素:F,数据流;D,数据存储;P,处理;S,外部实体。

5. 顶层数据流程图

由业务流程图确定系统开发的外部实体即系统数据的来源与去处,从而确定了整个系统的外部实体和数据流,把系统作为一个处理环节,由此可绘出该图书进销存系统的顶层数据流程图(顶层DFD图),如图10-2所示。

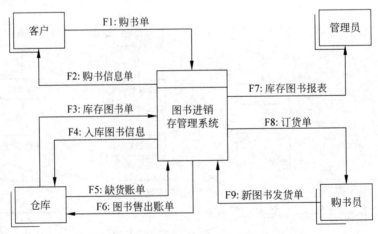

图10-2　图书进销存管理系统顶层 DFD 图

6. 数据流程图细化

图书进销存管理系统第二层数据流程图如图10-3所示。

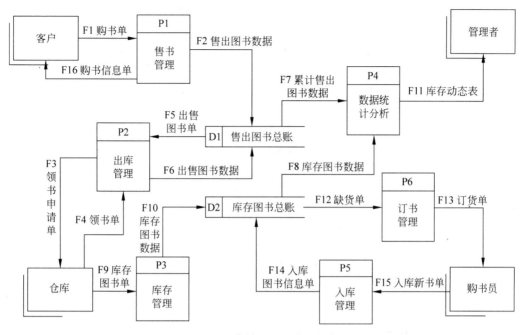

图 10-3　图书进销存管理系统第二层数据流程图

7. 系统流程图分解

将第二层流程图分解可得到系统分解图,其中某些数据项处理可分解为多个处理过程。在本系统中有售书管理模块、出库管理模块、库存管理模块、数据统计模块、入库管理模块和订书管理模块六部分。每一部分都可分解为第三层流程图。具体分解情况如下。

> 售书管理模块,如图 10-4 所示。

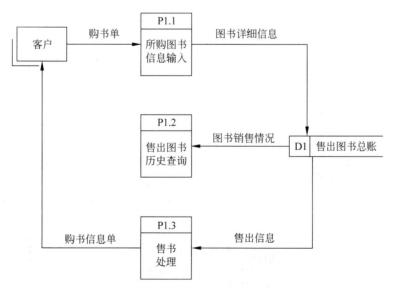

图 10-4　售书管理模块

> 出库管理模块,如图 10-5 所示。

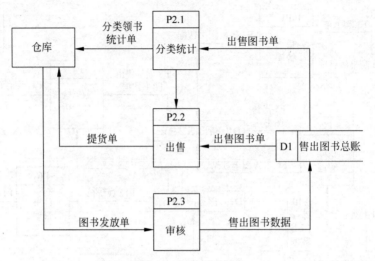

图 10-5　出库管理模块

➢ 库存管理模块,如图 10-6 所示。

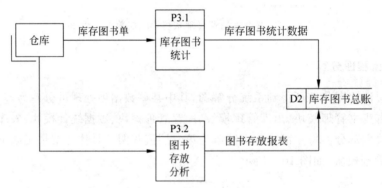

图 10-6　库存管理模块

➢ 数据统计模块,如图 10-7 所示。

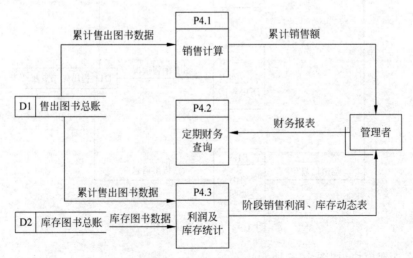

图 10-7　数据统计分析模块

➤ 入库管理模块,如图 10-8 所示。

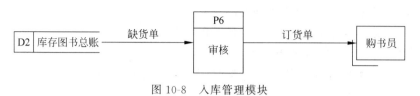

图 10-8　入库管理模块

➤ 订书管理模块,如图 10-9 所示。

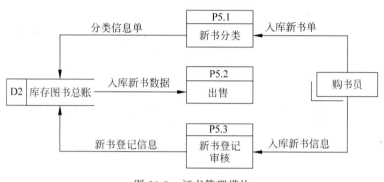

图 10-9　订书管理模块

8. 数据字典

数据流程图表达了数据和处理的关系,数据字典则是系统中各类数据描述的集合,是进行详细的数据收集和数据分析所获得的主要成果。数据字典在数据库设计中占有很重要的地位。

数据字典通常包括数据项、数据结构、数据流、数据存储和处理过程五部分。其中数据项是数据的最小组成单位,若干个数据项可以组成一个数据结构,数据字典通过对数据项和数据结构的定义来描述数据流、数据存储的逻辑内容。

10.1.1.2　概念设计

在进行数据库设计时,数据库概念设计的目标就是要产生反映企业组织信息需求的数据库概念结构,即概念模型,而后再把概念模型转换为具体机器上计算机信息管理系统支持的相关模型。概念模式是独立于数据库逻辑结构,独立于支持数据库的 DBMS,不依赖于计算机系统。概念模型是表达概念设计结果的工具。概念模型应该能够真实、充分地反映现实世界中事物和事物之间的联系;应该简洁、明晰、独立于机器,容易理解,方便数据库设计人员和应用人员进行交流;应该易于变动,便于修改;应该很容易向关系、层次或网状等各种数据模型转换,方便地导出与 DBMS 有关的逻辑模型,从而使概念模型成为现实世界到机器世界的一个过渡的中间层。

概念模型有很多模型,其中最常用的方法之一是"实体-联系模型"(Entity Relationship Model),即使用 E-R 图来描述某一组织的概念模型。这个阶段的目标即抽象出本系统的概念模型,为下一步做准备。该阶段的任务为采用自下而上的方法抽象出各子模块 E-R 图,再通过合并的方法做到各子系统实体、属性、联系统一,最终形成系统的全局 E-R 图。

E-R图是直观表示概念模型的工具,在图中有如下四个基本成分。

- ➤ 矩形框:表示实体类型(考虑问题的对象)。
- ➤ 菱形框:表示联系类型(实体间的联系)。
- ➤ 椭圆形框:表示实体类型和联系类型的属性。
- ➤ 直线:联系类型与涉及的实体类型之间以直线连接,并在直线上标上联系的种类 $(1:1,1:N,M:N)$。

具体如图10-10所示。

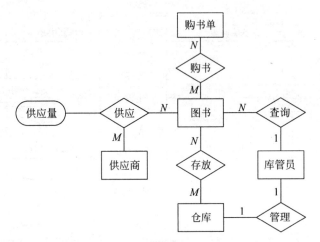

图 10-10　图书进销存管理系统全局 E-R 图

注意:图中省略了实体的属性。各实体属性如下,其中主码用下画线标出。

购书单(购书单编号,图书编号,购书数量,购书日期)

图书(图书编号,供应商编号,图书名称,图书作者,图书出版社,图书单价,图书出版日期,所存仓库号,图书备注)

供应商(供应商编号,姓名,地址,联系电话,传真,邮政编码)

仓库(仓库编号,面积)

库管员(库管员编号,名称,密码)

存放(仓库编号,图书编号,入库日期,出库日期,库存数量)

供应(供应商编号,供应量)

购书(购书单编号,购书日期,购书数量)

10.1.1.3　逻辑结构设计

逻辑结构设计的任务是把概念结构设计阶段设计的基本 E-R 图转换为与选用的具体终端 DBMS 的产品所支持的数据模型相符的逻辑结构(包括数据库模式和外模式)。这些模式在功能性、完整性和一致性约束及数据库的可扩充性等方面应满足用户的各种要求。E-R 图向关系模型的转换要解决的问题是如何将实体和实体间的关系转换为关系模式,如何确定这些关系模式的属性和代码。

1．模型转换

关系模型的逻辑结构是一组关系模式的集合。E-R 图则是由实体、实体的属性和实体之间的联系三个要素组成。所以将 E-R 图转换为关系模型实际上就是要将实体、实体的属性和实体之间的联系转换为关系模式。

E-R 模型中的主要成分是实体和联系。关系模式转换的规则：对于实体，将每个实体转换成一个关系模式，实体的属性即为关系模式的属性，实体标识符即为关系模式的键。

对于联系类型 1∶1,1∶N 和 M∶N 三种情况做不同处理：

➤ 若两个实体间的联系是 1∶1,可以在两个实体类型转换成的两个关系模式中任意一个关系模式的属性中加入另一个关系模式的键和联系类型的属性。

➤ 若两个实体间的联系是 1∶N,则在 N 端实体类型转换成的关系模式中加入 1 端实体类型转换成的关系模式的键和联系类型的属性。

➤ 若两个实体间的联系是 M∶N,则将联系类型也转换成关系模式，其属性为两端实体的键加上联系类型的属性，而键为两端实体间的组合。

2．数据字典

（1）数据项，如表 10-1～表 10-8 所示。

表 10-1　图书信息表

名　　称	名称含义	数据类型	长　　度	说　　明
BID	图书编号	Char	10	
BName	图书名字	Char	20	
PID	供应商编号	Char	11	
BWriter	作者	Char	30	
BPub	出版社	Char	30	
BPrice	单价	Float		
BPubDays	出版日期	Date		
SID	存放的仓库号	Char	1	
BRemarks	备注	Char	300	

表 10-2　客户购书表

名　　称	名称含义	数据类型	长　　度	说　　明
BuyID	购书单编号	Char	10	
BID	图书编号	Char	10	
BuyNum	购书数量	Int		
BuyDays	购书日期	Char		

表 10-3 库存图书表

名　　称	名 称 含 义	数 据 类 型	长　度	说　明
SID	仓库号	Char	2	
BID	图书编号	Char	10	
InTime	入库日期	Date		
SNum	库存数量	Int		
OutTime	出库日期	Date		

表 10-4 进货表

名　　称	名 称 含 义	数 据 类 型	长　度	说　明
BID	图书编号	Char	10	
InNum	进购图书数量	Int		
BuyTime	图书进购日期	Char	11	

表 10-5 库管员信息表

名　　称	名 称 含 义	数 据 类 型	长　度	说　明
AdID	库管员编号	Char	2	
AdName	名称	Char	15	
AdPswd	密码	Char	15	

表 10-6 供应商信息表

名　　称	名 称 含 义	数 据 类 型	长　度	说　明
PID	供应商编号	Char	11	
PName	姓名	Char	20	
PAddr	地址	Char	50	
PTel	联系电话	Char	11	
PFax	传真	Char	11	
PPost	邮政编码	Char	6	

表 10-7 仓库信息表

名　　称	名 称 含 义	数 据 类 型	长　度	说　明
AdID	库管员编号	Char	2	
SID	仓库编号	Char	2	
SArea	面积	Float		

表 10-8 供应表

名　　称	名 称 含 义	数 据 类 型	长　度	说　明
PID	供应商编号	Char	11	
PNum	供应量	Int		

（2）数据结构，如表 10-9 所示。

表 10-9　数据结构表

数据结构名称	含　义　说　明	组　　　成
图书	描述一本图书的具体信息	图书编号，图书名字，作者，出版社，单价，备注
购书	描述客户购书的基本信息	购书单编号，图书编号，购书数量，购书日期
库存图书	描述库存图书的详细数据	图书编号，入库日期，库存数量，出库日期
进货	描述进货的基本信息	图书编号，进购图书数量，图书进购日期
库管员	描述一个管理者的信息	库管员编号，名称，密码
供应商	描述供应商的基本信息	供应商编号，姓名，地址，联系电话，传真，邮政编码
仓库	描述仓库的基本信息	库管员编号，仓库编号，面积

（3）视图设计。

对于购书单这一关系模式，由于顾客和管理者都需要知道其中的各个属性，故只需要建立一个视图：购书单(购书单编号，图书编号，购书数量，购书日期)。

购书者可以在购书小票中看到其中的各个属性，而管理者则可以查询每个购书单所购图书的详细信息以及购书日期、购书数量等。

在图书关系上，可以建立如下两个视图。

➤ 为一般用户创建的视图：图书（图书编号，名称，作者，出版社，单价，出版日期，备注）。

➤ 为管理者创建的视图：图书（图书编号，供应商编号，名称，作者，出版社，单价，出版日期，所存仓库号，备注）。

用户视图中只包含允许用户查询的属性，而管理者则可以查询其所有属性，重要的是供应商和所存仓库号。

类似地可以得到各个关系模式的基于不同对象的视图，如表 10-10 所示。

表 10-10　视图分类

用 户 对 象	视 图 描 述	作　　用
顾客、管理者	购书单(图书编号，购书单编号，购书数量，购书日期)	用于顾客和管理员对购书情况的查询
顾客	图书 1(名称，作者，出版社，单价，出版日期，备注)	用于一般用户查询图书的详细信息
管理者	图书 2(图书编号，供应商编号，名称，作者，出版社，单价，出版日期，所存仓库号，备注)	用于管理者对图书的详细信息查询
管理者	供应商(供应商编号，姓名，地址，联系电话，传真，邮政编码)	用于管理者对供应商的信息查询
管理者	仓库(仓库编号，面积)	用于管理者查询仓库信息
库管员	库管员 1(所管理仓库号，名称，密码)	用于库管员对自己情况的查询
管理者	库管员 2(所管理仓库号，名称)	用于管理者对库管员信息的查询
库管员、管理者	存放(仓库编号，日期，数量)	用于库管员和管理员对存放情况的查询
管理者	供应(供应商编号，供应量)	用于管理者对供应情况的查询

（4）功能模块图，如图 10-11 所示。

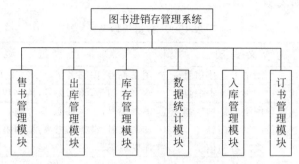

图 10-11　图书进销存管理系统功能模块

10.1.1.4　物理结构设计

数据库在物理设备上的存储结构与存取方法称为数据库的物理结构，它依赖于给定的计算机系统。为一个给定的逻辑数据模型选取一个最适合应用要求的物理结构的过程，就是数据库的物理设计。

本阶段要完成的任务是为关系模式选择存取方法和设计关系索引等数据库文件的物理存储结构。

1. 数据存取

这一阶段的任务是建立索引。建立索引是为了更快速地访问对应的属性列或属性组。可以在一个基本表上建立索引，以提供多种存储路径，加快访问速度。

建立索引一般有以下三个原则。

➢ 如果一个（或一组）属性经常在查询条件中出现，则考虑在这个（或这组）属性上建立索引。

➢ 如果一个属性经常作为最大值和最小值等聚集函数的参数，则考虑在这个属性上建立索引。

➢ 如果一个（或一组）属性经常在连接操作的连接条件中出现，则考虑在这个（或这组）属性上建立索引。

2. 建立索引

根据系统和用户的需要，由于图书编号、购书单编号、供应商编号和仓库编号等几个属性查询操作比较频繁，故需对其所在的表建立唯一索引，如表 10-11 所示。

表 10-11　唯一索引表

所 在 表 名	索 引 名 称	索 引 类 型	建立引用的基项
图书信息表	BookInfo1	Unique	BID
客户购书表	CBuyInfo1	Unique	BuyID
供应商信息表	SupInfo	Unique	PID
仓库信息表	StoreInfo	Unique	SID

而购书数量、入库日期、出库日期、进购图书数量、图书进购日期、购书日期、出版社等属性经常按顺序排列查询,故需建立聚簇索引,如表 10-12 所示。

表 10-12　聚簇索引表

所 在 表 名	索 引 名 称	索 引 类 型	建立引用的基项
客户购书表	CBuyInfo2	聚簇索引	BuyNum＋BuyDays
库存图书表	StoreBInfo	聚簇索引	InTime＋OutTime
进货表	BuyInfo	聚簇索引	InNum＋BuyTime
图书信息表	BookInfo2	聚簇索引	BPub

由此可得本系统流程图,如图 10-12 所示。

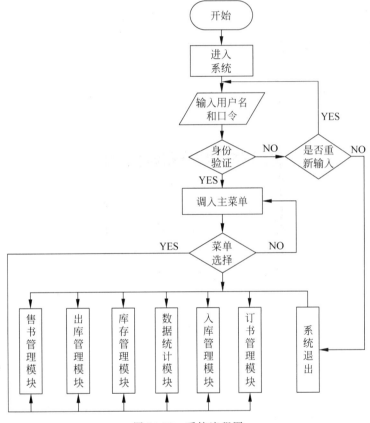

图 10-12　系统流程图

10.1.2　数据库表设计与创建

在 10.1.1.4 节数据库的物理结构设计之后,就要用数据定义和其他实用的应用程序将数据库逻辑设计和物理设计结果严格描述出来,成为 DBMS 可以接受的源代码,再经过调试产生目标代码,然后就可以组织数据入库了,这就是数据库实施阶段。数据库实施阶段的任务是完成数据的载入及应用程序的编码和调试。

10.1.2.1 创建数据表和视图

Oracle 数据库的 SQL * PLUS 是与 Oracle 进行交互的客户端工具。在 SQL * PLUS 中,可以运行 SQL * PLUS 命令与 SQL 语句。本系统的所有 SQL 语句都会在其中体现。通常所说的 DML、DDL、DCL 语句都是 SQL 语句,它们执行完后,都可以保存在一个被称为 sql buffer 的内存区域中,并且只能保存一条最近执行的 SQL 语句,可以对保存在 sql buffer 中的 SQL 语句进行修改,然后再次执行。

除了 SQL 语句,在 SQL * PLUS 中执行的其他语句称为 SQL * PLUS 命令。它们执行完后,不保存在 sql buffer 的内存区域中,一般用来对输出的结果进行格式化显示,以便于建立数据表。

1. 创建数据表

以 sys 用户登录 Oracle 10g SQL * PLUS 执行台,同时赋予 as sysdba 权限,如图 10-13 所示。

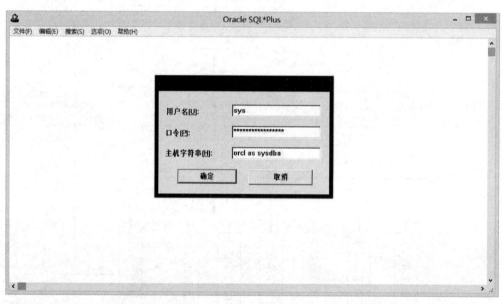

图 10-13　SQL 口登录界面

(1) 创建图书信息表,如图 10-14 所示。

```
SQL> create table BookInfo
  2  (BID char(10) not null,
  3  BName char(20) not null,
  4   PID char(11) not null,
  5   BWriter char(30),
  6  BPub char (30) not null,
  7   BPrice Float not null,
  8  BPubDays date,
  9  SID char(2) not null,
 10  BRemarks char(300),
 11  Primary key(BID),
 12  foreign key(PID) references SupplierInfo(PID));

表已创建。
```

图 10-14　创建图书信息表

（2）创建客户购书单，如图 10-15 所示。

```
SQL> create table CBuyBInfo
  2  (BuyID char(10) not null,
  3   BID char(10) not null,
  4  BuyNum int not null,
  5  BuyDays Date not null,
  6   Primary key(BuyID),
  7  foreign key(BID) references BookInfo(BID));

表已创建。
```

图 10-15　创建客户购书单

（3）创建库存图书表，如图 10-16 所示。

```
SQL> create table StoreBInfo
  2  (SID char(2) not null,
  3   BID char(10) not null,
  4   Intime date not null,
  5   SNum int not null,
  6   Outtime date,
  7  primary key(SID),
  8  foreign key(BID) references BookInfo(BID));

表已创建。
```

图 10-16　创建库存图书表

（4）创建进货表，如图 10-17 所示。

```
SQL> create table BuyBInfo
  2  (BID char(10) not null,
  3   InNum int not null,
  4  BuyTime date not null,
  5  foreign key(BID) references BookInfo(BID));

表已创建。
```

图 10-17　创建进货表

（5）创建库管员信息表，如图 10-18 所示。

（6）创建供应商信息表，如图 10-19 所示。

```
SQL> create table StoreMaInfo
  2  (AdName char(15) not null,
  3  AdID char(2) not null,
  4  AdPswd char(15) not null,
  5  Primary key(AdID));

表已创建。
```

图 10-18　创建库管员信息表

```
SQL> create table SupplierInfo
  2  (PID char(11) not null,
  3  PName char(20) not null,
  4  PAddr char(50),
  5  PTel char(11),
  6  PFex char(11),
  7  PPost char(6),
  8  Primary key(PID));

表已创建。
```

图 10-19　创建供应商信息表

（7）创建仓库信息表，如图 10-20 所示。

```
SQL> create table StoreInfo
  2  (AdID char(2) not null,
  3  SID char(2) not null,
  4  SArea Float,
  5  Primary key(SID),
  6  foreign key(AdID) references StoreMaInfo(AdID));

表已创建。
```

图 10-20　创建仓库信息表

(8) 创建供应表,如图 10-21 所示。

```
SQL> create table Supply
  2 (PID char(11) not null,
  3 PNum int not null,
  4 foreign key(PID) references SupplierInfo(PID));
表已创建。
```

图 10-21　创建供应表

2. 创建视图

(1) 创建顾客和管理员对购书情况查询的视图,如图 10-22 所示。

```
SQL> create view
  2 VIEW_BuyB(BuyID,BID,BuyNum,BuyDays)
  3 as select *
  4 from CBuyBInfo;
视图已创建。
```

图 10-22　创建顾客和管理员对购书情况查询的视图

(2) 创建顾客查询图书的详细信息的视图,如图 10-23 所示。

```
SQL> create view
  2 VIEW_Book1(BName,BWriter,BPub,BPrice,BPubDays,BRemarks)
  3 As select BName,BWriter,BPub,BPrice,BPubDays,BRemarks
  4 from BookInfo;
视图已创建。
```

图 10-23　创建顾客查询图书的详细信息的视图

10.1.2.2　创建存储过程及数据入库

利用存储过程将各表单数据插入数据库中,存储过程通过使用参数将对应的数据带入到数据库中。

(1) 创建图书信息数据存储过程,如图 10-24 所示。

```
SQL> create or replace procedure Insert_BookInfo
  2 (
  3 t_BID BookInfo.BID%TYPE,
  4 t_BName BookInfo.BName%TYPE,
  5 t_PID SupplierInfo.PID%TYPE,
  6 t_BWriter BookInfo.BWriter%TYPE,
  7 t_BPub BookInfo.BPub%TYPE,
  8 t_BPrice BookInfo.BPrice%TYPE,
  9 t_BPubDays BookInfo.BPubDays%TYPE,
 10 t_SID StoreInfo.SID%TYPE,
 11 t_BRemarks BookInfo.BRemarks%TYPE
 12 ) is
 13 begin insert into
 14 BookInfo(BID,BName,PID,BWriter,BPub,BPrice,BPubDays,SID,BRemarks) values(t_BID,t_BName,t_PID,t_
BWriter,t_BPub,t_BPrice,t_BPubDays, t_SID,t_BRemarks);
 15 end Insert_BookInfo;
 16 /
过程已创建。
```

图 10-24　创建图书信息数据存储过程

过程代码:

create or replace procedure Insert_BookInfo

```
(
t_BID BookInfo.BID % TYPE,
t_BName BookInfo.BName % TYPE,
t_PID SupplierInfo.PID % TYPE,
t_BWriter BookInfo.BWriter % TYPE,
t_BPub BookInfo.BPub % TYPE,
t_BPrice BookInfo.BPrice % TYPE,
t_BPubDays BookInfo.BPubDays % TYPE,
t_SID StoreInfo.SID % TYPE,
t_BRemarks BookInfo.BRemarks % TYPE
) is
begin insert into
BookInfo(BID,BName,PID,BWriter,BPub,BPrice,BPubDays,SID,BRemarks) values(t_BID,t_BName,
t_PID,t_BWriter,t_BPub,t_BPrice,t_BPubDays, t_SID,t_BRemarks);
end Insert_BookInfo;
```

调用代码：

```
CALL Insert_BookInfo ('AS081000','数字电路','GYS001','雷电','翔宇出版社 ','20.5',to_date
('1998 - 05 - 05','yyyy - MM - dd'),'01','');
CALL Insert_BookInfo ('AS081001','操作系统','GYS001','青松','翔宇出版社 ','15',to_date
('1998 - 03 - 05','yyyy - MM - dd'),'01','');
CALL Insert_BookInfo ('AS081002','组成原理','GYS002','青松','翔宇出版社 ','15',to_date
('1996 - 03 - 03','yyyy - MM - dd'),'01','');
CALL Insert_BookInfo ('AS081003','编译原理','GYS001','汤粉','翔宇出版社 ','15',to_date
('1999 - 11 - 08','yyyy - MM - dd'),'01','');
CALL Insert_BookInfo ('AS081004','数据结构','GYS002','面条','翔宇出版社 ','15',to_date
('1997 - 06 - 25','yyyy - MM - dd'),'01','');
CALL Insert_BookInfo ('AS081005','面向对象','GYS001','面条','翔宇出版社','15',to_date
('1995 - 04 - 28','yyyy - MM - dd'),'01','');
CALL Insert_BookInfo ('AS081006','算法设计','GYS001','星星','翔宇出版社','20',to_date
('1993 - 05 - 20','yyyy - MM - dd'),'02','');
CALL Insert_BookInfo ('AS081007','网络维护','GYS001','大山','翔宇出版社 ','15',to_date
('1991 - 06 - 06', 'yyyy - MM - dd'),'02','');
```

（2）创建客户购书单数据存储过程，如图 10-25 所示。

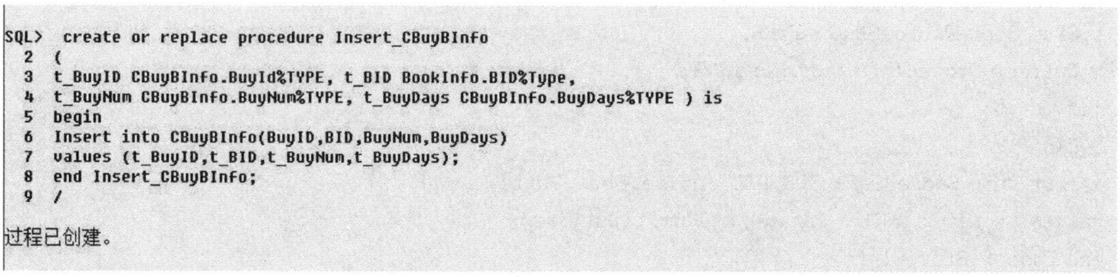

```
SQL>  create or replace procedure Insert_CBuyBInfo
  2  (
  3  t_BuyID CBuyBInfo.BuyId%TYPE, t_BID BookInfo.BID%Type,
  4  t_BuyNum CBuyBInfo.BuyNum%TYPE, t_BuyDays CBuyBInfo.BuyDays%TYPE ) is
  5  begin
  6  Insert into CBuyBInfo(BuyID,BID,BuyNum,BuyDays)
  7  values (t_BuyID,t_BID,t_BuyNum,t_BuyDays);
  8  end Insert_CBuyBInfo;
  9  /
过程已创建。
```

图 10-25　创建客户购书单数据存储过程

过程代码：

```
create or replace procedure Insert_CBuyBInfo
(
t_BuyID CBuyBInfo.BuyId % TYPE, t_BID BookInfo.BID % Type,
```

```
t_BuyNum CBuyBInfo.BuyNum % TYPE, t_BuyDays CBuyBInfo.BuyDays % TYPE ) is
begin
Insert into CBuyBInfo(BuyID, BID, BuyNum, BuyDays)
values (t_BuyID, t_BID, t_BuyNum, t_BuyDays);
end Insert_CBuyBInfo;
```

调用代码：

```
CALL Insert_CBuyBInfo('2016021000', 'AS081000', '1', to_date('2017 - 05 - 06', 'yyyy - MM - dd'));
CALL Insert_CBuyBInfo('2016021001', 'AS081001', '1', to_date('2017 - 05 - 06', 'yyyy - MM - dd'));
CALL Insert_CBuyBInfo('2016021002', 'AS081002', '1', to_date('2017 - 05 - 06', 'yyyy - MM - dd'));
CALL Insert_CBuyBInfo('2016021003', 'AS081003', '20', to_date('2017 - 05 - 06', 'yyyy - MM - dd'));
CALL Insert_CBuyBInfo('2016021004', 'AS081004', '10', to_date('2017 - 05 - 06', 'yyyy - MM - dd'));
CALL Insert_CBuyBInfo('2016021005', 'AS081005', '32', to_date('2017 - 05 - 06', 'yyyy - MM - dd'));
CALL Insert_CBuyBInfo('2016021006', 'AS081006', '5', to_date('2017 - 05 - 06', 'yyyy - MM - dd'));
CALL Insert_CBuyBInfo('2016021007', 'AS081007', '6', to_date('2017 - 05 - 06', 'yyyy - MM - dd'));
```

（3）创建库存图书信息存储过程，如图 10-26 所示。

```
SQL> create or replace procedure Insert_StoreBInfo
  2  (
  3  t_SID StoreInfo.SID%TYPE,
  4  t_BID BookInfo.BID%TYPE,
  5  t_Intime StoreBInfo.Intime%TYPE,
  6  t_SNum StoreBInfo.SNum%TYPE,
  7  t_Outtime StoreBInfo.Outtime%TYPE
  8  )is
  9  begin
 10  insert into StoreBInfo(SID,BID,Intime,SNum,Outtime)
 11  values (t_SID,t_BID,t_Intime,t_SNum,t_Outtime);
 12  end Insert_StoreBInfo;
 13  /

过程已创建。
```

图 10-26　创建库存图书信息存储过程

过程代码：

```
create or replace procedure Insert_StoreBInfo
(
t_SID StoreInfo. SID % TYPE,
t_BID BookInfo. BID % TYPE,
t_Intime StoreBInfo. Intime % TYPE,
t_SNum StoreBInfo. SNum % TYPE,
t_Outtime StoreBInfo. Outtime % TYPE
) is
begin
insert into StoreBInfo(SID, BID, Intime, SNum, Outtime)
values (t_SID, t_BID, t_Intime, t_SNum, t_Outtime);
end Insert_StoreBInfo;
```

调用代码：

```
CALL Insert_StoreBInfo ('01', 'AS081000', to_date('2013 - 05 - 06', 'yyyy - MM - dd'), '300', '');
CALL Insert_StoreBInfo ('02', 'AS081001', to_date('2014 - 05 - 06', 'yyyy - MM - dd'), '200', '');
CALL Insert_StoreBInfo ('03', 'AS081002', to_date('2014 - 05 - 06', 'yyyy - MM - dd'), '10', '');
CALL Insert_StoreBInfo ('04', 'AS081003', to_date( '2014 - 05 - 06', 'yyyy - MM - dd' ), '20', '');
CALL Insert_StoreBInfo ('05', 'AS081004', to_date ('2014 - 05 - 06', 'yyyy - MM - dd'), '25', '');
```

```
CALL Insert_StoreBInfo ('06','AS081005', to_date( '2014 – 05 – 06', 'yyyy – MM – dd'),'200','');
CALL Insert_StoreBInfo ('07','AS081006',to_date('2014 – 05 – 06','yyyy – MM – dd'),'200','');
CALL Insert_StoreBInfo ('08','AS081007', to_date('2014 – 05 – 06', 'yyyy – MM – dd'),'180','');
```

（4）创建进货表数据存储过程，如图 10-27 所示。

```
SQL> create or replace procedure Insert_BuyBInfo
  2  (
  3  t_BID BookInfo.BID%TYPE,
  4  t_InNum BuyBInfo.InNum%TYPE,
  5  t_BuyTime BuyBInfo.BuyTime%TYPE
  6  ) is
  7  begin
  8  insert into BuyBInfo (BID,InNum,BuyTime)
  9  values (t_BID,t_InNum,t_BuyTime);
 10  end Insert_BuyBInfo;
 11  /
过程已创建。
```

图 10-27 创建进货表数据存储过程

过程代码：

```
create or replace procedure Insert_BuyBInfo
(
t_BID BookInfo.BID % TYPE,
t_InNum BuyBInfo.InNum % TYPE,
t_BuyTime BuyBInfo.BuyTime % TYPE
) is
begin
insert into BuyBInfo (BID, InNum, BuyTime)
values (t_BID, t_InNum, t_BuyTime);
end Insert_BuyBInfo;
```

调用代码：

```
CALL Insert_BuyBInfo('AS081000','50',to_date('2017 – 05 – 05','yyyy – MM – dd'));
CALL Insert_BuyBInfo ('AS081001','50',to_date('2017 – 05 – 05','yyyy – MM – dd'));
CALL Insert_BuyBInfo('AS081002','50',to_date('2017 – 05 – 05','yyyy – MM – dd'));
CALL Insert_BuyBInfo('AS081003','50',to_date('2017 – 05 – 05','yyyy – MM – dd'));
CALL Insert_BuyBInfo('AS081004','50',to_date('2017 – 05 – 05','yyyy – MM – dd'));
CALL Insert_BuyBInfo('AS081005','15',to_date('2017 – 05 – 05','yyyy – MM – dd'));
CALL Insert_BuyBInfo('AS081006','50',to_date('2017 – 05 – 05','yyyy – MM – dd'));
CALL Insert_BuyBInfo('AS081007','50',to_date('2017 – 05 – 05','yyyy – MM – dd'));
```

（5）创建库管员信息数据存储过程，如图 10-28 所示。

```
SQL> create or replace procedure Insert_StoreMaInfo
  2  (
  3  t_AdName StoreMaInfo.AdName%TYPE, t_AdID StoreMaInfo.AdID%TYPE, t_AdPswd StoreMaInfo.AdPswd%TYP
E
  4  ) is
  5  begin
  6  Insert into  StoreMaInfo(AdName,AdID,AdPswd)
  7  values (t_AdName,t_AdID,t_AdPswd);
  8  end  Insert_StoreMaInfo;
  9  /
过程已创建。
```

图 10-28 创建库管员信息数据存储过程

过程代码：

```
create or replace procedure Insert_StoreMaInfo
(
t_AdName StoreMaInfo.AdName % TYPE, t_AdID StoreMaInfo.AdID % TYPE, t_AdPswd StoreMaInfo.
AdPswd % TYPE
) is
begin
Insert into StoreMaInfo(AdName,AdID,AdPswd)
values (t_AdName,t_AdID,t_AdPswd);
end Insert_StoreMaInfo;
```

调用代码：

```
CALL Insert_StoreMaInfo ('admin1','01','111111');
CALL Insert_StoreMaInfo ('admin2','02','222222');
CALL Insert_StoreMaInfo ('admin3','03','333333');
CALL Insert_StoreMaInfo ('admin4','04','444444');
CALL Insert_StoreMaInfo ('admin5','05','555555');
CALL Insert_StoreMaInfo ('admin6','06','666666');
CALL Insert_StoreMaInfo ('admin7','07','777777');
CALL Insert_StoreMaInfo ('admin8','08','888888');
```

（6）创建供应商信息数据存储过程，如图 10-29 所示。

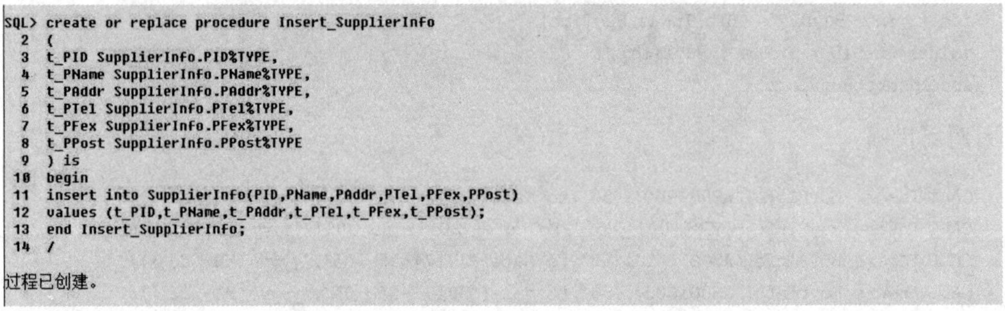

```
SQL> create or replace procedure Insert_SupplierInfo
  2  (
  3  t_PID SupplierInfo.PID%TYPE,
  4  t_PName SupplierInfo.PName%TYPE,
  5  t_PAddr SupplierInfo.PAddr%TYPE,
  6  t_PTel SupplierInfo.PTel%TYPE,
  7  t_PFex SupplierInfo.PFex%TYPE,
  8  t_PPost SupplierInfo.PPost%TYPE
  9  ) is
 10  begin
 11  insert into SupplierInfo(PID,PName,PAddr,PTel,PFex,PPost)
 12  values (t_PID,t_PName,t_PAddr,t_PTel,t_PFex,t_PPost);
 13  end Insert_SupplierInfo;
 14  /

过程已创建。
```

图 10-29   创建供应商信息数据存储过程

过程代码：

```
create or replace procedure Insert_SupplierInfo
(
t_PID SupplierInfo.PID % TYPE,
t_PName SupplierInfo.PName % TYPE,
t_PAddr SupplierInfo.PAddr % TYPE,
t_PTel SupplierInfo.PTel % TYPE,
t_PFex SupplierInfo.PFex % TYPE,
t_PPost SupplierInfo.PPost % TYPE
) is
begin
insert into SupplierInfo(PID,PName,PAddr,PTel,PFex,PPost)
values (t_PID,t_PName,t_PAddr,t_PTel,t_PFex,t_PPost);
```

end Insert_SupplierInfo;

调用代码：

CALL Insert_SupplierInfo ('GYS001', '胜屿', '西安市莲湖区 079 号', '13548754563', '043 - 7854223', '710038');
CALL Insert_SupplierInfo ('GYS002', '任飞', '西安市灞桥区 210 号 ', '13548754563', '043 - 7854263', '710038');
CALL Insert_SupplierInfo ('GYS003', '孙逸豪', '北京市中山路 54 号', '010 - 8700221', '010 - 8700221', '710038');
CALL Insert_SupplierInfo ('GYS004', '万心', '安康学院', '031 - 5462256', '031 - 5462256', '725000');
CALL Insert_SupplierInfo ('GYS005', '魍朝', '安康学院', '031 - 8534345', '031 - 8534345', '725000');

（7）创建仓库信息数据存储过程，如图 10-30 所示。

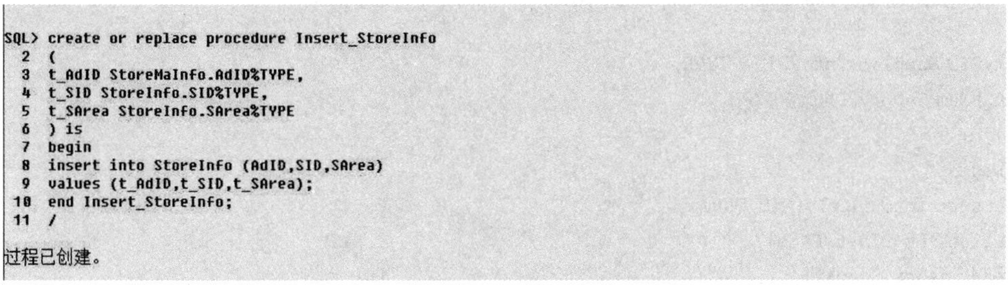

```
SQL> create or replace procedure Insert_StoreInfo
  2  (
  3  t_AdID StoreMaInfo.AdID%TYPE,
  4  t_SID StoreInfo.SID%TYPE,
  5  t_SArea StoreInfo.SArea%TYPE
  6  ) is
  7  begin
  8  insert into StoreInfo (AdID,SID,SArea)
  9  values (t_AdID,t_SID,t_SArea);
 10  end Insert_StoreInfo;
 11  /

过程已创建。
```

图 10-30　创建仓库信息数据存储过程

过程代码：

```
create or replace procedure Insert_StoreInfo
(
t_AdID StoreMaInfo.AdID % TYPE,
t_SID StoreInfo.SID % TYPE,
t_SArea StoreInfo.SArea % TYPE
) is
begin
insert into StoreInfo (AdID, SID, SArea)
values (t_AdID, t_SID, t_SArea);
end Insert_StoreInfo;
```

调用代码：

```
CALL Insert_StoreInfo ('01', '01', '20');
CALL Insert_StoreInfo ('02', '02', '20.6');
CALL Insert_StoreInfo ('03', '03', '20.25');
CALL Insert_StoreInfo ('04', '04', '30.2');
CALL Insert_StoreInfo ('05', '05', '35.32');
CALL Insert_StoreInfo ('06', '06', '16.36');
CALL Insert_StoreInfo ('07', '07', '14.48');
CALL Insert_StoreInfo ('08', '08', '18.56');
```

（8）创建供应情况数据存储过程，如图 10-31 所示。

```
SQL> create or replace procedure Insert_Supply
  2  (
  3  t_PID SupplierInfo.PID%TYPE,
  4  t_PNum Supply.PNum%TYPE
  5  ) is
  6  begin
  7  insert into Supply(PID,PNum)
  8  values (t_PID,t_PNum);
  9  end Insert_Supply;
 10  /

过程已创建。
```

图 10-31　创建供应情况数据存储过程

过程代码：

create or replace procedure Insert_Supply

(

t_PID SupplierInfo. PID % TYPE,

t_PNum Supply. PNum % TYPE

) is

begin

insert into Supply(PID,PNum)

values (t_PID,t_PNum);

end Insert_Supply;

 /;

调用代码：

CALL Insert_Supply ('GYS001','200');

CALL Insert_Supply ('GYS002','500');

CALL Insert_Supply ('GYS003','300');

CALL Insert_Supply ('GYS004','350');

10.1.2.3　完善系统功能

根据系统各模块的功能需要，可以通过使用存储过程实现查询、更新和简单统计等基本功能，不同的功能存储过程也不相同，各存储过程如表 10-13 所示，具体存储过程代码如下。

表 10-13　图书信息表

存储过程名称	作　　用
select_getnum	某日出售图书数量、图书编号查询
select_getBName	按出版社分类查询图书名
select_getand	库存某图书的入库日期及现库存数量查询
Insert_AddBook	图书入库信息处理过程
select_SupAT	供应商姓名及联系电话查询
select_getdn	某图书的进购数量和进购日期查询

1. 查询存储过程

(1) 某日出售图书数量、图书编号查询。

```
create or replace procedure select_getnum
(
t_day varchar2
) is
begin
DBMS_OUTPUT.PUT_LINE('----------------------------------');
for cur in (select BID,BuyNum from CBuyBInfo where
BuyDays = to_date(t_day,'yyyy-MM-dd'))loop
DBMS_OUTPUT.PUT_LINE(cur.BID||' '||cur.BuyNum);
end loop;
end select_getnum;
```

【例 10-1】 查询 2017-05-06 当天出售的图书的数量和图书编号,如图 10-32 所示。

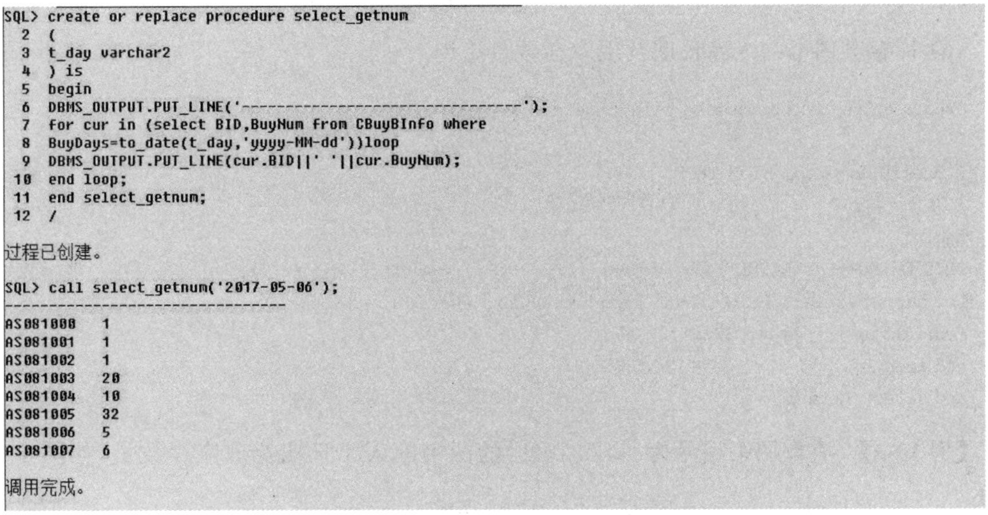

```
SQL> create or replace procedure select_getnum
  2  (
  3  t_day varchar2
  4  ) is
  5  begin
  6  DBMS_OUTPUT.PUT_LINE('--------------------------------');
  7  for cur in (select BID,BuyNum from CBuyBInfo where
  8  BuyDays=to_date(t_day,'yyyy-MM-dd'))loop
  9  DBMS_OUTPUT.PUT_LINE(cur.BID||' '||cur.BuyNum);
 10  end loop;
 11  end select_getnum;
 12  /

过程已创建。

SQL> call select_getnum('2017-05-06');
--------------------------------
AS081000   1
AS081001   1
AS081002   1
AS081003   20
AS081004   10
AS081005   32
AS081006   5
AS081007   6

调用完成。
```

图 10-32 图书进销存管理系统查询结果 1

(2) 按出版社分类查询图书名。

```
create or replace procedure select_getBName
(
t_PubName BookInfo.BPub%TYPE
) is
begin
DBMS_OUTPUT.PUT_LINE('----------------------------------');
for cur in (select BName from BookInfo where BPub = t_PubName) loop DBMS_OUTPUT.PUT_LINE(cur.
BName);
end loop;
end select_getBName;
```

【例 10-2】 查询"翔宇出版社"出版的图书的详细信息,如图 10-33 所示。

```
SQL> set serveroutput on;
SQL> create or replace procedure select_getBName
  2  (
  3  t_PubName BookInfo.BPub%TYPE
  4  ) is
  5  begin
  6  DBMS_OUTPUT.PUT_LINE('--------------------------------');
  7  for cur in (select BName from BookInfo where BPub=t_PubName) loop DBMS_OUTPUT.PUT_LINE(cur.BNam
e);
  8  end loop;
  9  end select_getBName;
 10  /

过程已创建。

SQL> call select_getBName('翔宇出版社');
--------------------------------
数字电路
操作系统
组成原理
编译原理
数据结构
面向对象
算法设计
网络维护

调用完成。
```

图 10-33　图书进销存管理系统查询结果 2

(3) 库存某图书的入库日期及现库存数量查询。

```
create or replace procedure select_getand
(
t_BookID BookInfo.BID % TYPE
) is
begin
DBMS_OUTPUT.PUT_LINE('---------------------------------- ');
for cur in (select InTime,SNum from StoreBInfo where BID = t_BookID) loop DBMS_OUTPUT.PUT_LINE
(cur.InTime||' '||cur.SNum);
end loop;
end select_getand;
```

【例 10-3】 查询图书编号为'AS081006'的图书的入库日期及现库存数量,如图 10-34 所示。

```
SQL> set serveroutput on;
SQL> create or replace procedure select_getand
  2  (
  3  t_BookID BookInfo.BID%TYPE
  4  ) is
  5  begin
  6  DBMS_OUTPUT.PUT_LINE('-------------------------------');
  7  for cur in (select InTime,SNum from StoreBInfo where BID=t_BookID) loop DBMS_OUTPUT.PUT_LINE(cu
r.InTime||' '||cur.SNum);
  8  end loop;
  9  end select_getand;
 10  /

过程已创建。

SQL> call select_getand('AS081006');
--------------------------------
06-5月 -14 200

调用完成。
```

图 10-34　图书进销存管理系统查询结果 3

（4）供应商地址及联系电话查询。

```
create or replace procedure select_SupAT
(
t_PName SupplierInfo.PName % TYPE
) is
begin
DBMS_OUTPUT.PUT_LINE('------------------------------');
for cur in (select PAddr,PTel from SupplierInfo where PName = t_PName)loop
DBMS_OUTPUT.PUT_LINE(cur.PAddr||''||cur.PTel);
end loop;
end select_SupAT;
```

【例 10-4】 查询供应商"万心"的地址及联系电话，如图 10-35 所示。

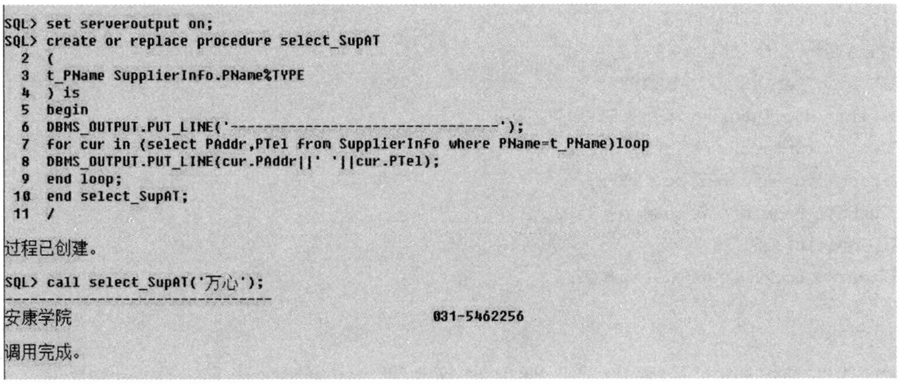

图 10-35 图书进销存管理系统查询结果 4

（5）某图书的进购数量和进购日期查询。

```
create or replace procedure select_getdn
(
t_BID BookInfo.BID % TYPE
) is
begin
DBMS_OUTPUT.PUT_LINE('----------------------------------');
for cur in (select InNum,BuyTime from BuyBInfo where BID = t_BID) loop DBMS_OUTPUT. PUT_LINE
(cur.InNum||''||cur.BuyTime);
end loop;
end select_getdn;
```

【例 10-5】 查询图书编号为 'AS081006' 的图书的进购数量和进购日期，如图 10-36 所示。

2．更新存储过程

（1）图书入库信息处理过程。

```
create or replace procedure up_AddBook
```

```
SQL> set serveroutput on;
SQL> create or replace procedure select_getand
  2  (
  3  t_BookID BookInfo.BID%TYPE
  4  ) is
  5  begin
  6  DBMS_OUTPUT.PUT_LINE('--------------------------------');
  7  for cur in (select InTime,SNum from StoreBInfo where BID=t_BookID) loop DBMS_OUTPUT.PUT_LINE(cu
r.InTime||' '||cur.SNum);
  8  end loop;
  9  end select_getand;
 10  /

过程已创建。

SQL> call select_getand('AS081006');
--------------------------------
06-5月 -14 200

调用完成。
```

图 10-36　图书进销存管理系统查询结果 5

```
(
t_BID BookInfo.BID % TYPE,
t_BName BookInfo.BName % TYPE,
t_PID SupplierInfo.PID % TYPE,
t_BWriter BookInfo.BWriter % TYPE,
t_BPub BookInfo.BPub % TYPE,
t_BPrice BookInfo.BPrice % TYPE,
t_BPubDays BookInfo.BPubDays % TYPE,
t_SID BookInfo.SID % TYPE,
t_BRemarks BookInfo.BRemarks % TYPE
) is
begin
Insert into BookInfo(BID,Bname,PID,BWriter,BPub,BPrice,BPubDays,SID,BRemarks)
values(t_BID,t_Bname,t_PID,t_BWriter,t_BPub,t_BPrice,t_BPubDays,t_SID, t_BRemarks);
end up_AddBook;
```

【例 10-6】　创建一个添加图书的存储过程，如图 10-37 所示。

```
SQL> create or replace procedure up_AddBook
  2  (
  3  t_BID BookInfo.BID%TYPE,
  4  t_BName BookInfo.BName%TYPE,
  5  t_PID SupplierInfo.PID%TYPE,
  6  t_BWriter BookInfo.BWriter%TYPE,
  7  t_BPub BookInfo.BPub%TYPE,
  8  t_BPrice BookInfo.BPrice%TYPE,
  9  t_BPubDays BookInfo.BPubDays%TYPE,
 10  t_SID BookInfo.SID%TYPE,
 11  t_BRemarks BookInfo.BRemarks%TYPE
 12  ) is
 13  begin
 14  Insert into BookInfo(BID,Bname,PID,BWriter,BPub,BPrice,BPubDays,SID,BRemarks)
 15  values(t_BID,t_Bname,t_PID,t_BWriter,t_BPub,t_BPrice,t_BPubDays,t_SID, t_BRemarks);
 16  end up_AddBook;
 17  /

过程已创建。
```

图 10-37　创建添加图书的存储过程

（2）修改库管员的姓名和密码。

```
create or replace procedure Up_AdminInfo
(
t_AdID StoreMaInfo.AdID % TYPE,
```

```
t_AdName StoreMaInfo.AdName % TYPE,
t_AdPswd StoreMaInfo.AdPswd % TYPE
) is
begin
update StoreMaInfo
set AdName = t_AdName,AdPswd = t_AdPswd where AdID = t_AdID;
end Up_AdminInfo;
```

【例 10-7】 将编号为 02 的库管员姓名和密码改为 wangzhao、123456，如图 10-38 所示。

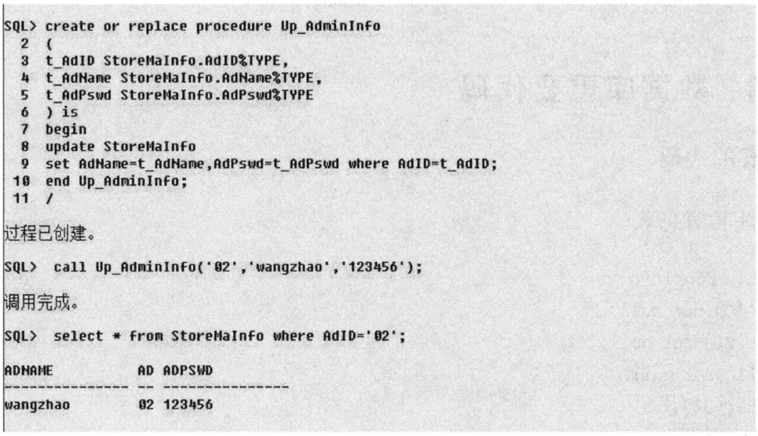

```
SQL> create or replace procedure Up_AdminInfo
  2  (
  3  t_AdID StoreMaInfo.AdID%TYPE,
  4  t_AdName StoreMaInfo.AdName%TYPE,
  5  t_AdPswd StoreMaInfo.AdPswd%TYPE
  6  ) is
  7  begin
  8  update StoreMaInfo
  9  set AdName=t_AdName,AdPswd=t_AdPswd where AdID=t_AdID;
 10  end Up_AdminInfo;
 11  /

过程已创建。

SQL> call Up_AdminInfo('02','wangzhao','123456');

调用完成。

SQL> select * from StoreMaInfo where AdID='02';

ADNAME        AD ADPSWD
------------- -- ---------------
wangzhao      02 123456
```

图 10-38　修改内容

10.1.2.4　数据库测试与评价

系统测试是系统开发周期中的一个十分重要的阶段，其重要性体现在它是保证系统质量和可靠性的最后环节，是对整个系统开发过程包括系统分析、系统设计和系统实施的最终审查。虽然本系统在测试之前已经经过了系统分析、需求分析、概念设计、逻辑设计、物理设计等阶段严格的技术审查，但是错误和疏漏的存在很难避免。因此系统测试是系统开发中一个最重要的环节，它的主要任务是在整个软件中找出错误。

1．测试方法

由于环境因素以及本系统的理想性，测试方法仅限于对系统能够完成的功能如查询、增加图书书目、删除图书信息等功能进行简单测试，并尽可能地对系统的性能及安全性进行测试。

2．测试内容

本系统完成的是在一定理想状态下的各种功能，故测试内容也只能做简单处理，可以通过以下几种内容进行测试。

➢ 对图书的详细信息进行查询。

➢ 修改库管员信息。

➢ 新增仓库信息。

➤ 完成简单统计功能。

3．测试结果

【例 10-8】 查询图书编号为'AS081004'的图书的详细信息，如图 10-39 所示。

```
SQL> SET LINESIZE 2000
SQL> COL COLUMN_NAME FORMAT A500;
SQL> select * from BookInfo where BID='AS081004';

BID        BNAME        PID      BWRITER              BPUB              BPRICE BPUBDAYS    SI BREMARKS

AS081004   数据结构      GYS002   面条                 翔宇出版社           15 25-6月 -97  01
```

图 10-39　查询结果

10.1.3　数据库重要代码

1．数据表的代码

1）创建图书信息表

```
create table BookInfo
(BID char(10) not null,
BName char(20) not null,
PID char(11) not null,
BWriter char(30),
BPub char (30) not null,
BPrice float not null,
BPubDays date,
SID char(2) not null,
BRemarks char(300),
Primary key(BID),
foreign key(PID) references SupplierInfo(PID));
```

2）创建客户购书单

```
create table CBuyBInfo
(BuyID char(10) not null,
BID char(10) not null,
BuyNum int not null,
BuyDays Date not null,
Primary key(BuyID),
foreign key(BID) references BookInfo(BID));
```

3）创建库存图书表

```
create table StoreBInfo
(SID char(2) not null,
BID char(10) not null,
Intime date not null,
SNum int not null,
Outtime date,
primary key(SID),
foreign key(BID) references BookInfo(BID));
```

4）创建进货表

```
create table BuyBInfo
(BID char(10) not null,
InNum int not null,
BuyTime date not null,
foreign key(BID) references BookInfo(BID));
```

5）创建库管员信息表

```
create table StoreMaInfo
(AdName char(15) not null,
AdID char(2) not null,
AdPswd char(15) not null,
Primary key(AdID));
```

6）创建供应商信息表

```
create table SupplierInfo
(PID char(11) not null,
PName char(20) not null,
PAddr char(50),
PTel char(11),
PFex char(11),
PPost char(6),
Primary key(PID));
```

7）创建仓库信息表

```
create table StoreInfo
(AdID char(2) not null,
SID char(2) not null,
SArea Float,
Primary key(SID),
foreign key(AdID) references StoreMaInfo(AdID));
```

8）创建供应表

```
create table Supply
(PID char(11) not null,
PNum int not null,
foreign key(PID) references SupplierInfo(PID));
```

2. 视图的代码

1）为一般用户创建的视图

```
create view
VIEW_BuyB(BuyID,BID,BuyNum,BuyDays)
as select *
from CBuyBInfo;
```

2）为管理者创建的视图

```
create view
VIEW_Book1(BName,BWriter,BPub,BPrice,BPubDays,BRemarks)
As select BName,BWriter,BPub,BPrice,BPubDays,BRemarks
from BookInfo;
```

10.2　案例2——选课管理系统

学校作为一种信息资源的集散地，学生和课程繁多，包含很多信息数据的管理。根据调查得知，以前学校对信息管理的主要方式是基于文本、表格等纸介质的手工处理，对于选课情况的统计和查询等往往采用对课程的人工检查进行。数据信息处理工作量大，容易出错；数据繁多，容易丢失，且不易查找。总的来说，过去学校的信息管理缺乏系统性、规范性的管理手段；数据处理手工操作，工作量大，出错率高，出错后不易更改。为解决以上问题要建立一个选课管理系统，使选课管理工作规范化、系统化、程序化，避免选课管理的随意性，提高信息处理的速度和准确性，能够及时、准确、有效地进行查询处理等。

10.2.1　数据库 E-R 图设计

10.2.1.1　需求分析

1. 目标

需求分析阶段应分析高等学校的学生选课管理系统，在不同的学校该系统会有不同的特点，如院系看作一个级别直接管理班（跳过专业一级的设置），学生的免修重修等情况处理、教师的管理没有细化等。

2. 任务

此系统需实现如下系统功能。
- 使得学生的成绩管理工作更加清晰、条理化、自动化。
- 通过用户名和密码登录系统，查询课程基本资料、学生所选课程成绩、用户账户管理等功能。
- 设计人机友好界面，功能安排合理，操作使用方便，并且进一步考虑系统在安全性、完整性、并发控制、备份和恢复等方面的功能要求。

3. 功能结构图

在第一阶段需求调查的基础上进行初步划分。随着需求调查的深入，功能模块应随着对需求了解的明确得到调整。

教务管理业务的四个主要部分，可以将系统应用程序划分为对应的四个子模块：教学计划管理子系统、学籍和成绩管理子系统、学生选课管理子系统以及教学调度子系统。根据各业务子系统所包括的业务内容，还可以将各个子系统继续细化划分为更小的功能模块。

划分的准则主要遵循模块的内聚性要求和模块间的低聚合性。图 10-40 所示为选课管理系统功能模块结构图。

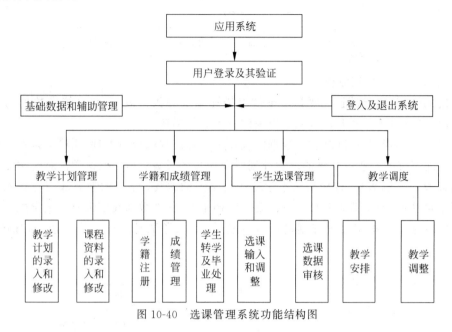

图 10-40 选课管理系统功能结构图

4．业务流程图

一个简化的选课系统业务流程如图 10-41 所示。

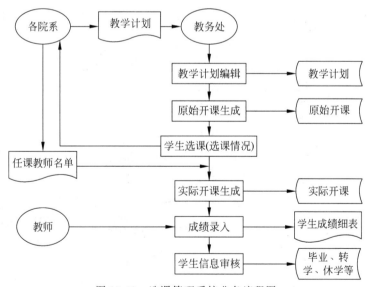

图 10-41 选课管理系统业务流程图

5．数据流程图

选课管理系统数据流程图主要用到数据源点(或终点,或外部实体)、数据流、加工或处理、数据存储,图形表示如下所示。

数据源点(或终点,   数据流   加工或处理   数据存储
或外部实体)

1) 系统的全局数据流程图

系统的全局数据流图,主要是从整体上描述系统的数据流,反映系统中数据的整体流向,是设计者针对用户和开发者表达出来的一个总体描述。

经过对教学管理业务的调查、数据的收集和信息流程的分析处理,明确了该系统的主要功能:制订学校各专业各年级的教学计划以及课程的设置;学生根据学校对所学专业的培养计划以及自己的兴趣,选择自己本学期所要学习的课程;学校的教务部门对新入学的学生进行学籍注册,对毕业生办理学籍档案的归档工作,任课教师在期末时登记学生的考试成绩;学校教务部门根据教学计划进行课程安排、期末考试时间地点的安排等,如图 10-42 所示。

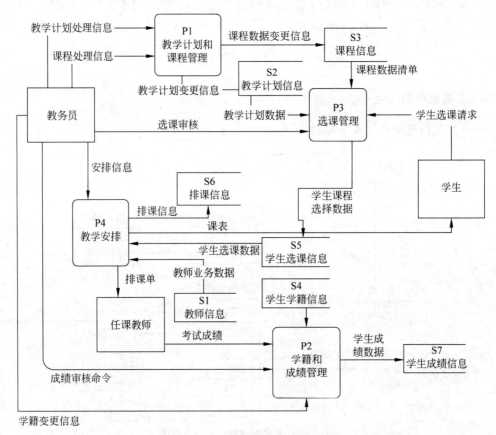

图 10-42   选课管理系统业务流程图

2) 系统局部数据流程图

制订教学计划处理,主要分为以下子处理过程。

➤ 教务员根据已有的课程信息,增补新开设的课程信息、调整课程信息、查询本学期的教学计划、制订新学期的教学计划，以便教学计划供用户查询，如图 10-43 所示。

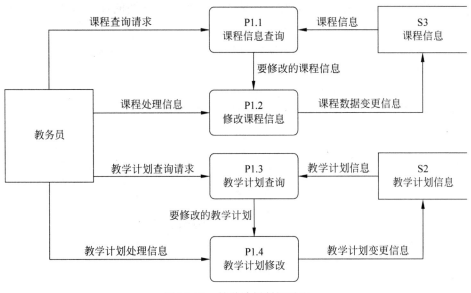

图 10-43　教学计划制订过程

➢ 学籍和成绩管理相对比较复杂，教务员需要审核新生的学籍注册信息，毕业生的学籍信息、成绩是否归档信息；待学生考试成绩被任课教师录入后，教务员需审核认可，经确认的学生成绩不允许他人修改，如图 10-44 所示。

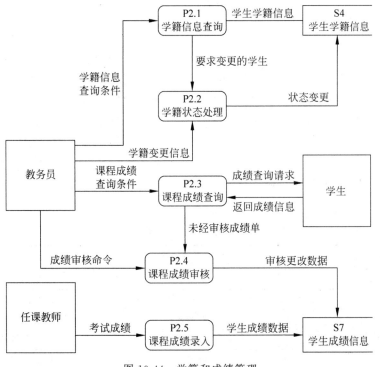

图 10-44　学籍和成绩管理

➤ 选课管理中,学生根据学校对其专业制订的教学计划,选择本学期所选课程,教务员
对学生选课记录进行审核,经审核得到的选课就为本学期的选课,如图 10-45 所示。

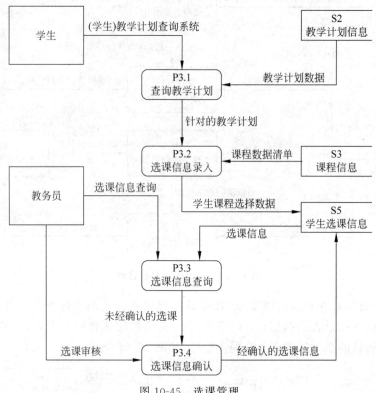

图 10-45　选课管理

可以使用许多设计工具完成数据流图的创建,这些工具不但可以实现常用的数据流图
的绘制,而且可以对多层的数据流图中的元素及其关系的正确性实现有效的检验,能帮助学
习和理解数据流图的实现技术。本章有关的数据流图均使用 Microsoft Visio 工具进行绘
制,相关的工具还有 Sybase 公司的 Power Designer 以及 Oracle 的 Designer 等。

6. 数据字典

由于本实例涉及的数据字典项目较多,此处列举基本处理功能中包含的几个对象进行
描述,如表 10-14～表 10-19 所示。

表 10-14　相关表

数据库表名	关系模式名称	备　　注
Student	学生表	学生学籍信息表
Course	课程表	课程基本信息表
Teach	教师表	教师基本信息表
Stu_Cno	选课表	学生选课信息表
Score	成绩表	选课成绩信息表

表 10-15　Teach 基本情况数据表

字 段 名	字 段 类 型	约 束 控 制	说 明
Tno	Char	Not Null	教师号
Tname	Char	Primary Key	教师姓名
Tsex	Char	Not Null	性别
Cno	Char	外部码	所授课程
Tage	Int		年龄
Tdept	Char		学院

表 10-16　Student 基本情况数据表

字 段 名	字 段 类 型	约 束 控 制	说 明
Sno	Char	Not Null	学号
Sname	Char	Primary Key	学生姓名
Sdept	Char	Not Null	学院
Sclass	Char		班级
Sage	Int		年龄
Ssex	Char		性别

表 10-17　Course 基本情况数据表

字 段 名	字 段 类 型	约 束 控 制	说 明
Cno	Char	Not Null	课程号
Cname	Char	Not Null	课程名称
Ctime	Int	Not Null	课时

表 10-18　Stu_Cno 基本情况数据表

字 段 名	字 段 类 型	约 束 控 制	说 明
Cno	Char	外部键	课程号
Sno	Char	外部键	学号

表 10-19　Score 基本情况数据表

字 段 名	字 段 类 型	约 束 控 制	说 明
Cno	Char	外部键	课程号
Sno	Char	外部键	学号
Score	Int		成绩

10.2.1.2　概念设计

1. 概念模型设计

E-R 图是直观表示概念模型的工具，在图中有如下 4 个基本成分：

➢ 矩形框，表示实体类型（考虑问题的对象）；

➢ 菱形框，表示联系类型（实体间的联系）；

> 椭圆形框,表示实体类型和联系类型的属性;
> 直线,联系类型与涉及的实体类型之间以直线连接,并在直线上标上联系的种类 $(1:1,1:N,M:N)$。

2. 实体

要建立系统的 E-R 模型的描述,需进一步从数据流图和数据字典中提取系统所有的实体及其属性。这种提出实体的指导原则如下:

> 属性必须是不可分的数据项,即属性中不能包含其他的属性或实体;
> E-R 图中的关联必须是实体之间的关联,属性不能和其他实体之间有关联。

由前面分析得到的数据流图和数据字典,可以抽象得到实体主要有 5 个:学生、教师、课程、院系、班级。

> 学生实体属性:学号、姓名、出生年月、性别、电话、系编号;
> 教师实体属性:教师编号、教师姓名、性别、职称、出生年月、电话、电子邮件;
> 课程实体属性:课程编号、课程名称、课程学时、课程学分;
> 院系实体属性:系编号、系名称、负责人;
> 班级实体属性:班级编号、班级名称。

3. 系统局部 E-R 图

在需求分析阶段采用的是自上而下的分析方法,那么要在其基础上进一步做概念设计面临的是细化的分析数据流图以及数据字典,分析得到实体及其属性后,进一步可分析各实体之间的联系。

学生实体和课程实体存在选修的联系,一个学生可以选修多门课程,而每门课也可以被多个学生选修,所以它们之间是多对多的联系($N:M$),如图 10-46 所示。

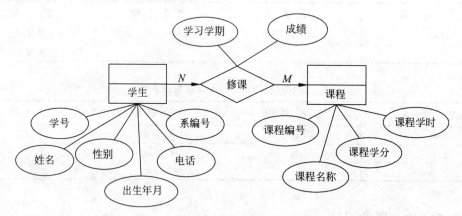

图 10-46 "学生-课程"实体关系

教师实体和课程实体存在讲授的联系,一名教师可以讲授多门课程,而每门课也可以被多名教师讲授,所以它们之间是多对多的联系($N:M$),如图 10-47 所示。

学生实体和班级实体存在归属的联系,一个学生只能属于一个班级,而每个班级可以包含多个学生,所以班级和学生之间是一对多的联系($1:N$),如图 10-48 所示。

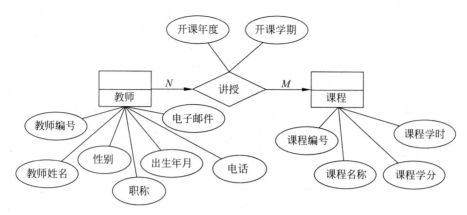

图 10-47 "教师-课程"实体关系

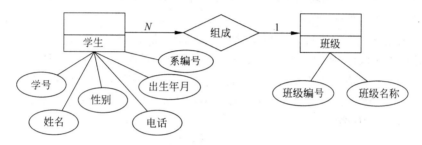

图 10-48 "学生-班级"实体关系

班级实体和系之间存在归属的联系,一个班级只能属于一个系,而每个系可以包含多个班级,所以系和班级之间是一对多的联系(1∶N),如图 10-49 所示。

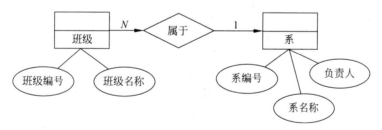

图 10-49 "班级-系"实体关系

教师实体和系实体之间存在归属的联系,一名教师只能属于一个系,而每个系可以拥有多名教师,所以系和教师之间是一对多的联系(1∶N),如图 10-50 所示,但是教师中会有一位充当该系的主任(正),可见教师和系之间也存在一种一对一的领导关系(1∶1)。

4. 系统全局 E-R 图

系统的局部 E-R 图,仅反映系统局部实体之间的联系,无法反映系统在整体上实体间的相互联系。而对于一个比较复杂的应用系统来说,这些局部的 E-R 图往往由多人各自分析完成,只反映局部的独立应用的状况,在系统整体的运作需要时有可能存在重复的部分或冲突的情况,如实体的划分、实体或属性的命名不一致等,属性的具体含义(包括数据类型以及取值范围等不一致)问题,都可能造成上述提到的现象。

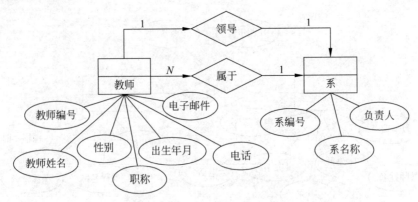

图 10-50　"教师-系"实体关系

为解决这些问题,必须理清系统在应用环境中的具体语义,进行综合统一,通过调整消除那些问题,得到系统的全局 E-R 图。

从实际的情况以及上述的局部 E-R 图可以得知,学生实际修学某门课时必须只能对应一位老师的该门课。因此,使用一个聚集来表达学生参加实际授课课程的学习关系,会更加切合实际。各局部 E-R 图存在不少重复的实体,经过上述聚集分析和合并得到系统全局的 E-R 图如图 10-51 所示。该全局 E-R 图基本上不存在关系的冗余状况,因此它已经是优化的。

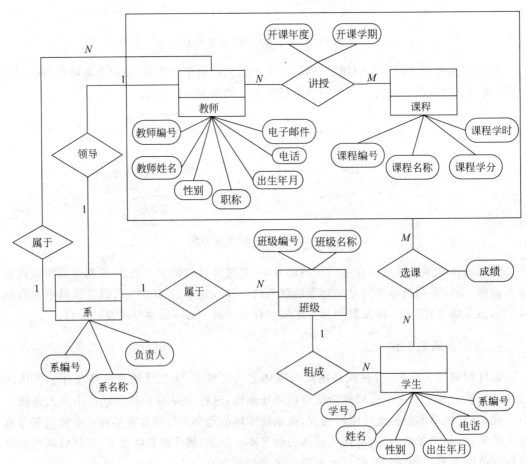

图 10-51　选课管理系统全局 E-R 图

10.2.1.3 逻辑结构设计

1. E-R图到关系模式的转换

在概念设计阶段得到的数据模型,是独立于具体 DBMS 产品的信息模型。在逻辑设计阶段就是将这种模型进一步转化为某一种(某些类)DBMS 产品支持的数据模型。目前流行的大部分数据库管理系统(Oracle、Sybase、SQL Server、DB2 等)基本上都是基于关系的数据模型,包括该系统将采用的 Oracle 数据库系统,因此,应将概念设计阶段的 E-R 图模型转化为关系数据模型。

将任课教师、课程以及讲授联系分别设计成如下关系模式:

➢ 教师(<u>教师编号</u>,教师姓名,性别,职称,电话,系编号);
➢ 课程(<u>课程编号</u>,课程名称,课程学分,课时);
➢ 讲授(<u>教师编号</u>,<u>课程编号</u>,开课年度,开课学期)。

系实体和班级之间是一对多的联系类型,所以只要两个关系模式就可表示,其中联系可以放到班级实体中:

➢ 系(<u>系编号</u>、系名称、系主任);
➢ 班级(<u>班级编号</u>,班级名称,系编号)。

班级实体和学生实体之间是一对多的联系类型,所以也可以只使用两个关系模式来表示。由于"班级"关系模式在上面已经给出,因此,只要再给出一个学生的关系模式,它们间的联系则被放在该关系模式中:

学生(<u>学号</u>,姓名,性别,出生年月,电话,班级编号)

学生实体与讲授是聚集方式的联系类型,它们之间的关系是多对多的关系,可以使用如下关系模式来表示:

选课(<u>课程编号</u>,<u>学号</u>,教师编号,开课年度,开课学期,成绩)

2. 关系模式的规范及调整

在提出关系模式后,必须进行关系规范化并按实际要求进行优化,这实际上是一个权衡的过程。如果设计没有完全规范化,如可能用于决策支持(与需要大量更新的事务处理相对)的数据库(如数据仓库),则可能没有冗余更新,而且可能对查询更易于理解和更高效。不过,在数据库应用程序内,未规范化的数据在设计过程中更需要注意。一般的策略是以规范化设计为出发点,然后出于特定因素有条件地非规范化某些表,以达到系统总体的优化目的。

首先,需要确定上面建立的关系模式中的函数依赖,一般在做需求分析时就了解到一些数据项的依赖关系,如教师的编号决定了教师的姓名和其他的数据项信息,而实体间的联系本身也反映了一种函数依赖关系,但是这不是研究的对象,针对的是在一个关系模式中的函数依赖对象。

其次,对上一步确立的所有函数依赖进行检查,判别是否存在部分函数依赖以及传递函数依赖。针对有的依赖通过投影分解,消除在一个关系模式中存在的部分函数依赖和传递函数依赖。

　　大部分数据库系统只要满足第三关系范式就可以,这也是这里规范化的基本要求。由于需求分析阶段的方法得当,经过简单的分析可以看出,上述所有关系中每个数据项都是基本的,任何非主属性都不存在对主码的部分依赖,也不存在非主属性对主码的传递依赖。可见,以上所有的关系模式都属于 3NF。

　　在实际的应用中,关系模式的规范化程度并不是越高越好,因为在关系模式的规范化提升过程中,必须进行将一个关系模式分解成为多个关系模式的过程。这样,在以后执行查询时,如果需要相关的信息,就必须做多个表的连接方能达到查询的目的,这无疑给系统增加一定的开销,特别是很多用户同时访问或者关系中存在许多元组等因素,其负担会越加明显。为了兼顾性能的需要,在适当的时候可能需要对相关程度比较高的一些关系模式进行合并处理,或者在关系模式中增加相关程度比较高的属性等。这时有可能选择第二范式甚至第一范式。

　　如果系统存在很多的元组数(记录数),特别是当记录达到百万甚至千万条记录时,系统的查询效率可能会受到明显的影响,分析关系模式的特点,可以根据某些关键属性的不同将关系模式分解为多个关系模式,模式之间通过共同的主键一一对应起来。

　　前面设计出的教师、课程、班级、系和学生等关系模式基本上是实际应用中事物的直接对应,一般不需要优化。

　　由于实际讲授安排都是在学生选课行为之后进行的,因此"讲授"关系模式尽管单独地反映了某一门课在某一个学期由某一个教师讲授,而一门课在一个学期也可以由多个教师主讲,关键还在于教师的讲课针对哪个(些)班级进行。"讲授"关系的有关信息其实完全在"选课"关系模式中得到反映。所以可以合并"讲授"到"选课"中去,实际上去除"讲授"关系模式便可。

　　对于"课程"关系模式,在上述需求分析阶段已经指出,选课后和成绩记录后都需经过教务员的审核确认才能生效,对应需要增加审核信息属性。因此,将"选课"关系模式修改为:选课(课程编号,学号,教师编号,开课年度,开课学期,成绩,课程审核,成绩审核)。

　　对于分析中提及的学生状态处理(转学、退学、休学或者毕业等情况),为了简单化,不妨给关系模式增加一个"状态"属性,成为:学生(学号,姓名,性别,出生年月,电话,班级编号,状态)。

　　为了满足实际应用对系统的要求,必须对使用系统的用户(如教师和学生)增加登录的验证口令,因此需要在"教师"和"学生"的关系模式中增加口令属性。自然地,如果根据其他安全应用要求,还可以设置学生的登录地点,如通过增加 IP 属性来达到目的等。

10.2.1.4　物理结构设计

　　在编写 Oracle 数据库应用程序时,开发人员可以直接将 PL/SQL 块内嵌到应用程序中,PL/SQL 语句的语句块包含多条 SQL 语句,其最大优点是降低网络负载、提高应用程序性能。而相对于其他数据库(如 SQL Server、DB2 等),当应用程序访问 RDBMS 时,它们每次只能发送单条 SQL 语句。在这个过程中,客户端会多次连接数据库服务器,这就是耗费资源的过程。设计中用到的表如表 10-20～表 10-24 所示。

表 10-20　学生基本信息（Student）表

名 称	名称含义	数据类型	长 度	说 明
Sno	学号	Char	5	Primary Key
Sname	学生姓名	Char	20	Not Null
Sdept	学院	Char	2	Not Null
Sclass	班级	Char	2	Not Null
Sage	年龄	Number	2	
Ssex	性别	Char	2	

表 10-21　课程基本信息（Course）表

名 称	名称含义	数据类型	长 度	说 明
Cno	课程号	Char	3	Primary Key
Cname	课程名称	Varchar	16	Not Null
Ctime	课时	Number	3	Not Null

表 10-22　教师基本信息（Teach）表

名 称	名称含义	数据类型	长 度	说 明
Tno	教师号	Varchar	6	Primary Key
Tname	教师姓名	Varchar	8	Not Null
Tdept	所授学院	Char	2	Not Null
Tage	年龄	Number	2	Not Null
Cno	所授课程	Number	3	外部码
Tsex	性别	Char	2	

表 10-23　学生选课基本信息（Stu_cno）表

名 称	名称含义	数据类型	长 度	说 明
Sno	学号	Char	5	Primary Key
Cno	课程号	Number	3	Not Null

表 10-24　选课成绩（Score）表

名 称	名称含义	数据类型	长 度	说 明
Sno	学号	Char	3	Primary Key
Cno	课程号	Varchar	16	Not Null
Score	成绩	Number	3	Not Null

10.2.2　数据库表设计与创建

1. 建立表或视图

以 sys 用户登录 Oracle 10g SQL * PLUS 执行台，同时赋予 as sysdba 权限，如图 10-52 所示。

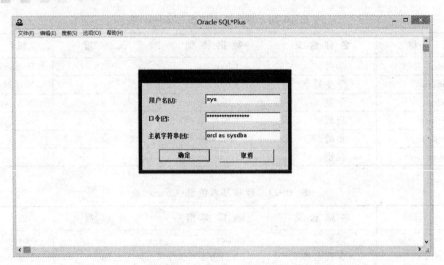

图 10-52　SQL 登录界面

（1）创建 Student 表的 SQL 语句如图 10-53 所示。

（2）创建 Course 表的 SQL 语句如图 10-54 所示。

```
SQL> CREATE TABLE Student (
  2  SNO CHAR(5) ,
  3  SNAME CHAR(10) NOT NULL,
  4  SDEPT CHAR(2) NOT NULL,
  5  SCLASS CHAR(2) NOT NULL,
  6  SAGE NUMBER(2),
  7  SSEX CHAR(2),
  8  CONSTRAINT SNO_PK PRIMARY KEY(SNO)
  9  );

表已创建。
```

图 10-53　创建 Student 表

```
SQL> CREATE TABLE Course(
  2  CNO CHAR(3),
  3  CNAME VARCHAR2(16),
  4  CTIME NUMBER(3),
  5  CONSTRAINT CNO_PK PRIMARY KEY(CNO)
  6  );

表已创建。
```

图 10-54　创建 Course 表

（3）创建 Teach 表的 SQL 语句如图 10-55 所示。

```
SQL> CREATE TABLE Teach(
  2  TNO VARCHAR(6),
  3  TNAME VARCHAR(8),
  4  TSEX CHAR(2),
  5  CNO CHAR(3),
  6  TAGE NUMBER(2),
  7  TDEPT CHAR(2),
  8  CONSTRAINT TT_PK PRIMARY KEY(TNO),
  9  CONSTRAINT CNO_FK FOREIGN KEY(CNO) REFERENCES Course(CNO)
 10  );

表已创建。
```

图 10-55　创建 Teach 表

（4）创建 Stu_cno 表的 SQL 语句如图 10-56 所示。

```
SQL> CREATE TABLE Stu_cno(
  2  SNO CHAR(5),
  3  CNO CHAR(3),
  4  CONSTRAINT SC_PK PRIMARY KEY(SNO,CNO),
  5  CONSTRAINT SNO_FK FOREIGN KEY(SNO) REFERENCES Student(SNO),
  6  CONSTRAINT CNOM_FK FOREIGN KEY(CNO) REFERENCES Course(CNO));

表已创建。
```

图 10-56　创建 Stu_cno 表

（5）创建 Score 表的 SQL 语句如图 10-57 所示。

```
SQL> CREATE TABLE Score(
  2  SNO CHAR(5),
  3  CNO CHAR(3),
  4  SCORE NUMBER(5,2),
  5  CONSTRAINT SC_PK PRIMARY KEY(SNO,CNO),
  6  CONSTRAINT SNO_FK FOREIGN KEY(SNO) REFERENCES Student(SNO),
  7  CONSTRAINT CNOM_FK FOREIGN KEY(CNO) REFERENCES Course(CNO)
  8  );
表已创建。
```

图 10-57　创建 Score 表

2．添加相关信息表数据

（1）插入 Student 表数据的 SQL 语句如图 10-58 所示。

```
SQL> INSERT INTO Student VALUES('96001','马小燕','CS','01',21,'女');
已创建 1 行。
SQL> INSERT INTO Student VALUES('96002','黎明','CS','01',18,'男');
已创建 1 行。
SQL> INSERT INTO Student VALUES('96003','刘东明','MA','01',18,'男');
已创建 1 行。
SQL> INSERT INTO Student VALUES('96004','赵志勇','IS','02',20,'男');
已创建 1 行。
SQL> INSERT INTO Student VALUES('97001','马蓉','MA','02',19,'女');
已创建 1 行。
SQL> INSERT INTO Student VALUES('97002','李成功','CS','01',20,'男');
已创建 1 行。
SQL> INSERT INTO Student VALUES('97003','黎明','IS','03',19,'女');
已创建 1 行。
SQL> INSERT INTO Student VALUES('97004','李丽','CS','02',19,'女');
已创建 1 行。
```

图 10-58　插入 Student 表数据

（2）插入 Course 表数据的 SQL 语句如图 10-59 所示。

```
SQL> INSERT INTO Course VALUES('001','数学分析',144);
已创建 1 行。
SQL> INSERT INTO Course VALUES('002','普通物理',144);
已创建 1 行。
SQL> INSERT INTO Course VALUES('003','微机原理',72);
已创建 1 行。
SQL> INSERT INTO Course VALUES('004','数据结构',72);
已创建 1 行。
SQL> INSERT INTO Course VALUES('005','操作系统',64);
已创建 1 行。
SQL> INSERT INTO Course VALUES('006','数据库原理',64);
已创建 1 行。
SQL> INSERT INTO Course VALUES('007','DB_Design',48);
已创建 1 行。
SQL> INSERT INTO Course VALUES('008','程序设计',56);
已创建 1 行。
```

图 10-59　插入 Course 表数据

（3）插入 Teach 表数据的 SQL 语句如图 10-60 所示。

```
SQL> INSERT INTO Teach VALUES('9401','王成钢','男','004',35,'CS');
已创建 1 行。
SQL> INSERT INTO Teach VALUES('9402','李正科','男','003',40,'CS');
已创建 1 行。
SQL> INSERT INTO Teach VALUES('9403','严敏','女','001',33,'MA');
已创建 1 行。
SQL> INSERT INTO Teach VALUES('9404','赵高','男','004',28,'IS');
已创建 1 行。
SQL> INSERT INTO Teach VALUES('9405','李正科','男','003',32,'MA');
已创建 1 行。
SQL> INSERT INTO Teach VALUES('9406','李玉兰','女','006',43,'CS');
已创建 1 行。
SQL> INSERT INTO Teach VALUES('9407','王成钢','男','004',49,'IS');
已创建 1 行。
SQL> INSERT INTO Teach VALUES('9408','马悦','女','008',35,'CS');
已创建 1 行。
SQL> INSERT INTO Teach VALUES('9409','王成钢','男','007',48,'CS');
已创建 1 行。
```

图 10-60　插入 Teach 表数据

（4）插入 Score 表数据的 SQL 语句如图 10-61 和图 10-62 所示。

```
SQL> INSERT INTO Score VALUES('96001','001',77.5);
已创建 1 行。
SQL> INSERT INTO Score VALUES('96001','003',89);
已创建 1 行。
SQL> INSERT INTO Score VALUES('96001','004',86);
已创建 1 行。
SQL> INSERT INTO Score VALUES('96001','005',82);
已创建 1 行。
SQL> INSERT INTO Score VALUES('96002','001',88);
已创建 1 行。
SQL> INSERT INTO Score VALUES('96002','003',92.5);
已创建 1 行。
SQL> INSERT INTO Score VALUES('96002','006',90);
已创建 1 行。
SQL> INSERT INTO Score VALUES('96005','004',92);
已创建 1 行。
SQL> INSERT INTO Score VALUES('96005','005',90);
已创建 1 行。
```

图 10-61　插入 Score 表数据 1

```
SQL> INSERT INTO Score VALUES('96002','006',90);
已创建 1 行。
SQL> INSERT INTO Score VALUES('96005','004',92);
已创建 1 行。
SQL> INSERT INTO Score VALUES('96005','005',90);
已创建 1 行。
SQL> INSERT INTO Score VALUES('96005','006',89);
已创建 1 行。
SQL> INSERT INTO Score VALUES('96005','007',76);
已创建 1 行。
SQL> INSERT INTO Score VALUES('96003','001',69);
已创建 1 行。
SQL> INSERT INTO Score VALUES('97001','001',96);
已创建 1 行。
SQL> INSERT INTO Score VALUES('97001','008',95);
已创建 1 行。
SQL> INSERT INTO Score VALUES('96004','001',87);
已创建 1 行。
```

图 10-62　插入 Score 表数据 2

3. 人机交互界面的实现

此阶段主要任务包括创建数据库、加载初始数据、数据库试运行、数据库的安全性和完整性控制、数据库的备份与恢复、数据库性能的监督分析和改进、数据库的重组和重构等。

首先在数据库中建立一个成绩管理系统数据库,然后新建一个数据源。这样能够很好地进行人机交互。部分截图如图 10-63 所示。

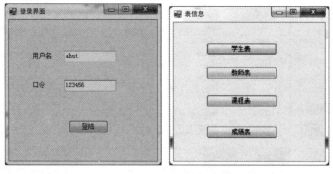

图 10-63　系统登录界面

(1) 学生信息的增加、删除、修改、查询界面如图 10-64 所示。

SNO	SNAME	SDEPT	SCLASS	SAGE	SSEX
96001	马小燕	CS	01	21	女
96002	黎明	CS	01	18	男
96003	刘东明	MA	01	18	男
96004	赵志勇	IS	02	20	男
97001	马蓉	MA	02	19	女
97002	李成功	CS	01	20	男
97003	黎明	IS	03	19	男
97004	李丽	CS	02	19	女
96005	司马志明	CS	02	18	男

图 10-64　学生信息的增加、删除、修改、查询界面

(2) 增加学生信息,如图 10-65 所示。

SNO	SNAME	SDEPT	SCLASS	SAGE	SSEX
96001	马小燕	CS	01	21	女
96002	黎明	CS	01	18	男
96003	刘东明	MA	01	18	男
96004	赵志勇	IS	02	20	男
97001	马蓉	MA	02	19	女
97002	李成功	CS	01	20	男
97003	黎明	IS	03	19	男
97004	李丽	CS	02	19	女
96005	司马志明	CS	02	18	男

成功插入数据!

图 10-65　增加学生信息

（3）修改学生信息，如图 10-66 所示。

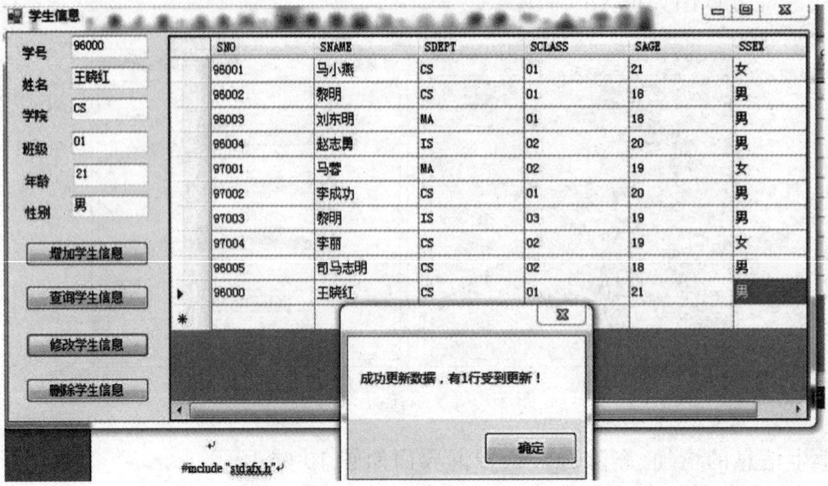

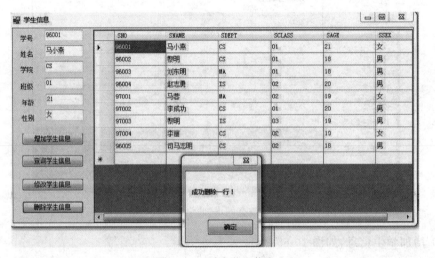

图 10-66　修改学生信息

（4）删除学生信息，如图 10-67 所示。

图 10-67　删除学生信息

10.2.3　数据库重要代码

1. 表（代码）

1）创建学生基本信息表

```
CREATE TABLE Student (
SNO CHAR(5),
SNAME CHAR(10) NOT NULL,
SDEPT CHAR(2) NOT NULL,
SCLASS CHAR(2) NOT NULL,
SAGE NUMBER(2),
```

```
SSEX CHAR(2),
CONSTRAINT SNO_PK PRIMARY KEY(SNO)
);
```

2）创建课程基本信息表

```
CREATE TABLE Course(
CNO CHAR(3),
CNAME VARCHAR2(16),
CTIME NUMBER(3),
CONSTRAINT CNO_PK PRIMARY KEY(CNO)
);
```

3）创建教师基本信息表

```
CREATE TABLE Teach(
TNO VARCHAR(6),
TNAME VARCHAR(8),
TSEX CHAR(2),
CNO CHAR(3),
TAGE NUMBER(2),
TDEPT CHAR(2),
CONSTRAINT TT_PK PRIMARY KEY(TNO),
CONSTRAINT CNO_FK FOREIGN KEY(CNO) REFERENCES Course(CNO)
);
```

4）创建学生选课基本信息表

```
CREATE TABLE Stu_cno(
SNO CHAR(5),
CNO CHAR(3),
CONSTRAINT SC_PK PRIMARY KEY(SNO,CNO),
CONSTRAINT SNO_FK FOREIGN KEY(SNO) REFERENCES Student(SNO),
CONSTRAINT CNOM_FK FOREIGN KEY(CNO) REFERENCES Course(CNO));
```

5）创建选课成绩表

```
CREATE TABLE Score(
SNO CHAR(5),
CNO CHAR(3),
SCORE NUMBER(5,2),
CONSTRAINT SC_PK PRIMARY KEY(SNO,CNO),
CONSTRAINT SNO_FK FOREIGN KEY(SNO) REFERENCES Student(SNO),
CONSTRAINT CNOM_FK FOREIGN KEY(CNO) REFERENCES Course(CNO),
CONSTRAINT Score_FK FOREIGN KEY(SNO,CNO) REFERENCES Stu_cno(SNO,CNO)
);
```

2．添加数据（代码）

1）向 Student 表插入数据

```
INSERT INTO Student VALUES('96001','马小燕','CS','01',21,'女');
INSERT INTO Student VALUES('96002','黎明','CS','01',18,'男');
```

```
INSERT INTO Student VALUES('96003','刘东明','MA','01',18,'男');
INSERT INTO Student VALUES('96004','赵志勇','IS','02',20,'男');
INSERT INTO Student VALUES('97001','马蓉','MA','02',19,'女');
INSERT INTO Student VALUES('97002','李成功','CS','01',20,'男');
INSERT INTO Student VALUES('97003','黎明','IS','03',19,'女');
INSERT INTO Student VALUES('97004','李丽','CS','02',19,'女');
INSERT INTO Student VALUES('96005','司马志明','CS','02',18,'男');
```

2）向 Course 表插入数据

```
INSERT INTO Course VALUES('001','数学分析',144);
INSERT INTO Course VALUES('002','普通物理',144);
INSERT INTO Course VALUES('003','微机原理',72);
INSERT INTO Course VALUES('004','数据结构',72);
INSERT INTO Course VALUES('005','操作系统',64);
INSERT INTO Course VALUES('006','数据库原理',64);
INSERT INTO Course VALUES('007','DB_Design',48);
INSERT INTO Course VALUES('008','程序设计',56);
```

3）向 Teach 表插入数据

```
INSERT INTO Teach VALUES('9401','王成钢','男','004',35,'CS');
INSERT INTO Teach VALUES('9402','李正科','男','003',40,'CS');
INSERT INTO Teach VALUES('9403','严敏','女','001',33,'MA');
INSERT INTO Teach VALUES('9404','赵高','男','004',28,'IS');
INSERT INTO Teach VALUES('9405','李正科','男','003',32,'MA');
INSERT INTO Teach VALUES('9406','李玉兰','女','006',43,'CS');
INSERT INTO Teach VALUES('9407','王成钢','男','004',49,'IS');
INSERT INTO Teach VALUES('9408','马悦','女','008',35,'CS');
INSERT INTO Teach VALUES('9409','王成钢','男','007',48,'CS');
```

4）向 Score 表插入数据

```
INSERT INTO Score VALUES('96001','001',77.5);
INSERT INTO Score VALUES('96001','003',89);
INSERT INTO Score VALUES('96001','004',86);
INSERT INTO Score VALUES('96001','005',82);
INSERT INTO Score VALUES('96002','001',88);
INSERT INTO Score VALUES('96002','003',92.5);
INSERT INTO Score VALUES('96002','006',90);
INSERT INTO Score VALUES('96005','004',92);
INSERT INTO Score VALUES('96005','005',90);
INSERT INTO Score VALUES('96005','006',89);
INSERT INTO Score VALUES('96005','007',76);
INSERT INTO Score VALUES('96003','001',69);
INSERT INTO Score VALUES('97001','001',96);
INSERT INTO Score VALUES('97001','008',95);
INSERT INTO Score VALUES('96004','001',87);
INSERT INTO Score VALUES('96003','003',91);
INSERT INTO Score VALUES('97002','003',91);
INSERT INTO Score VALUES('97002','004','');
INSERT INTO Score VALUES('97002','006',92);
```

```
INSERT INTO Score VALUES('97004','005',90);
INSERT INTO Score VALUES('97004','006',85);
INSERT INTO Score VALUES('97004','008',75);
INSERT INTO Score VALUES('97003','001',59);
INSERT INTO Score VALUES('97003','003',58);
```

3. C#（代码）

1）学生表增加、删除、修改代码（部分）

```csharp
using System;
using System.Collections.Generic;
using System.ComponentModel;
using System.Data;
using System.Data.OracleClient; using System.Drawing;
using System.Linq; using System.Text;
using System.Windows.Forms; namespace MyProgram{
public partial class Form3 : Form
{
private string ConnectionString = "Data Source = ahut;" + "User D = Scott;Password = 123456";
private OracleConnection conn = null;
private OracleDataAdapter DataAdapter = null; private DataSet dataset = null;
//private OracleCommand command = null; public Form3()
{InitializeComponent();}
private void Form3_Load(object sender, EventArgs e)
{ conn = new OracleConnection(ConnectionString); showData();}
private void showData()
{string tname = "";
try {
if(conn == null) conn.Open();
DataAdapter = new OracleDataAdapter("select * from student", conn); dataset = new DataSet();
DataAdapter.Fill(dataset);
dataGridView1.DataSource = dataset;
dataGridView1.DataMember = dataset.Tables[0].ToString(); tname = dataset.Tables[0].
ToString();                          //先清除所有绑定,然后再重新绑定
textBox1.DataBindings.Clear();
textBox2.DataBindings.Clear();
textBox3.DataBindings.Clear();
textBox4.DataBindings.Clear();
textBox5.DataBindings.Clear();
textBox6.DataBindings.Clear();
textBox1.DataBindings.Add("Text", dataset, "table.sno");
textBox2.DataBindings.Add("Text", dataset, "table.sname");
textBox3.DataBindings.Add("Text", dataset, "table.sdept");
textBox4.DataBindings.Add("Text", dataset, "table.sclass");
textBox5.DataBindings.Add("Text", dataset, "table.sage");
textBox6.DataBindings.Add("Text", dataset, "table.ssex");}
catch(Exception ex)
{ MessageBox.Show(ex.ToString());}}
private void button1_Click(object sender, EventArgs e)
{ string strOracle = "insert into student values("; strOracle += "'" + textBox1.Text; //学号
```

```
strOracle += "','" + textBox2.Text; //姓名 strOracle += "','" + textBox3.Text; //学院
strOracle += "','" + textBox4.Text; //班级 strOracle += "'," + textBox5.Text; //年龄
strOracle += ",'" + textBox6.Text + "')"; //性别
OracleCommand command = null;
try{
command = new OracleCommand();
command.Connection = conn;
command.CommandText = strOracle; conn.Open();
int n = command.ExecuteNonQuery();          //执行 Insert 语句
if(n > 0)
MessageBox.Show("成功插入数据!");}catch (Exception ex)
{ MessageBox.Show(ex.Message);}
finally{ if (conn != null)
conn.Close();
command.Dispose();}
showData();}
private void button2_Click(object sender, EventArgs e) { Form7 f7 = new Form7();
f7.Show();}
private void button3_Click(object sender, EventArgs e)
{ try{
OracleCommandBuilder builder = new OracleCommandBuilder(DataAdapter);
int n = DataAdapter.Update(dataset, "Table");
MessageBox.Show("成功更新数据,有" + n.ToString() + "行受到更新!"); }
catch
{MessageBox.Show("更新不成功!");}}
private void button4_Click(object sender, EventArgs e)
{ string curNo = "";
if(dataGridView1.Rows.Count <= 1)
return;
int index = dataGridView1.CurrentRow.Index; dataGridView1.Rows[index].Selected = true;
curNo = this.dataGridView1.Rows[index].Cells[0].Value.ToString(); OracleCommand command = null;
string strOracle = "delete from student where sno = '" + curNo + "'"; try {
command = new OracleCommand();
command.Connection = conn;
command.CommandText = strOracle;
conn.Open();
int n = command.ExecuteNonQuery();
} catch (Exception ex)
{ MessageBox.Show(ex.Message);}
finally
{if(conn != null)
conn.Close();
command.Dispose();}
showData();
MessageBox.Show("成功删除一行!"); }}}
```

2）学生表查询代码

```
using System;
using System.Collections.Generic;
using System.ComponentModel;
```

```csharp
using System.Data;
using System.Data.OracleClient;
using System.Drawing;
using System.Linq;
using System.Text;
using System.Windows.Forms;
namespace MyProgram
{
public partial class Form7 : Form
{
private string ConnectionString = "Data Source = ahut;" + "UserID = Scott;Password = 123456";
private OracleConnection conn = null;
private OracleDataAdapter DataAdapter = null;
private DataSet dataset = null;
private OracleCommand cmd = null;
public Form7()
{InitializeComponent();}
private void Form7_Load(object sender, EventArgs e)
{
try
{ conn = new OracleConnection(ConnectionString);
conn.Open();
DataAdapter = new OracleDataAdapter();
dataset = new DataSet();
cmd = new OracleCommand();
cmd.Connection = conn;
cmd.CommandText = "SELECT * from student"; DataAdapter.SelectCommand = cmd;
DataAdapter.Fill(dataset, "t1");
comboBox1.Items.Clear();
for(int i = 0; i < dataset.Tables["t1"].Columns.Count; i++) comboBox1.Items.Add(dataset.
Tables["t1"].Columns[i].ToString());
dataset.Clear();
comboBox2.Items.Add(" = ");
comboBox2.Items.Add("<");
comboBox2.Items.Add(">");
comboBox2.Items.Add("like");}
catch(Exception ex)
{ MessageBox.Show(ex.Message);}}
private void button1_Click(object sender, EventArgs e) { string tb1 = textBox1.Text;
if(comboBox2.Text == "like")
tb1 = "%" + textBox1.Text + "%";
string strOracle = "select * from student where";
strOracle += " " + comboBox1.Text + " " + comboBox2.Text + " " + "'" + tb1 + "'";
try
{DataAdapter.Fill(dataset, "t1");
dataGridView1.DataSource = dataset;
dataGridView1.DataMember = "t1";}
catch {
MessageBox.Show("请正确设置检索条件!"); }
finally
{if(conn != null)
```

```
conn.Close();  }}}}
```

3）成绩表查询代码

```
＃include "stdafx.h"
using System;
using System.Collections.Generic;
using System.ComponentModel;
using System.Data;
using System.Data.OracleClient;
using System.Drawing;
using System.Linq;
using System.Text;
using System.Windows.Forms;
namespace MyProgram
{ public partial class Form9 : Form
{
private string ConnectionString = "Data Source = ahut;" +
"User ID = Scott;Password = 123456";
private OracleConnection conn = null;
private OracleDataAdapter DataAdapter = null; private DataSet dataset = null;
private OracleCommand cmd = null; public Form9()
{
InitializeComponent();}
private void button1_Click(object sender, EventArgs e)
{ string tb1 = textBox1.Text;
if(comboBox2.Text == "like")
tb1 = "%" + textBox1.Text + "%";
string strOracle = "select * from score where";
strOracle += " " + comboBox1.Text + " " + comboBox2.Text + " " + "'" + tb1 + "'";
try{
cmd.CommandText = strOracle;
DataAdapter.SelectCommand = cmd;
dataset.Clear();
DataAdapter.Fill(dataset, "t1");
dataGridView1.DataSource = dataset;
dataGridView1.DataMember = "t1";}
catch
{
 MessageBox.Show("请正确设置检索条件!"); }finally
{if(conn != null)
conn.Close();} }
private void Form9_Load(object sender, EventArgs e)
{ try {
conn = new OracleConnection(ConnectionString);
conn.Open();
DataAdapter = new OracleDataAdapter(); dataset = new DataSet();
cmd = new OracleCommand(); cmd.Connection = conn;
cmd.CommandText = "SELECT * from score"; DataAdapter.SelectCommand = cmd;
DataAdapter.Fill(dataset, "t1"); comboBox1.Items.Clear();
for(int i = 0; i < dataset.Tables["t1"].Columns.Count; i++) comboBox1.Items.Add(dataset.
```

```
Tables["t1"].Columns[i].ToString());
dataset.Clear();
comboBox2.Items.Add(" = ");
comboBox2.Items.Add("<");
comboBox2.Items.Add(">");
comboBox2.Items.Add("like");
comboBox3.Items.Add("Max(score)");
comboBox3.Items.Add("Min(score)");
comboBox3.Items.Add("avg(score)");
comboBox4.Items.Add("001");
comboBox4.Items.Add("002");
comboBox4.Items.Add("003");
comboBox4.Items.Add("004");
comboBox4.Items.Add("005");
comboBox4.Items.Add("006");
comboBox4.Items.Add("007");
comboBox4.Items.Add("008");
comboBox5.Items.Add("Max(score)");
comboBox5.Items.Add("Min(score)");
comboBox5.Items.Add("avg(score)");
comboBox6.Items.Add("CS");
comboBox6.Items.Add("MA");
comboBox6.Items.Add("IS");
comboBox7.Items.Add("01");
comboBox7.Items.Add("02");
comboBox7.Items.Add("03");
comboBox8.Items.Add("Max(score)");
comboBox8.Items.Add("Min(score)");
comboBox8.Items.Add("avg(score)");
comboBox9.Items.Add("96001");
comboBox9.Items.Add("96002");
comboBox9.Items.Add("96003");
comboBox9.Items.Add("96004");
comboBox9.Items.Add("96005");
comboBox9.Items.Add("97001");
comboBox9.Items.Add("97002");
comboBox9.Items.Add("97003");
comboBox9.Items.Add("97004"); }
catch(Exception ex)
{ MessageBox.Show(ex.Message);}}
private void button2_Click(object sender, EventArgs e)
{ string strOracle = "select Max(score),Min(score),avg(score) ";
strOracle += " from score where cno = '" + comboBox4.Text + "'";
try
{ cmd.CommandText = strOracle;
DataAdapter.SelectCommand = cmd;
dataset.Clear();
DataAdapter.Fill(dataset, "t1");
dataGridView1.DataSource = dataset;
dataGridView1.DataMember = "t1";}catch
{MessageBox.Show("请正确设置检索条件!");}
```

```
finally
{if(conn != null)
conn.Close();} }
private void button4_Click(object sender, EventArgs e)
{string strOracle = "select Max(score),Min(score),avg(score) ";
strOracle += " from score where sno in(select sno from student where sdept = '" + comboBox6.
Text + "' and sclass = '" + comboBox7.Text + "')";
try{
cmd.CommandText = strOracle;
DataAdapter.SelectCommand = cmd;
dataset.Clear();
DataAdapter.Fill(dataset, "t1");
dataGridView1.DataSource = dataset;
dataGridView1.DataMember = "t1"; }
catch
{ MessageBox.Show("请正确设置检索条件!"); }finally
{if(conn != null)
conn.Close();  }}
private void button3_Click(object sender, EventArgs e)
{string strOracle = "select count( * ) from score where cno = '";
strOracle += comboBox4.Text + "'";
try {
cmd.CommandText = strOracle;
DataAdapter.SelectCommand = cmd; dataset.Clear(); DataAdapter.Fill(dataset, "t1");
dataGridView1.DataSource = dataset;
dataGridView1.DataMember = "t1";
}
catch
{ MessageBox.Show("请正确设置检索条件!"); } finally
{if(conn != null)
conn.Close();  } }
private void button5_Click(object sender, EventArgs e)
{ string strOracle = "select count( * ) from score where sno in(select sno from student where
sdept = '";
strOracle += comboBox6.Text + "' and sclass = '" + comboBox7.Text + "')";
try{
cmd.CommandText = strOracle;
DataAdapter.SelectCommand = cmd;
dataset.Clear();
DataAdapter.Fill(dataset, "t1");
dataGridView1.DataSource = dataset;
dataGridView1.DataMember = "t1";}
catch{
MessageBox.Show("请正确设置检索条件!"); }
finally{
if(conn != null)
conn.Close();  }}}
private void dataGridView1_CellContentClick(object sender,
DataGridViewCellEventArgs e)  {   }
private void comboBox7_SelectedIndexChanged(object sender, EventArgs e)   {   }
private void comboBox3_SelectedIndexChanged(object sender, EventArgs e)   {   }
```

```
private void comboBox4_SelectedIndexChanged(object sender, EventArgs e)  {   }
private void textBox2_TextChanged(object sender, EventArgs e)  {   }
private void comboBox8_SelectedIndexChanged(object sender, EventArgs e)  {   }
```

10.3　实践项目

1. 实践名称

Oracle 数据库管理系统应用开发。

2. 实践目的

熟练掌握数据库系统设计阶段及 SQL 编程。

3. 实践内容

根据数据库系统设计的几个阶段开发某数据库管理系统,主题自选。如,学生学籍管理系统、课程习题管理系统、高校社团管理系统等。

4. 实践总结

简述本次实践自身学到的知识、得到的锻炼。

10.4　本章小结

本章从具体数据库应用开发案例着手,介绍了从系统的需求分析阶段、概念设计阶段、逻辑结构和物理结构设计阶段、测试阶段的设计方法和一些技术操作,完整地讲解了简单的 Oracle 数据库应用设计与实现过程。

10.5　习题

一、应用实践

自选主题,利用 Oracle 10g 数据库管理软件开发设计某数据库系统。

二、思考题

1. 讨论并归纳当前数据库的一些新技术、新方法。
2. 说说新型数据库。

附录 A

scott测试用户的常用数据表

scott 测试用户的常用数据表如表 A-1～表 A-4 所示。

表 A-1　员工表（emp）

字　段	类　型	描　述
EMPNO	Number(4)	表示员工编号,是唯一编号
ENAME	Varchar2(10)	表示员工姓名
JOB	Varchar2(9)	表示员工工作
MGR	Number(4)	表示一个员工的领导编号
HIREDATE	Date	表示雇用日期
SAL	Number(7,2)	表示月薪,工资
COMM	Number(7,2)	表示奖金或佣金
DEPTNO	Number(2)	表示部门编号

表 A-2　部门表（dept）

字　段	类　型	描　述
DEPTNO	Number(2)	表示部门编号,是唯一编号
DNAME	Varchar2(14)	表示部门名称
LOC	Varchar2(13)	表示部门位置

表 A-3　工资等级表（salgrade）

字　段	类　型	描　述
GRADE	Number	表示等级名称
LOSAL	Number	表示此等级的最低工资
HISAL	Number	表示此等级的最高工资

表 A-4　奖金表（bonus）

字　段	类　型	描　述
ENAME	Varchar2(10)	表示员工姓名
JOB	Varchar2(9)	表示员工工作
SAL	Number	表示员工工资
COMM	Number	表示奖金或佣金

参 考 文 献

［1］ 何明. Oracle 数据库管理与开发(适用于 OCP 认证)［M］. 北京：清华大学出版社，2013.

［2］ 冯凤娟. 数据库原理及 Oracle 应用［M］. 北京：清华大学出版社，北京交通大学出版社，2006.

［3］ 王珊，萨师煊. 数据库系统概论［M］. 5 版. 北京：高等教育出版社，2014.

［4］ 王瑛，张玉花，李祥胜，等. Oracle 数据库基础教程［M］. 北京：人民邮电出版社，2008.

［5］ 万年红. 数据库原理及应用［M］. 北京：清华大学出版社，北京交通大学出版社，2011.

［6］ 秦靖，刘存勇. Oracle 从入门到精通［M］. 北京：机械工业出版社，2011.

［7］ 本杰明·罗森维格，艾琳娜·拉希莫夫. Oracle PL/SQL 实例精解(原书第五版)［M］. 卢涛，译. 北京：
机械工业出版社，2016.

［8］ 史嘉权. 数据库系统概论［M］. 北京：清华大学出版社，2006.

［9］ 沈克永，刘肃平. 数据库原理与应用［M］. 北京：人民邮电出版社，2006.

［10］ 丁倩，史娟. 数据库原理与技术［M］. 北京：中国电力出版社，2010.

［11］ 赵杰，杨丽丽，陈雷. 数据库原理与应用［M］. 3 版. 北京：人民邮电出版社，2013.

［12］ 内沃斯. 数据库系统基础［M］. 张伶，杨健康，王宇飞，译. 4 版. 北京：中国电力出版社，2006.

［13］ 陈俊杰，强彦. 大型数据库 Oracle 实验指导教程［M］. 北京：科学出版社，2010.

［14］ 王海亮，林立新. 精通 Oracle 10g PL/SQL 编程［M］. 北京：中国水利水电出版社，2004.

［15］ 张朝明. Oracle 入门很简单［M］. 北京：清华大学出版社，2011.

图书资源支持

感谢您一直以来对清华版图书的支持和爱护。为了配合本书的使用，本书提供配套的资源，有需求的读者请扫描下方的"书圈"微信公众号二维码，在图书专区下载，也可以拨打电话或发送电子邮件咨询。

如果您在使用本书的过程中遇到了什么问题，或者有相关图书出版计划，也请您发邮件告诉我们，以便我们更好地为您服务。

我们的联系方式：

地　　　址：北京市海淀区双清路学研大厦 A 座 701

邮　　　编：100084

电　　　话：010－62770175－4608

资源下载：http://www.tup.com.cn

客服邮箱：tupjsj@vip.163.com

QQ：2301891038（请写明您的单位和姓名）

用微信扫一扫右边的二维码，即可关注清华大学出版社公众号"书圈"。

资源下载、样书申请

书 圈

扫一扫，获取最新目录